财经管理+数字素养系列教材

新形态教材

Digital Media Design and AI Generation Technology

数字媒体设计与AI生成技术

（全彩微课视频版）

李智敏／主编

清华大学出版社
北京

内 容 简 介

本书旨在构建一个理论与实践并重、传统工具与 AI 赋能融合的知识体系，系统讲解数字媒体设计的核心技术与 AI 生成技术的创新应用。全书分为 5 章：第 1 章系统介绍数字图像的基础理论与核心处理技术，为后续设计奠定坚实基础；第 2 章系统讲解数字动画的原理、制作流程及在 Adobe Animate 中的实现方法，展现动态视觉的魅力；第 3 章详细阐述网页设计与制作的规范、Dreamweaver 等工具与实践技巧，打通线上信息呈现的通道；第 4 章介绍"AI 辅助设计"的应用，全面解析提示词工程，深入介绍主流 AI 工具在图像生成、视频制作、音频创作、智能修图、代码辅助、网页生成等方面的强大应用；第 5 章展示历届计算机设计大赛的获奖作品案例解析，为学习者提供宝贵的实践参考与启发。

本书各章配备综合实践强化技能，配套例题讲解微课视频、设计素材与样张等丰富的数字资源，覆盖设计全流程实训，方便读者学习使用。

图书在版编目（CIP）数据

数字媒体设计与 AI 生成技术 / 李智敏主编 . -- 北京：清华大学出版社，2025.8.
（财经管理 + 数字素养系列教材）. -- ISBN 978-7-302-70192-7

Ⅰ . TP391.413

中国国家版本馆 CIP 数据核字第 2025AL5869 号

责任编辑：高晓蔚
装帧设计：方加青
责任校对：宋玉莲
责任印制：宋　林

出版发行：清华大学出版社

　　　　　网　　　址：https://www.tup.com.cn，https://www.wqxuetang.com
　　　　　地　　　址：北京清华大学学研大厦 A 座　　　　　邮　　编：100084
　　　　　社 总 机：010-83470000　　　　　　　　　　　　邮　　购：010-62786544
　　　　　投稿与读者服务：010-62776969，c-service@tup.tsinghua.edu.cn
　　　　　质 量 反 馈：010-62772015，zhiliang@tup.tsinghua.edu.cn
印 装 者：涿州汇美亿浓印刷有限公司
经　　销：全国新华书店
开　　本：185mm×260mm　　　印　　张：15.25　　　字　　数：347 千字
版　　次：2025 年 9 月第 1 版　　　印　　次：2025 年 9 月第 1 次印刷
定　　价：68.00 元

产品编号：105258-01

在全球数字化浪潮的推动下，我们迈入数字经济时代，财经管理领域的变革与创新正以惊人的速度前进。财经管理与数字素养的融合，已然成为推动经济发展和企业创新的关键力量。作为这一领域的未来领导者和参与者，我们不仅需要掌握传统的财经管理知识，还需具备深厚的数字素养，以应对日益复杂的经济环境和市场挑战。为此，我们精心组织编撰了这套"财经管理+数字素养系列教材"，旨在为读者提供全面、系统且实用的学习资料。系列教材将财经管理理论与数字素养实践相结合，涵盖财务、会计、投资、风险管理等传统财经管理领域的基础知识，同时融入大数据分析、人工智能、区块链等前沿数字技术，帮助读者构建扎实且前沿的知识体系。

● 编写背景与目标

本系列教材由上海财经大学、上海立信会计金融学院、上海对外经贸大学、上海政法学院和上海商学院等教师联合编写，致力于为财经管理专业学生提供系统化的数字素养教育，培养他们利用新信息技术解决实际财经问题的能力。利用数字技术赋能财经管理领域，实现数字素养与财经管理知识体系的深度融合。这套教材不仅适用于财经类高校，也可作为其他高校的数字素养教材。

● 课程体系与内容

本系列教材内容涵盖三个层次的课程。

第一层次：公共计算机基础类课程。旨在培养财经类专业大学生的计算思维、编程逻辑思维及实践能力。包括：（1）数智化与信息素养，如人工智能、智能计算系统（算法、算力、数据）、现代信息技术（云计算、大数据、物联网、移动与智能、区块链等）、生成式人工智能（AIGC）技术与应用等。（2）编程基础，包括 Python、R 等编程语言知识与实践操作。（3）计算机基础实战，如操作系统、网络知识、信息处理、数据可视化等。

第二层次：数字素养类课程。旨在培养财经类专业大学生的人工智能、大数据分析等数字技术素养。包括：（1）大数据分析，如数据采集、数据预处理、数据可视化及基础数据分析方法。（2）人工智能基础，如机器学习、深度学习原理及其在财经领域的应用。（3）区块链技术，如区块链的基本原理、技术实现及其在金融中的应用。

第三层次：财经管理+数字素养融合应用类课程。旨在培养财经类学生利用编程思维、数据分析思维和新信息技术工具解决实际财经问题的能力。包括：（1）财务数据分析类课程，如利用 Python 进行财务数据分析、预测及可视化。（2）金融科技应用类课程。（3）风险管理与量化投资课程。

● 课程思政的融入

本系列教材的编写，特别注重课程思政的融入，确保学生在学习专业知识的同时，树立正确的价值观和社会责任感。

（1）编写者深入研究新财经类专业的育人目标，挖掘计算思维与专业的结合点。从国家和产业发展的角度，引导学生重视计算机类课程的学习，提升课程的引领性、时代性和开放性。同时，强化学生的信息伦理教育，培养其社会责任感和职业道德。

（2）在教材编写和课程教学中，自然融入马克思主义的立场、观点和方法，从认识世界和改造世界的角度，提升学生正确认识问题、分析问题和解决问题的能力，增强学生的政治认同感、家国情怀和文化素养。注重选择典型案例，设计实践活动，使课程思政润物细无声地贯穿于教材和课程中。

● 编写原则

在本系列教材编写过程中，作者始终坚持以下几个原则。

（1）理论与实践相结合。将理论知识与实际案例结合，使读者能够深入理解财经管理的本质和数字技术的应用场景。每一章内容都配有真实的案例分析及实践操作指南，帮助读者将所学知识应用到实际工作中。

（2）系统性与前沿性并重。确保教材内容的系统性，涵盖从基础知识到高级应用的完整知识体系；紧跟时代步伐，反映财经管理和数字技术融合的最新发展动态；定期更新教材内容，确保其前沿性和实用性。

（3）可读性与实用性兼顾。采用通俗易懂的语言和生动的案例，使读者能够轻松掌握知识并应用于实际工作。教材配有大量图表、代码示例、操作步骤、拓展阅读等，帮助读者更直观地理解和掌握复杂的概念和技术。

● 适用对象

本系列教材适合以下群体阅读。

（1）财经管理类本科生和研究生。通过系统学习，掌握财经管理和数字技术的基础知识及其应用，提升数字素养，提高解决实际财经问题的能力。

（2）财经管理工作者。无论是初入财经领域的新手，还是经验丰富的专业人士，都可以从中获得启发和收获，提升自己的数字素养和专业能力。

（3）其他高校师生。本系列教材也适合作为全国其他类型高校的数字素养、信息素养教材，帮助更多学生掌握数字化时代必备的技能。

我们衷心希望本系列教材能够成为您学习财经管理和提升数字素养的良师益友，助您在数字化时代把握机遇、应对挑战，实现自我价值的提升。

愿每一位读者都能从本系列教材中汲取知识的养分，不断成长与进步。

在数字化浪潮席卷全球、创意经济蓬勃发展的时代，数字图像处理、动画制作、网页设计以及人工智能辅助设计已成为信息传达、艺术创作、商业推广乃至文化传承的核心技能。技术的飞速迭代对创意人才提出了更高要求：不仅要掌握扎实的软件操作基础，更要具备融合前沿工具、高效实现创意的能力。然而，传统的教学往往侧重于单一工具或技术的孤立学习，缺乏对数字创意设计全流程的系统梳理和对新兴 AI 工具的有效整合，导致学习者难以将理论转化为实践，难以适应日新月异的设计需求。

因此，从数字创意设计的完整链条出发，本书系统讲解核心软件工具（如 Photoshop、Animate、Dreamweaver）的操作精髓，并深入探索 AI 技术（如即梦 AI、悟空图像、剪映 AI 等）如何赋能设计流程的各个环节，对于培养具备综合素养、创新能力与实践能力的复合型设计人才具有重要的现实意义。

本书系统讲解数字媒体设计的核心技术与 AI 创新应用，涵盖以下四大知识模块。

1. 数字图像处理

核心功能精讲：系统解析图像处理基础、选区工具、图层操作、色彩调整与特效制作。

关键知识覆盖：深入探讨位图 / 矢量图原理、文件格式、图像修复技术及文字工具应用。

2. 数字动画创作

核心流程掌握：系统解析 Animate 动画全流程，从基础的帧动画原理到高级动画技术应用。

核心技能精讲：重点学习补间动画、骨骼动画、遮罩动画及 ActionScript 交互动画实现。

3. 网页设计与制作

核心流程实战：掌握站点搭建、响应式网页实现、表格布局应用与多媒体嵌入方法。

核心功能详解：重点学习表格布局应用、多媒体嵌入方法、表单设计技巧及 HTML5 新特性应用。

4. AI 辅助设计（创新模块）

国产 AI 工具实战：即梦 AI（多模态生成）、悟空图像（视觉处理）、剪映 AI（视频智能剪辑）。

AI 前沿场景突破：提示词优化策略、数字人合成技术、开发辅助工具链、智能 Web

设计平台应用。

与其他同类教材相比，本书在内容组织与编排上力求体现以下鲜明特色。

（1）体系完整，覆盖核心领域：系统覆盖数字图像、动画、网页三大核心数字创意设计领域，提供从基础到进阶的完整知识链条，并专门开辟 AI 辅助设计前沿章节，确保内容的全面性与时代性。

（2）工具实操，注重实践能力：紧密结合 Adobe Photoshop、Adobe Animate、Adobe Dreamweaver 等主流设计软件，详细讲解核心功能与操作步骤，配以丰富案例，强调动手实践能力的培养。

（3）AI 赋能，聚焦前沿应用：将 AI 作为核心章节，深入解析多款国内主流 AI 设计工具（即梦 AI、悟空图像、剪映 AI、HeyBoss 等）的功能特点与应用场景，讲授如何利用 AI 提升设计效率、激发创意灵感、解决实际问题，紧扣技术发展脉搏。

（4）案例驱动，连接赛事实战：书中融入大量操作实例，并精心选取历届计算机设计大赛的优秀获奖作品进行解析与点评，提供真实的学习标杆和实战参照，助力学生参与相关竞赛。

（5）资源融合，拓展学习空间：通过二维码等形式链接配套的数字资源（如操作视频、PPT、设计素材、样张等），构建线上线下相结合的学习生态，丰富教材内容，提升学习体验。

本书由李智敏负责总体策划与统稿定稿。具体分工如下：第 1 章由徐继红编写；第 2 章由李先桂、李智敏共同编写；第 3 章由曹然编写；第 4 章由李智敏编写；第 5 章由刘富强编写。

在本书的编写过程中，我们广泛参考了国内外专家学者的相关著作、研究成果、软件官方文档、在线教程资源以及部分优秀设计案例。特别地，北京亦心科技有限公司为本书读者赠送了一定时长的悟空图像会员资格（申请方法详见附录 2）。在此，谨向所有为本书提供宝贵知识和灵感的学者、开发者、设计师及相关机构表示最诚挚的感谢。若有引用疏漏之处，敬请谅解并请联系我们以便修正。同时，本书的编写得到了清华大学出版社编辑的大力支持和悉心指导，在此表示衷心的感谢。

数字创意设计与 AI 技术发展日新月异，书中内容虽力求准确、前沿，但疏漏与不足之处在所难免。我们诚挚欢迎广大师生、读者和业界专家提出宝贵意见和建议，以便后续修订完善。

编　者

目录

Contents

第1章 数字图像   **001**

1.1 数字图像基础   **001**
  1.1.1 位图与矢量图   001
  1.1.2 分辨率   002
  1.1.3 色彩模式   002
  1.1.4 文件格式   002

1.2 Photoshop 图像处理   **003**
  1.2.1 工作界面   003
  1.2.2 文件操作   004
  1.2.3 颜色工具   007
  1.2.4 选区工具   007
  1.2.5 选择菜单   011

1.3 图像绘制与修复   **011**
  1.3.1 填充工具   011
  1.3.2 画笔工具   015
  1.3.3 铅笔工具   016
  1.3.4 仿制图章工具   017
  1.3.5 修补工具   018
  1.3.6 橡皮擦工具   019

1.4 图像变换与文字   **020**
  1.4.1 自由变换   020
  1.4.2 变换   020
  1.4.3 文字工具   021
  1.4.4 文字蒙版工具   022

1.5 图像调整   **023**
  1.5.1 调整色阶   024
  1.5.2 调整曲线   025
  1.5.3 色相／饱和度   025
  1.5.4 色彩平衡   026

1.5.5　图像大小　　027

1.5.6　画布大小　　027

1.6　图层　　028

1.6.1　图层面板　　028

1.6.2　图层操作　　029

1.6.3　图层样式　　030

1.6.4　创建新的填充或调整图层　　031

1.7　图像特效　　033

1.7.1　滤镜　　033

1.7.2　蒙版　　036

综合实践　　037

本章小结　　038

第2章　数字动画　　039

2.1　数字动画基础　　039

2.1.1　动画产生的基本原理　　039

2.1.2　数字动画的类型　　039

2.1.3　常见的动画格式　　040

2.1.4　动画制作中的帧　　040

2.2　Animate 操作界面　　041

2.3　创建文档　　043

2.3.1　文档类型　　043

2.3.2　文档尺寸　　044

2.3.3　文档帧频　　044

2.4　保存和导出文档　　044

2.5　图层的基本操作　　044

2.5.1　新建图层　　045

2.5.2　选择图层　　045

2.5.3　重命名图层　　045

2.5.4　更改图层顺序　　045

2.5.5　复制图层　　045

2.5.6　删除图层　　045

2.5.7　显示 / 隐藏图层　　046

2.5.8　锁定 / 解除锁定图层　　046

2.6　库、元件及实例　046

　　2.6.1　库　046

　　2.6.2　元件　046

　　2.6.3　实例　048

2.7　创建图形　048

2.8　制作逐帧动画　048

2.9　制作补间动画　053

2.10　制作传统补间动画　057

　　2.10.1　传统补间动画　057

　　2.10.2　设置缓动　057

　　2.10.3　设置旋转　058

2.11　制作补间形状动画　062

　　2.11.1　形状补间动画　062

　　2.11.2　添加形状提示　063

2.12　制作传统运动引导动画　070

　　2.12.1　传统运动引导动画　070

　　2.12.2　调整到路径　071

2.13　制作遮罩动画　075

2.14　制作骨骼动画　079

2.15　交互动画　084

　　2.15.1　交互动画概述　084

　　2.15.2　ActionScript 3.0 脚本　085

　　2.15.3　"代码片段"面板介绍　085

综合实践　090

本章小结　103

第3章　网页设计与制作　104

3.1　网页制作基础　104

　　3.1.1　网页基本概念　104

　　3.1.2　网页基本组成元素　105

　　3.1.3　网页制作步骤　105

3.2　Dreamweaver 网页设计与制作　106

　　3.2.1　工作界面　106

　　3.2.2　创建与管理站点　107

　　　3.2.3　网页基本操作　　　110

　3.3　表格布局网页　　　113

　　　3.3.1　插入表格　　　113

　　　3.3.2　添加或删除行或列　　　114

　　　3.3.3　单元格的合并　　　116

　　　3.3.4　设置表格属性　　　117

　　　3.3.5　表格嵌套　　　119

　　　3.3.6　添加简单的文字和图像内容　　　121

　3.4　文本丰富网页内容　　　123

　　　3.4.1　设置文本格式　　　124

　　　3.4.2　插入不换行空格　　　128

　　　3.4.3　文本换行与分段　　　130

　　　3.4.4　创建列表　　　132

　　　3.4.5　插入水平线　　　134

　　　3.4.6　插入特殊字符　　　136

　　　3.4.7　插入日期　　　137

　3.5　图像与多媒体网页元素　　　138

　　　3.5.1　设置图像属性　　　139

　　　3.5.2　创建鼠标经过图像　　　141

　　　3.5.3　设置网页背景图像　　　142

　　　3.5.4　插入 Flash 动画　　　143

　　　3.5.5　插入 HTML5 音频　　　144

　　　3.5.6　插入 HTML5 视频　　　145

　3.6　网页超级链接　　　146

　　　3.6.1　文本链接　　　146

　　　3.6.2　图像链接　　　147

　　　3.6.3　外部链接　　　148

　　　3.6.4　电子邮件链接　　　149

　3.7　网页表单　　　151

　　　3.7.1　创建表单　　　151

　　　3.7.2　添加表单对象　　　152

综合实践　　　155

本章小结　　　159

第4章　AI 辅助设计 　160

　4.1　AI 提示词　160

　4.2　即梦 AI 辅助设计　161

　　4.2.1　AI 图片生成　162

　　4.2.2　AI 视频生成　164

　　4.2.3　数字人功能　166

　　4.2.4　AI 音乐生成　168

　4.3　悟空图像 AI 辅助设计　169

　　4.3.1　悟空图像界面　170

　　4.3.2　提示词宝典　173

　　4.3.3　智能抠图　174

　　4.3.4　智能美颜　178

　　4.3.5　AI 闪绘　181

　　4.3.6　亦心 AI　184

　4.4　剪映 AI 辅助设计　188

　　4.4.1　剪映专业版界面　188

　　4.4.2　图文成片　192

　　4.4.3　AI 生成　197

　　4.4.4　AI 对口型　198

　　4.4.5　智能添加字幕　198

　　4.4.6　智能配音　200

　　4.4.7　AI 美颜美体　202

　　4.4.8　AI 辅助动画设计　204

　4.5　AI 辅助网页设计　208

　　4.5.1　HeyBoss 一键生成网站　208

　　4.5.2　AI 辅助写代码　210

　　4.5.3　AI 辅助找错误　213

　综合实践　214

　本章小结　214

第5章　计算机设计大赛获奖作品解析 　215

　5.1　海豚　215

　　5.1.1　作品简介　215

　　　5.1.2　作品点评　　　　　　　　　　　　　　　　217

　5.2　衣韵　　　　　　　　　　　　　　　　　　　　217

　　　5.2.1　作品简介　　　　　　　　　　　　　　　　217

　　　5.2.2　作品点评　　　　　　　　　　　　　　　　218

　5.3　谈重庆，说方言　　　　　　　　　　　　　　　218

　　　5.3.1　作品简介　　　　　　　　　　　　　　　　218

　　　5.3.2　作品点评　　　　　　　　　　　　　　　　219

　5.4　弘扬中医中药　　　　　　　　　　　　　　　　220

　　　5.4.1　作品简介　　　　　　　　　　　　　　　　220

　　　5.4.2　作品点评　　　　　　　　　　　　　　　　221

　5.5　二十四节气　　　　　　　　　　　　　　　　　221

　　　5.5.1　作品简介　　　　　　　　　　　　　　　　221

　　　5.5.2　作品点评　　　　　　　　　　　　　　　　222

　5.6　忠魂不灭——《满江红》的爱国主义传承　　　223

　　　5.6.1　作品简介　　　　　　　　　　　　　　　　223

　　　5.6.2　作品点评　　　　　　　　　　　　　　　　224

　本章小结　　　　　　　　　　　　　　　　　　　　224

附录1　设计素材与样张　　　　　　　　　　　　　　225

附录2　悟空图像软件使用说明　　　　　　　　　　　226

第 1 章　数字图像

学习目标

- 了解数字图像的基础概念和文件格式；
- 掌握图像处理的基本操作和工具；
- 掌握图像绘制与修复的基本工具和方法；
- 掌握图像变换与文字制作的工具和方法；
- 掌握图像调整命令的使用；
- 掌握图层的功能和使用；
- 掌握图像特效工具的使用。

数字图像制作作为信息时代的核心技术，不仅革新了视觉信息的记录与传播方式，更深刻改变了人类的认知与表达范式。它通过将现实世界数字化，实现了信息的高效存储、跨媒介传播和智能化处理。在应用层面，数字图像制作既推动了影视制作、平面设计等传统行业的数字化转型，又催生了虚拟现实、计算机视觉等新兴领域的发展；在社会文化层面，它重塑了大众的视觉审美和沟通方式，使图像语言成为当代社会最重要的信息载体之一。随着 AI 生成技术的突破，数字图像制作正从单纯的技术工具进化为具有创造力的智能媒介，这种进化正在重塑"创作"的本质，必将开创人机共创的新纪元。

1.1　数字图像基础 >>>>

1.1.1　位图与矢量图

1. 位图

位图，也称点阵图、像素图，它由像素组成，当放大位图时，可以看见构成整个图像的无数个方块，这就是像素。

位图图像的优点是表现力强，图像细腻，层次丰富，色彩表达十分绚丽；它的缺点是由于位图由像素组成，因此对图像进行放大或拉伸时，位图图像会产生失真，即产生锯齿状的边缘效果。

2. 矢量图

矢量图，也称图形（或向量图），是由一组计算机指令来记录和描述的图形。

矢量图的优点是无论进行何种缩放，图形都不会失真；缺点是难以实现色彩丰富、层次清晰的图像效果。

在显示方面，矢量图形一般使用专门软件将描述图形的指令转换成屏幕上的形状和颜色，适用于描述轮廓不很复杂、色彩不是很丰富的对象，主要应用于标志设计、图案设计、插画设计等。

1.1.2　分辨率

分辨率是指计算机屏幕、图像等的横向与纵向的像素的数量。

分辨率是衡量图像质量的一个重要指标。这里所说的分辨率是一个总体概念，实际上包括屏幕分辨率、图像分辨率等多种形式。

1. 屏幕分辨率

计算机屏幕上呈现出的横向与纵向像素点的数量，称为屏幕分辨率，例如：640×480、1280×720、1600×1200、1920×1080 等。

2. 图像分辨率

图像分辨率指的是数字化图像的横向与纵向像素的数量，例如：600×600、800×800、1000×1000 等。

1.1.3　色彩模式

色彩模式是表示数字图像颜色的方法，常见的有五种：位图模式、灰度模式、RGB模式、CMYK 模式和 Lab 模式。

位图模式图像的每一个像素用一个二进位表示，即黑和白，也称黑白图像，因此这种模式的图像文件所占磁盘空间最小。

灰度模式可以显示 256 个等级的灰度图像。

RGB 模式是 Photoshop 最常用的颜色模式，即红绿蓝彩色模式，主要由 R（红）、G（绿）、B（蓝）三种基色相混合进行配色，是真彩模式。

CMYK 模式即 C（青）、M（洋红）、Y（黄）、K（黑）模式，是一种印刷模式。

Lab 模式即色调模式，是颜色范围最广的模式。

1.1.4　文件格式

在实际应用中，图像或图形可以用多种不同的格式进行存储。

1. PSD 格式

PSD 格式是 Photoshop 的源文件格式，文件扩展名为 .PSD，能够保存图层、图层样式、蒙版、路径、通道、色彩模式等信息，PSD 文件的容量很大，是一种未经压缩的原始文件格式，特别利于图像编辑和修改。

2. JPEG 格式

JPEG 格式的文件扩展名为 .JPG 或 .JPEG，是一种采用有损压缩的图像文件格式，文件容量小，是一种既能获得极高的压缩比、又能保证较高图像质量的文件格式，应用非常广泛。

3. PNG 格式

PNG 格式即可移植性网络图像，是一种专门为网页开发的无损压缩图像文件，文件容量小，既支持 24 位和 48 位真彩，又支持透明背景，非常实用。

4. GIF 格式

GIF 格式即图像互换格式，是一种无损压缩图像文件，最多支持 256 种色彩，支持透明背景。

5. BMP 格式

BMP 格式有压缩和非压缩两种，文件所占空间比较大，是 Windows 中应用非常广泛的一种图像文件格式。

6. TIF 格式

TIF 格式是无损压缩格式，图像质量上佳，常被广泛应用于专业的出版印刷业，如书籍出版、海报等。

1.2　Photoshop 图像处理 »»»

Photoshop 是一个图像处理软件，主要用来对图像进行各种编辑、处理操作，被广泛应用于图像处理、广告设计、网页设计等领域。

1.2.1　工作界面

本书采用 Adobe Photoshop 2023，其工作界面主要包括：菜单栏、工具箱、属性栏、文档窗口（图像编辑窗口）、面板组，如图 1-1 所示。

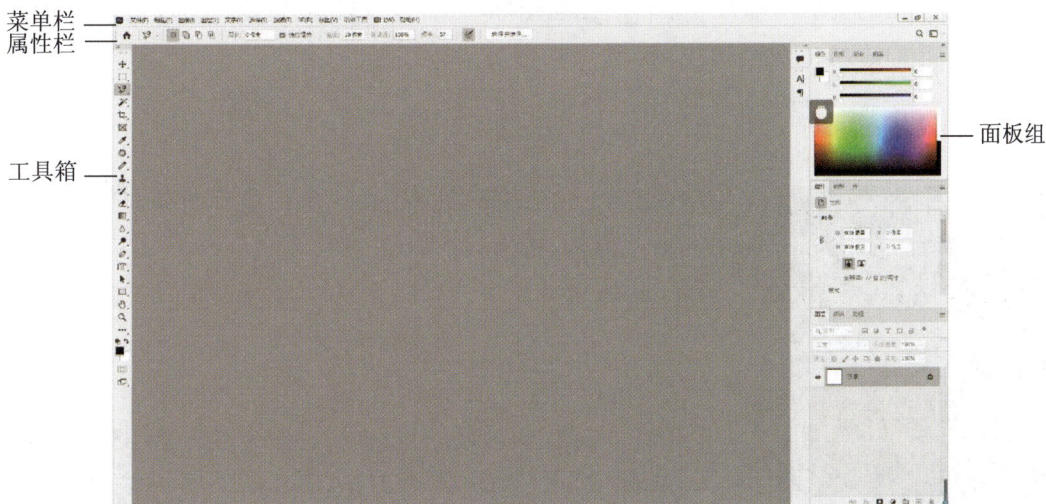

图 1-1　Photoshop 工作界面

1. 菜单栏

Photoshop 的菜单栏包括了大部分的操作命令，除了通过菜单栏可以选择菜单命令外，还可以使用鼠标指向对象，单击鼠标右键，在弹出的快捷菜单中选择命令。

2. 工具箱

工具箱位于整个屏幕的左侧，主要是 Photoshop 提供给用户进行绘画、编辑、颜色选择等操作的一个快捷工具。

点击工具箱左上角的 ▪▪ 可将工具箱缩小为一列，点击 ▪▪ 可将工具箱扩展为两列。

当鼠标指针在工具箱的各个工具按钮上停留一会儿，会出现相应按钮名称的提示。

在工具箱中，如果工具按钮的右下方有一个小三角，表示该工具中还隐藏着子工具。选择子工具的方法如下：将鼠标移动到右下方带小三角的工具上，按下鼠标左键不松手，就会出现各隐藏子工具，将鼠标移到所需子工具上松开鼠标，就可以选择该工具。

3. 属性栏

属性栏主要用于设置各种参数，不同的工具其属性栏各不相同。

4. 文档窗口

即图像编辑窗口，是用于进行图像制作、编辑的工作窗口。

拖拽文档窗口的标题栏可将其变为浮动窗口。

5. 面板组

在一般情况下，Photoshop 会提供给用户三个缺省面板组，分别是：颜色/色板/渐变/图案面板组、属性/库/调整面板组、图层/通道/路径面板组，每一面板组中都包含有两到四个面板。

缺省面板指的是在屏幕上已经显示出来的面板，若要选择缺省面板，只需单击相应的面板标签即可。

若所要的面板没有显示出来，则可以选择"窗口"菜单中的各个面板；若想要隐藏不要的面板，只需再次选择一下"窗口"菜单中的各个面板。

每一面板组的右上角都有一个带小三角图标的按钮，单击它可以打开面板菜单。

若想将面板恢复到最初的状态，可在"窗口"菜单中选择"工作区"中的"复位基本功能"。

1.2.2 文件操作

图 1-2 新建图像文件

在日常 Photoshop 的使用中，用得最多的操作其实是打开一个图像文件或新建一个图像文件。

1. 新建文件

如果要在一个空白的画布上制作一幅图像，应使用"文件"菜单的"新建"命令。

【例 1-1】新建图像文件：新建一个宽 800 像素、高 800 像素，颜色模式为 RGB 模式，背景为白色的图像文件。【视频 1-1】

操作步骤如下。

视频 1-1

（1）启动 Photoshop，单击"文件"菜单中的"新建"命令，显示"新建"对话框，在"预设详细信息"中输入：我的图像。

（2）"宽度"设为：800 像素，"高度"设为：800 像素，"分辨率"输入：72 像素/英寸，"颜色模式"选择：RGB 模式，"背景内容"选择：白色，参数设置如图 1-2 所示。

（3）单击"确定"按钮，完成图像文件的新建。

2. 保存文件

如果想要保存图像，就要使用"文件"菜单中的"存储"或"存储为"命令。

【例 1-2】在新建的图像文件中绘制黄色的月亮，并保存为 PSD 格式和 JPG 格式图像文件。【视频 1-2】

视频 1-2

操作步骤如下。

（1）在【例 1-1】新建的图像文件中，选中"工具箱"中的"椭圆选框工具"，在菜单栏下方的"属性栏"中按下"新选区"按钮，按下 <Shitf> 键，在画布正中绘制一个正圆，如图 1-3 所示。

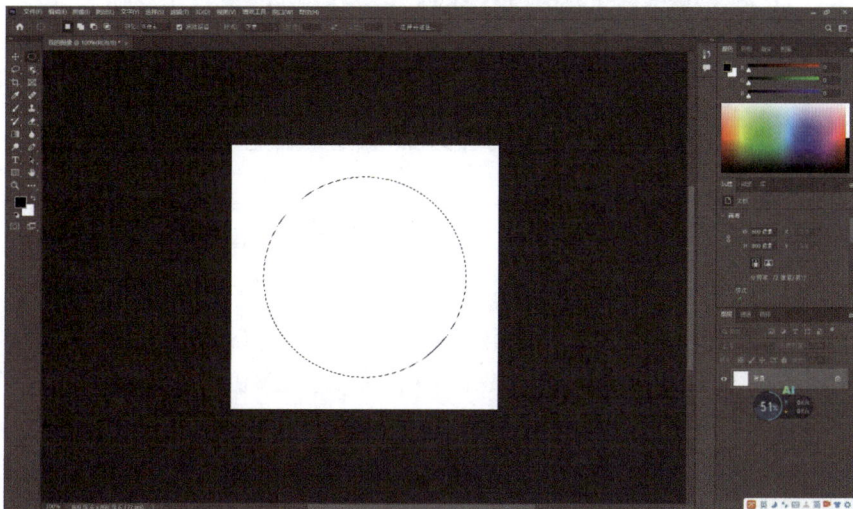

图 1-3　绘制正圆

（2）"属性栏"中按下"从选区减去"按钮，在正圆的右侧再绘制一个圆，从而最终形成一个月亮形状，如图 1-4 所示。

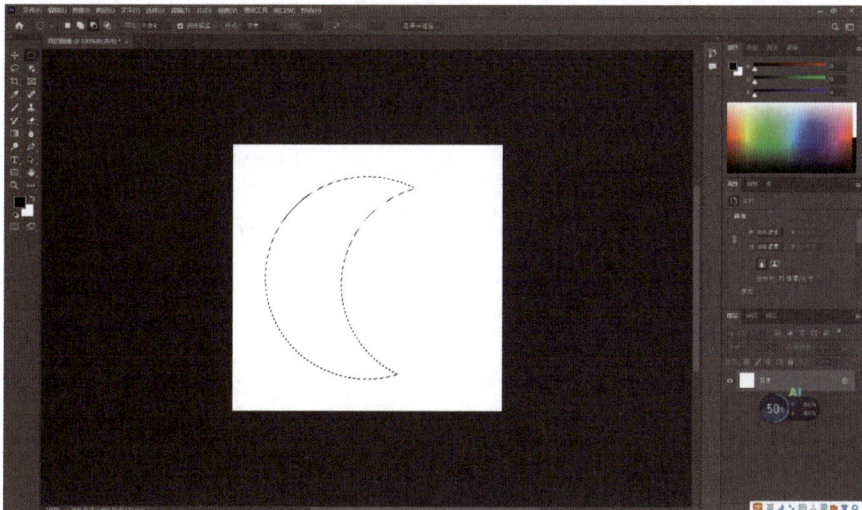

图 1-4　绘制月亮形状

（3）单击"工具箱"中的"设置前景色"工具，打开"拾色器"对话框，如图 1-5 所示，在其中可以选择出 1600 多万种的颜色：

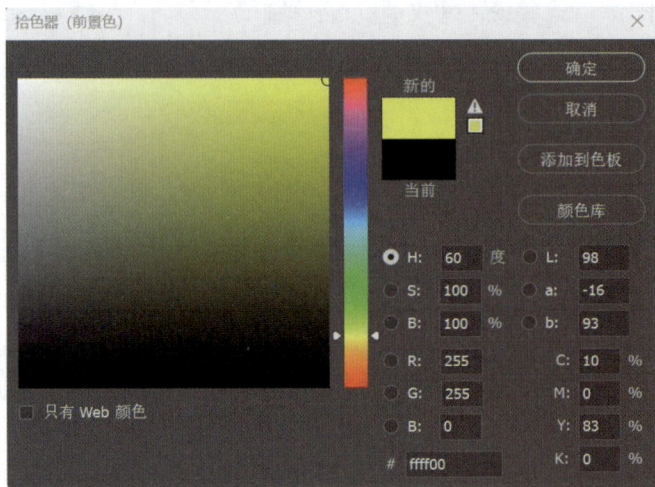

图 1-5　拾色器

图 1-6　黄色月亮

（4）中间是"颜色滑杆"，拖动颜色滑杆或直接用鼠标选择滑杆中的颜色，左侧的颜色域将发生相应的变化；左侧的"颜色域"是用来选择颜色的；先用中间的"颜色滑杆"使颜色域中的颜色发生变化，然后在颜色域中选择所要的颜色：黄色（#ffff00），对话框的右侧将分别反映出所选颜色的 HSB、RGB、CMYK、Lab 值，单击"确定"按钮，关闭"拾色器"对话框。

（5）选中"工具箱"中的"油漆桶工具"工具，在月牙中填充黄色，再同时按下 <Ctrl>+<D> 键，取消选区，如图 1-6 所示。

（6）选择"文件"菜单中的"存储"命令，显示"另存为"对话框，选择保存路径为：C:\KS（若 C 盘下没有 KS 文件夹，可自行建立），"保存类型"为：*.PSD，"文件名"为：L1-2，单击"保存"按钮，完成 PSD 文件的保存。

（7）选择"文件"菜单中的"存储副本"命令，显示"存储副本"对话框，选择保存路径为：C:\KS，"保存类型"为：*.JPEG，"文件名"为：L1-2，单击"保存"按钮，在弹出的"JPEG 选项"对话框的"品质"中输入：12，单击"确定"按钮，完成 JPG 文件的保存。

3. 打开文件

如果想要打开一幅已有的图像进行编辑，则可以使用"文件"菜单中的"打开"命令。

1.2.3　颜色工具

对图像进行编辑，很重要的一部分就是对颜色的操作。

1. 设置前景色 / 设置背景色

工具箱中的"设置前景色"和"设置背景色"工具是用来填充颜色的。若用"画笔工具"在画布上绘制图像，颜色填充为前景色；若用"橡皮擦工具"在背景层上涂抹，涂抹区域将填充背景色。

设置前景色■：默认颜色是黑色。

设置背景色▢：默认颜色是白色。

切换前景和背景色↻：交换当前的前景和背景色，即将背景色和前景色交换一下。

默认前景色和背景色■：分别为纯黑色（前景色）和纯白色（背景色）。

2. 颜色面板

设置前景色 / 背景色，还可以使用"颜色"面板，如图 1-7 所示。

单击"颜色"面板，面板中左上方的两个色块显示的是当前的前景色 / 背景色，单击它们可以进入"拾色器"对话框进行颜色的选择；中间称为"滑块"，拖拽滑块也可来选择颜色；右侧称为"数字框"，在其中输入数字来设定所要的颜色；下方称为"颜色条"，可以在其中点击来选取颜色。

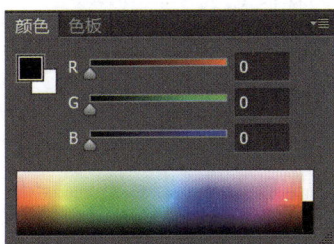

图 1-7　颜色面板

3. 吸管工具

"吸管工具"可用来采集某些特殊的颜色。使用它，可以将图像中的任一颜色设置为前景色或背景色。

吸管工具的使用方法如下：单击工具箱中的"吸管工具"，当前光标变为"吸管工具"状，将光标在图像中移动，并单击所要的颜色处，将该颜色设置为前景色，"颜色"面板中可以看到该颜色的 RGB 三分量值；<ALT>+ 单击所要的颜色则将单击处的颜色设置为背景色。

1.2.4　选区工具

选区是 Photoshop 图像处理的核心功能之一。一般情况下，在 Photoshop 中进行图像编辑时，各种编辑操作只对当前选区内的图像有效。Photoshop 为我们提供了多种选区工具。

1. 选框工具

工具箱中的选框工具包括：矩形选框工具、椭圆选框工具、单行选框工具、单列选框工具。

若要选择区域，可在工具箱中选择"矩形选框工具"（或椭圆选框工具），在图像窗口中所需区域进行拖拽，画一矩形区域（也可以 <Shift> ＋选择区域，将画一个正方形区域）。在选择了"矩形选框工具"后，在工具箱的上方会出现矩形选框工具的"属性栏"，如图 1-8 所示：

图 1-8　矩形选框工具属性栏

新选区：只能选择一个选区。

添加到选区：用于同时选中多个选区。

从选区减去：从已存在的选区中减去选中的选区。

与选区交叉：选中的是和已存在的选区重叠的部分。

样式：用于设置选区比例，里面有三个下拉选项：

正常：选区的大小就是用户用鼠标拖拽的大小。

固定比例：在"宽""高"中输入宽、高度的比例数，例如在"宽度"中输入 2，在"高度"中输入 1，则所选区域的宽高比为 2：1。

固定大小：在"宽度""高度"中输入宽度、高度的像素点，例：64，则所选区域即为该固定大小。

若要取消选区，可单击"选择"菜单中的"取消选择"命令（或 <Ctrl> ＋ D）。

2. 磁性套索工具

同样也是选择区域，和选框工具不同的是：磁性套索工具是一种精确选择不规则区域的工具。

使用磁性套索工具，系统会自动对光标经过的区域进行分析，自动找出图像中各种对象的分界线，从而快速制作出需要的选区。磁性套索工具特别适于复杂背景中的区域选择。

【例 1-3】使用磁性套索工具将斑马抠像出来，放至草原背景中。【视频 1-3】

操作步骤如下。

（1）打开"草原 .JPG"和"斑马 .JPG"两张图片。

视频 1-3

（2）将"斑马"作为当前窗口，选取"磁性套索工具"，"属性栏"中设置宽度：10像素，对比度：100%，在图像中单击定义起点，释放鼠标，并移动光标，选择轨迹（即虚线）会紧贴图像边缘，可持续地单击鼠标以便进行选定，最后回到起点点击一下，可将起点与终点自动连接，完成斑马的选择（删除节点：按 <Del> 键）。

图 1-9　草原斑马

（3）选取"移动工具"，将斑马拖拽到"草原"图片中，再使用"编辑"菜单中的"自由变换"命令，将斑马的大小放大至：110%，如图 1-9 所示。

（4）以 L1-3.JPG 为名保存图像文件。

3. 魔棒工具

魔棒工具是一种用颜色来进行选区的工具，用它可以自动选择颜色一致或相近的区域，特别适合于单一背景中的区域选择。

【例 1-4】打开"窗 .JPG"图片，使用磁性套索工具删除原有窗中景色；使用魔棒等工具将山野、飞鸟组合至窗中。【视频 1-4】

操作步骤如下。

（1）打开"山野 .JPG""窗 .JPG"和"飞鸟 .JPG"图片。

（2）使"窗 .JPG"成为当前窗口，在"图层"面板中双击背景图层，将该图层转换为普通图层：图层 0。

（3）选取"磁性套索工具"，"属性栏"中设置宽度：10 像素，对比度：100%，在深色窗帘的内边缘任意处单击定义起点，释放鼠标，沿窗帘内边缘移动光标，虚线轨迹会紧贴窗帘，最后回到起点单击一下，可将起点与终点自动连接，完成窗的选择，按 <Delete>键，删除选区内容，然后取消选区，如图 1-10 所示。

（4）将"山野"用"移动工具"拖拽到"窗"图片中，并放置于图层 0 的下方，选择"编辑"菜单中的"自由变换"命令，将"山野"进行相应的缩小，如图 1-11 所示。

图 1-10　去窗

图 1-11　山野合成

（5）使"飞鸟 .JPG"成为当前窗口，选取"魔棒工具"，在"属性栏"中单击"添加到选区"按钮，容差为 10，选中"消除锯齿"，选中"连续"，用鼠标单击图像中的背景区域，再选择"选择"菜单中的"反选"，将飞鸟选中。

（6）将"飞鸟"用"移动工具"拖拽到"窗"图片中，并放置于图层 0 和图层 1 的中间，选择"编辑"菜单中的"自由变换"命令，将"飞鸟"进行相应的缩小，如图 1-12 所示。

（7）以 L1-4.JPG 为名保存图像文件。

图 1-12　飞鸟合成

4. 快速选择工具

快速选择工具是用涂抹的方式选择相邻的颜色区域，其实是一个画出选区的工具。

【例 1-5】打开"宠物 1.JPG"图片，使用魔棒工具将宠物选出，组合至背景中；使

用快速选择工具将"宠物 2. JPG"图片中的宠物选出，组合至房间背景中。
【视频 1-5】

操作步骤如下。

（1）打开"宠物 1. JPG""宠物 2. JPG"和"房间背景"3 张图片。

（2）使"宠物 1. JPG"成为当前窗口，选取"魔棒工具"，在"属性栏"中单击"添加到选区"按钮，容差为 10，选中"消除锯齿"，选中"连续"，用鼠标单击图像中的背景区域，再选择"选择"菜单中的"反选"，将宠物选中。

（3）将"宠物"用"移动工具"拖拽到"房间背景"图片中（若遗留下一些边缘区域，可用橡皮擦擦除），使用"编辑"菜单中的"自由变换"命令进行相应的缩小，如图 1-13 所示。

（4）使"宠物 2. JPG"成为当前窗口，选取"快速选择工具"，在"属性栏"中单击"添加到选区"按钮，画笔笔触为 10，用鼠标在宠物身上涂抹，使宠物被选中。

（5）将"宠物"用"移动工具"拖拽到"房间背景"图片中，使用"编辑"菜单中的"自由变换"命令进行相应的缩小，如图 1-14 所示。

图 1-13　合成宠物　　　　　　　　　图 1-14　最终合成

（6）以 L1-5.JPG 为名保存图像文件。

5. "以快速蒙版模式编辑"工具

在工具箱的最下方有一个"以快速蒙版模式编辑"工具，用它可以来做选区。

【例 1-6】使用"以快速蒙版模式编辑"工具和"画笔工具"来做选区，针对选区使用"滤镜"菜单"滤镜库"中"扭曲"中的"绘图笔"制作滤镜效果。【视频 1-6】

操作步骤如下。

（1）打开"海 .JPG"。

（2）在"图层"面板中双击"背景"图层的"背景"两字，将其改为名为"图层 0"的普通图层。

（3）点击"工具箱"下方的"以快速蒙版模式编辑"工具，进入"以快速蒙版模式编辑"模式，将前景色设为黑色（0，0，0），在工具箱中选择"画笔工具"，在属性栏中选择笔触为"柔角 30"，大小：430 像素，硬度：0%，间距：25%，用画笔在图片上由左向右涂抹，如图 1-15 所示。

（4）再次单击"工具箱"下方的"以标准模式编辑"工具，回到标准编辑状态，可以

看到原先呈透明红色的蒙版区域以外的区域被选中。

（5）选择"滤镜"菜单"滤镜库"中"扭曲"中的"绘图笔"，添加滤镜效果，然后取消选区，效果如图 1-16 所示。

| 图 1-15　效果图 | 图 1-16　最终效果图 |

（6）以 L1-6.JPG 为名保存图像文件。

1.2.5　选择菜单

使用"选择"菜单可以进行选区的操作。

1. 全部

使用"选择"菜单中的"全部"命令用于选择所选图层的全部图像。

2. 取消选择

使用"选择"菜单中的"取消选择"（Ctrl+D）命令用于取消选区。

3. 重新选择

使用"选择"菜单中的"重新选择"命令将取消的选区再次恢复。

4. 变换选区

"选择"菜单中的"变换选区"命令用于对已有的选区进行变换。例如：在任意一幅图像上画一个正圆选区（<shift>+ 椭圆选框工具），选择"选择"菜单中的"变换选区"命令，拖拽手柄进行选区变换，回车键确认。

5. 反选

"选择"菜单中的"反选"命令选中选区外的区域，即反向选择。

1.3　图像绘制与修复 >>>>

1.3.1　填充工具

工具箱中的填充工具主要包括：油漆桶工具、渐变工具。

1. 油漆桶工具

油漆桶工具用于填充前景色或指定图案。若有选区，则填充选区；若无选区，则填充整个窗口。

【例 1-7】用油漆桶工具、橡皮擦工具制作出一枚邮票。【视频 1-7】

操作步骤如下。

视频 1-7

（1）新建一个文件，"宽度"：800 像素，"高度"：800 像素，"分辨率"：72 像素 / 英寸，"颜色模式"：RGB 模式，"背景内容"：白色。

（2）将前景色设置为：黑色，工具箱中选择"油漆桶工具"，将"背景"图层填充为黑色。

（3）用"矩形选框工具"绘制一个矩形，将前景色设置为：白色（R、G、B 均为 255），选择工具箱中的"油漆桶工具"，将白色填充到选区内，取消选区，如图 1-17 所示。

（4）"工具箱"中选择"橡皮擦工具"（此时将背景色设为黑色），单击"属性栏"左侧的"切换画笔设置面板"按钮，选择"画笔笔尖形状"（并去掉其下的所有复选框），选中右侧的"尖角 30"，并将大小改为：20px，硬度：100%，间距：125%（这样画笔在画图的时候，笔尖画出的圆点是不连续的，即橡皮擦在擦的时候是不连续的），如图 1-18 所示。

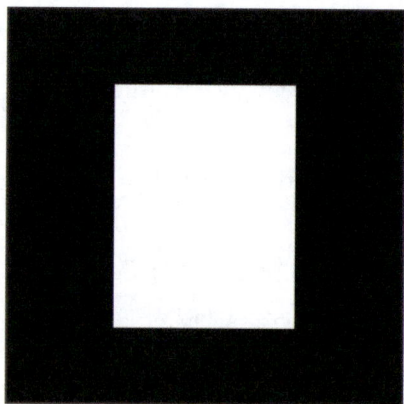

图 1-17　制作白色矩形　　　　图 1-18　画笔设置

（5）将光标一半放在白色区域内，一半放在黑色区域内，<shift>+ 拖拽鼠标左键（擦的时候是一直线），将边界擦成锯齿形（类似于邮票边界），如图 1-19 所示。

（6）打开"树林 .JPG"图片，将其拖拽至新建文件的中心，对齐，并进行缩放，如图 1-20 所示。

（7）选择"文件"菜单中的"存储副本"命令，显示"存储副本"对话框，选择保存路径为：C:\KS，"保存类型"为：*.JPEG，"文件名"为：L1-7，单击"保存"按钮，在弹出的"JPEG 选项"对话框的"品质"中输入：12，单击"确定"按钮，完成 JPG 文件的保存。

图 1-19　制作邮票边界　　　　　　　　图 1-20　制作邮票边界

2. 渐变工具

渐变工具用于产生渐变效果。若有选区，则对选区产生渐变；若无选区，则针对整个窗口产生渐变。

【例 1-8】新建文件，利用渐变工具制作背景，利用椭圆选框工具和移动工具制作雪花圆形背景，利用渐变工具制作色谱渐变，最后放置苹果标示于其上。【视频 1-8】

操作步骤如下。

（1）新建一个文件，"宽度"：800 像素，"高度"：800 像素，"分辨率"：72 像素 / 英寸，"颜色模式"：RGB 模式，"背景内容"：白色。

（2）将前景色设置为：#a5e6bf，背景色为：黑色，选中"渐变工具"，在"属性栏"中选择"Basics"中的"Foreground to Background"（前景色到背景色渐变）、"径向渐变"，不透明度 30%，从画布中心拖动到右下角，产生渐变效果，如图 1-21 所示。

（3）打开"雪花 .JPG"，选择"椭圆选框工具"，"属性栏"的"样式"中选择：固定大小，"宽度"输入：500 像素，"高度"输入：500 像素，在图像中单击，出现椭圆选框，选择"移动工具"，拖拽选框中的图像至新建文件中，放置于中心位置，如图 1-22 所示。

图 1-21　渐变背景　　　　　　　　　　图 1-22　制作雪花正圆

（4）选择"椭圆选框工具"，"属性栏"的"样式"中选择：固定大小，"宽度"输入：400 像素，"高度"输入：400 像素，在图像中单击，出现椭圆选框，将选框移至图像中心。

（5）选中"渐变工具"，在"属性栏"中选中"Purples"中的"Purples_22"和"角度渐变"，不透明度 100%，从圆形选区的中心拖动到右下角，产生渐变效果，取消选区，如图 1-23 所示。

（6）打开"苹果 .PSD"，选择"移动工具"，将苹果标志拖拽至新建图像中心，"编辑"菜单中选择"自由变换"，在"属性栏"中将宽、高设为：70%，回车，效果如图 1-24 所示。

图 1-23　制作渐变

图 1-24　制作标志

（7）以 L1-8.JPG 为名保存图像文件。

【例 1-9】用渐变工具将"红菊"图片制作出朦胧效果，并将蝴蝶移动至红菊图片中。【视频 1-9】

视频 1-9

操作步骤如下。

（1）打开"红菊 .JPG"图片，前景色设置为：白色，选择"渐变工具"，"属性栏"中选择："Basics"中的"Foreground to Transparent"（前景色到透明渐变）、径向渐变、"模式"为正常、"不透明度"为 100%，选中"反向""仿色""透明区域"。

（2）在图像窗口中由中间向右下角拖动，创建径向渐变，如图 1-25 所示。

（3）打开"蝴蝶 .PSD"，选择"移动工具"，将蝴蝶拖拽至红菊中相应位置，"编辑"菜单中选择"自由变换"，在"属性栏"中将宽、高设为：30%，回车，效果如图 1-26 所示。

（4）以 L1-9.JPG 为名保存图像文件。

图 1-25　叠加渐变

图 1-26　叠加蝴蝶

1.3.2　画笔工具

画笔工具用于使用前景色绘制线条、图像或修饰图像。

【例 1-10】将"风车 .JPG"图片用画笔工具制做成邮票。【视频 1-10】
操作步骤如下。

视频 1-10

（1）新建一个文件，"宽度"：700 像素，"高度"：600 像素，"分辨率"：
72 像素 / 英寸，"颜色模式"：RGB 模式，"背景内容"：白色。

（2）将前景色设置为：黑色，"工具箱"中选择"油漆桶工具"，将"背景"图层填充
为黑色。

（3）"工具箱"中选择"矩形选框工具"，在其"属性栏"的"样式"中选择"固定大
小"，并将"宽度"设为：650，"高度"设为：550，在画布上点击，建立起一个 650*550
的矩形选框，居中。

（4）将前景色设置为：白色，"工具箱"中选择"油漆桶工具"，将 650*550 的矩形区
域填充为白色，取消选区。

（5）打开"风车 .JPG"图片，将其拖拽至新建文件的中心，对齐。

（6）选中白色矩形区域所在的"背景"图层，将前景色设置为：黑色，在"工具箱"
中选中"画笔工具"，"属性栏"中单击"切换
'画笔设置'面板"按钮，显示画笔面板，选择
"画笔笔尖形状"（并去掉其下的所有复选框），
选中右侧的"尖角 30"，并将大小（直径）改
为：20px，硬度：100%，间距：125%。

（7）将光标一半放在白色区域内，一半放
在黑色区域内，<shift>+ 拖拽鼠标左键，将边界
画成锯齿形（类似于邮票边界），结果如图 1-27
所示。

（8）以 L1-10.JPG 为名保存图像文件。

图 1-27　邮票效果

1.3.3 铅笔工具

铅笔工具和画笔工具一样，都是使用前景色绘制线条，但画笔工具绘制的是软边线条（相当于软笔），而铅笔工具绘制的是硬边线条（相当于硬笔）。

【例 1-11】使用铅笔工具绘制萌脸。【视频 1-11】

操作步骤如下。

视频 1-11

（1）新建一个文件，"宽度"：800 像素，"高度"：800 像素，"分辨率"：72 像素 / 英寸，"颜色模式"：RGB 模式，"背景内容"：白色。

（2）设置前景色为：黑色，选择"工具箱"中的"铅笔工具"。

（3）"属性栏"中选择一个硬边圆铅笔尖，设置大小：100 像素，硬度设为：100%，在画布中单击，用铅笔工具绘制两只黑色的眼睛，如图 1-28 所示。

图 1-28　萌脸

（4）设置前景色为：白色，"属性栏"中设置大小：50 像素，硬度设为：100%，用铅笔工具在黑色的眼睛上点两个白色的圆点。

（5）新建一个图层，前景色设为：黑色，"属性栏"中设置大小：30 像素，硬度设为：100%，在画布中绘制两条斜眉毛。

（6）新建一个图层，"属性栏"中设置大小：30 像素，硬度设为：100%，在画布中绘制嘴巴，如图 1-28 所示。

（7）以 L1-11.JPG 为名保存图像文件。

【例 1-12】使用铅笔工具绘制枫树。【视频 1-12】

操作步骤如下。

（1）打开"树枝 .JPG"图片。

视频 1-12

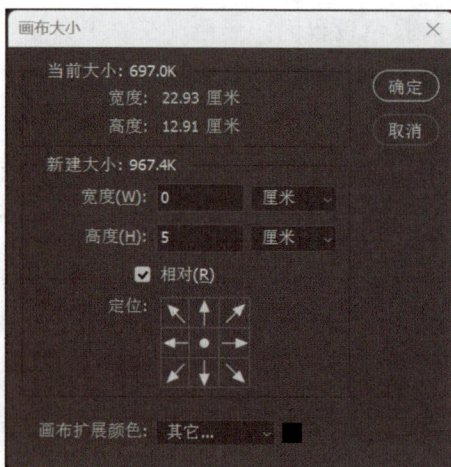
图 1-29　画布大小

（2）选择"图像"菜单中的"画布大小"命令，选中"相对"，将"画布扩展颜色"设置为：黑色，"宽度"设为：0 厘米，"高度"设为：5 厘米，如图 1-29 所示。

（3）将前景色设置为：绿色（R64，G87，B56），"工具箱"中选择"画笔工具"，在"属性栏"中点击"切换'画笔设置'面板"按钮，选择"画笔笔尖形状"，选中右侧的"Kyle 叶片组"，并将大小改为：100 像素，间距：150%，如图 1-30 所示。

（4）用"画笔工具"在图像上多次单击，效果如图 1-31 所示。

（5）以 L1-12.JPG 为名保存图像文件。

图 1-30　画笔笔尖形状

图 1-31　效果图

1.3.4　仿制图章工具

利用仿制图章工具，可以将一幅图像的全部（或部分）复制到同一幅图像或另一幅图像中。

视频 1-13

【例 1-13】使用仿制图章工具将蝴蝶复制到兰花中。【视频 1-13】

操作步骤如下。

（1）打开"蝶"图片，选择"仿制图章工具"，"属性栏"中设置大小：30 像素，硬度：100%，选中"对齐"，<Alt>+单击蝶，以单击处为中心将蝶整个图片做复制。

（2）打开"兰花"图片，在"兰花"图片的右上角相应位置，按下鼠标不放手进行涂抹，可将蝶图像复制出来，如图 1-32 所示。

（3）以 L1-13.JPG 为名保存图像文件。

图 1-32　复制蝴蝶

【例 1-14】使用仿制图章工具将图片中多余的字擦除。【视频 1-14】

操作步骤如下。

（1）打开"上海夜景"图片。

（2）选择仿制图章工具，"属性栏"中选中"对齐"，<Alt>+单击天空背景色。

视频 1-14

（3）在图片的"上海夜景"字的部分按下鼠标不放手，进行涂抹，将字擦除（图中出现的"+"号便是所用的图像的位置），用这样的方法可以将我们日常生活中所拍摄的照片中多余的人物或景色擦除，即用于日常生活中照片的修片），如图 1-33 所示。

图 1-33　原图和擦除了多余字的效果图

（4）以 L1-14.JPG 为名保存图像文件。

【例 1-15】使用仿制图章工具去除人物脸上的痣。【视频 1-15】

操作步骤如下。

（1）打开"痣 .JPG"图片，将显示比例设置为：200%。

（2）选中"仿制图章工具"，"属性栏"中设置大小：20 像素，"硬度"设为：0%，<Alt>+ 仿制图章工具，点击脸右侧"痣"旁边的好的皮肤处，如图 1-34 所示，然后涂抹痣，直至痣消失，将显示比例改为 100%。

图 1-34　仿制图章去痣

（3）以 L1-15.JPG 为名保存图像文件。

1.3.5　修补工具

修补工具用来修补瑕疵。

【例 1-16】使用修补工具去除人物脸上的痣。【视频 1-16】

操作步骤如下。

（1）打开"痣 .jpg"，"工具箱"中选中"修补工具"，"属性栏"中选择"源"，在图像上拖拽光标圈中痣。

（2）光标定位于选区内，按下鼠标左键将选区拖拽到脸上皮肤好的区域，松开鼠标，选区内图像得到修补，取消选区，如图 1-35 所示。

图 1-35　修补工具去痣

（3）以 L1-16.JPG 为名保存图像文件。

1.3.6　橡皮擦工具

橡皮擦工具用于擦除图像，被擦除部分变为背景色或透明。若擦除的是背景图层上的图像时，被擦除部分自动填充背景色；若擦除的是普通图层上的图像时，被擦除部分为透明。

【例 1-17】将"诗"图片放置于"背景"图片中，去除"诗"图片原来的背景；将"船"图片放置于"背景"中，去除原来的背景和倒影。【视频 1-17】

操作步骤如下。

视频 1-17

（1）打开"背景 .JPG"和"诗 .JPG"图片。

（2）"工具箱"中选择"移动工具"，将"诗 .JPG"图片拖拽至"背景 .JPG"中，使用"编辑"菜单中的"自由变换"命令将其进行适当缩小，放置于右上角的适当位置，并在图层面板的"设置图层的混合模式"中选择：划分，"不透明度"设为：30%。

（3）打开"船 .JPG"图片，"工具箱"中使用"移动工具"拖拽其至"背景 .JPG"中左下角相应位置，在图层面板的"设置图层的混合模式"中选择：变亮，如图 1-36 所示。

（4）使用"橡皮擦工具"将 3 只小船下方的灰色倒影擦除，如图 1-37 所示。

图 1-36　图像合成

图 1-37　效果图

（5）以 L1-17.JPG 为名保存图像文件。

1.4　图像变换与文字 ▶▶▶▶

1.4.1　自由变换

"编辑"菜单中的"自由变换"命令用于对所选区域内的图像进行各种变形操作。

视频 1-18

【例 1-18】将蜜蜂放在梅花中进行放大、旋转处理。【视频 1-18】

操作步骤如下。

（1）打开"蜜蜂"图像，使用"魔棒工具"点选背景（容差 20，选中"消除锯齿"和"连续"），选择"选择"菜单中"反选"命令将蜜蜂选中。

（2）打开"梅花"图片，使用"移动工具"将蜜蜂移动到"梅花"图片中。

（3）选中蜜蜂所在图层，选择"编辑"菜单中的"自由变换"命令。

（4）此时在选区外出现控制点，直接拖动控制点，将蜜蜂放大；将光标置于控制点外侧，出现旋转光标，拖动旋转光标，将蜜蜂进行旋转，效果如图 1-38 所示。

图 1-38　放大旋转

（5）进行完变换后，单击回车键确认变换，以 L1-18.JPG 和 L1-18.PSD 为名保存图像文件。

1.4.2　变换

"编辑"菜单中的"变换"命令也是用于对所选区域内的图像进行各种变形操作。

视频 1-19

【例 1-19】将蜜蜂放在梅花中进行垂直翻转处理。【视频 1-19】

操作步骤如下。

（1）打开 L1-18.PSD，在"图层"面板中选中"蜜蜂"所在图层，选择"编辑"菜单中的"变换"命令，如图 1-39 所示。

（2）在出现的子菜单中选择"垂直翻转"进行翻转（这个垂直翻转只对当前图层有效），并拖拽至如图 1-40 所示位置。

（3）以 L1-19.JPG 为名保存图像文件。

图 1-39　垂直翻转

图 1-40　效果图

1.4.3　文字工具

在 Photoshop 中，使用文字工具来制作文字时，Photoshop 将会自动创建一个文字图层，专门用来存放文字。

Photoshop 的文字工具包含横排文字工具和直排文字工具。

【例 1-20】为图像设置文字，并对文字制作白色描边。【视频 1-20】

操作步骤如下。

（1）打开"海滩.JPG"，选择工具箱中的"直排文字工具"，"属性栏"中将字体设为：华文新魏，大小：130 点，蓝色（0，0，255），在图中适当位置处单击并输入文字：海滩（注意：这时添加了一个新的文字图层"图层 1"，专门用来放置文字）。

视频 1-20

（2）将文字层设置为当前层，选择"图层"菜单中"图层样式"中的"描边"命令。

（3）在打开的"图层样式"对话框中设置大小：5 像素，位置：外部，混合模式：正常，不透明度：100%，填充类型：颜色，白色，如图 1-41 所示。

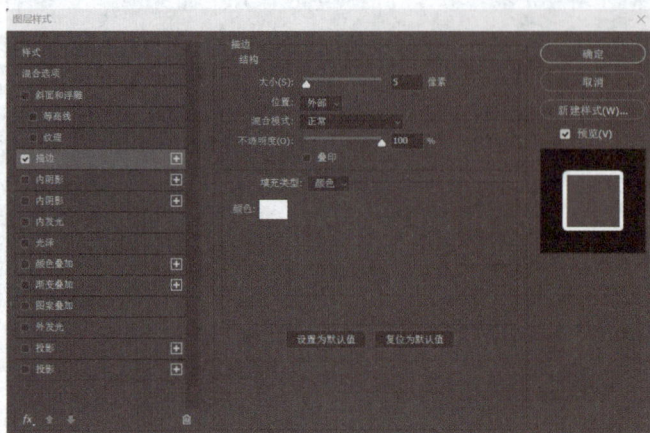

图 1-41　描边参数设置

（4）完成后，单击"好"按钮，效果如图 1-42 所示，此时在文字层的右侧多了两个符号：小三角和 fx，如图 1-43 所示，fx 符号表明已对该层执行了样式处理，用户以后要修改样式时，只需双击该符号即可；而单击小三角可打开 / 关闭显示该图层样式的下拉列表。

图 1-42　效果图

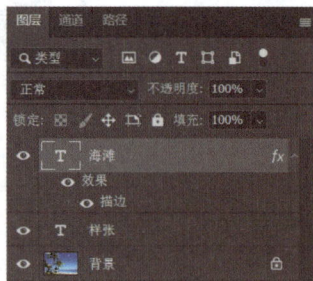

图 1-43　图层面板上的
小三角和 fx

（5）单击工具箱的"移动工具"，将文字移动到合适的位置，以 L1-20.JPG 为名保存图像文件。

1.4.4　文字蒙版工具

文字蒙版工具来制作文字选区，Photoshop 的文字蒙版工具包含横排文字蒙版工具和直排文字蒙版工具。

【例 1-21】制作横排蒙版文字。【视频 1-21】

视频 1-21

操作步骤如下。

（1）新建一个文件，"宽度"：800 像素，"高度"：300 像素。

（2）将前景色设置为：黑色，"工具箱"中选择"油漆桶工具"，将"背景"图层填充为黑色。

（3）使用"横排文字蒙版工具"，书写：Zhongguo，字体：Arial，大小为 150 点，"属性栏"中单击"创建文字变形"，样式：波浪，弯曲：100%，并拖到窗口中央，单击"属性栏"中的"提交所有当前编辑"按钮，从蒙版文字状态返回普通编辑状态，如图 1-44 所示。

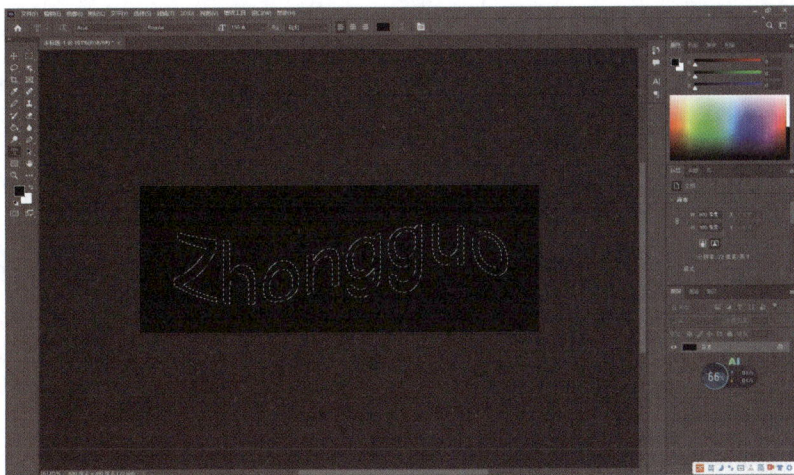

图 1-44　制作虚线字

（4）选择"编辑"菜单中的"描边"命令，出现"描边"对话框，设置"宽度"：2 像素，"颜色"：白色（RGB 均为 255），"位置"：居中，"模式"：正常，如图 1-45 所示。

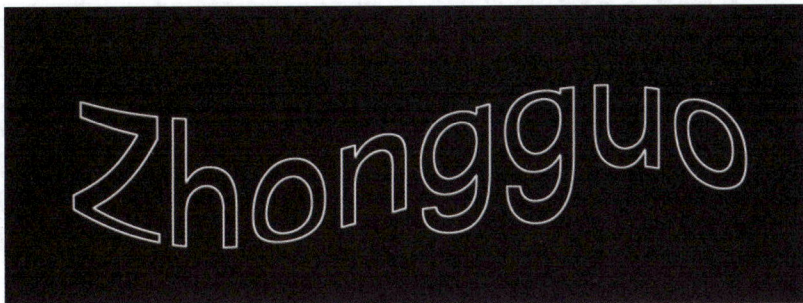

图 1-45　效果图

（5）单击"确定"按钮，然后取消选区，以 L1-21.JPG 为名保存文件。

1.5　图像调整 ▶▶▶

图像调整是图像处理的关键技术，对于提高图像的质量起着非常重要的作用。

1.5.1 调整色阶

"色阶"这里指的是亮度，最亮的是白色，最暗的是黑色，此命令可以使图像变亮或变暗。

【例 1-22】通过调整色阶的使用，改变图像的明暗。【视频 1-22】

操作步骤如下。

（1）打开"水乡 .JPG"图片。

视频 1-22

（2）选择"图像"菜单中"调整"中的"色阶"命令，出现"色阶"对话框，横轴表示这幅图像中的所有像素的色阶值，从左向右的范围为 0（黑色）~ 255（白色）；纵轴表示像素的数目。

（3）在"输入色阶"左侧的文本框中输入：40（将此值设为 40，表示色阶值为 40 的像素最暗，则原图像中亮度值在 0~40 范围内的像素都会变为黑色，等于加大了黑色的范围，图像变暗了）；在中间的文本框中输入：0.8（范围为：0.01~9.99，滑竿向左移，值变大变亮；向右移，值变小变暗）；在右侧的文本框中输入：230（将此值设为 230，表示色阶值为 230 的像素最亮，则原图像中亮度值在 230~255 范围内的像素都会变为白色，等于加大了白色的范围，图像变亮了），如图 1-46 所示，单击"确定"按钮。

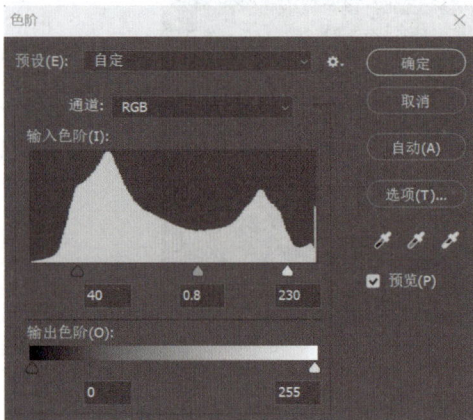

图 1-46　色阶

（3）效果如图 1-47 所示，以 L1-22.JPG 为名保存文件。

图 1-47　调整色阶前和调整色阶后

1.5.2　调整曲线

和调整"色阶"功能一样，调整"曲线"也是用来调整图像的明暗度的，但使用调整"曲线"命令可以设置、调整每一个控制点，因此在调整图像的明暗方面更为精确。

【例 1-23】通过调整曲线的使用，使图像改变明暗。【视频 1-23】

操作步骤如下。

（1）打开"水乡 .JPG"图片。

（2）选择"图像"菜单中"调整"子菜单中的"曲线"命令，出现"曲线"对话框，拖拽曲线的上半部分向上，如图 1-48 所示，图像整体变亮；拖拽曲线的下半部分向下，如图 1-49 所示，图像整体变暗。

视频 1-23

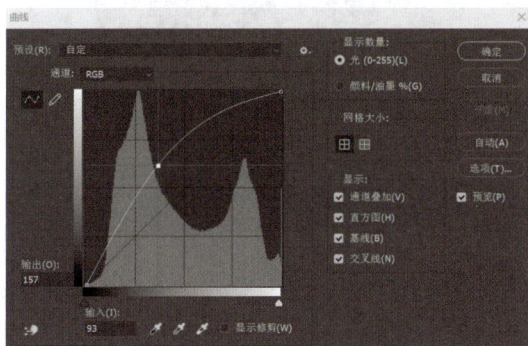

图 1-48　图像变亮　　　　　　　　　图 1-49　图像变暗

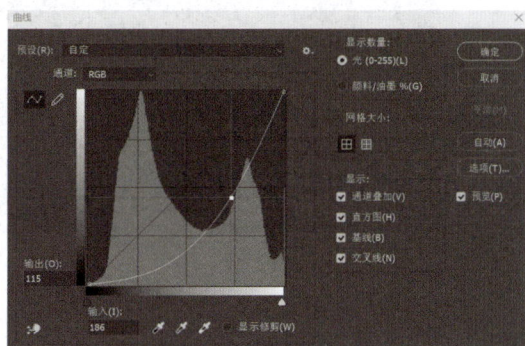

（3）以 L1-23.JPG 为名保存文件。

1.5.3　色相 / 饱和度

"色相 / 饱和度"命令用于调整颜色的三要素：色相、饱和度、明度，每张图片都会有色相、饱和度、明度这三个属性。

色相，即我们通常讲的颜色，比如黄色、红色、绿色（色相的调节就可以让红色变成黄色，黄色变成青色，配合饱和度和明度就可以把所有的颜色给调节出来，所以它的功能是非常的强大）。

饱和度，即颜色的纯度，饱和度越高，色彩越纯越浓；饱和度越低，则色彩变灰变淡。

明度，指的是色彩的明暗程度，明度值越高，色彩越白，明度越低，色彩越黑。

【例 1-24】通过调整色相 / 饱和度，使图像改变色相、饱和度、明度。【视频 1-24】

操作步骤如下。

（1）打开"葡萄 .JPG"图片。

视频 1-24

（2）选择"图像"菜单中"调整"子菜单中的"色相 / 饱和度"命令，出现"色相 / 饱和度"对话框，勾选"着色"（勾选"着色"，相当于把图片去色后，再整体加颜色，加

的颜色是选中"着色"时,"色相"里的值所表示的颜色)。

（3）设置:色相为 295,饱和度为 60,明度为 0,如图 1-50 所示。

（4）效果如图 1-51 所示,以 L1-24.JPG 为名保存文件。

图 1-50　色相 / 饱和度　　　　　　　　　图 1-51　效果图

1.5.4　色彩平衡

"色彩平衡"命令用于调整图像的整体颜色,包括纠正偏色,从而使图像的色彩达到平衡。

【例 1-25】通过调整色彩平衡,使图像色彩达到平衡。【视频 1-25】

操作步骤如下。

（1）打开"绿水墨 .JPG"图片。

（2）选择"图像"菜单中"调整"子菜单中的"色彩平衡"命令,出现"色彩平衡"对话框:"色阶"左侧文本框（对应了青色 - 红色这一对互补色,值为 -100~+100）输入:+40;"色阶"中间文本框（对应了洋红色 - 绿色这一对互补色）输入:-100;"色阶"右侧文本框（对应了黄色 - 蓝色这一对互补色）输入:+100,如图 1-52 所示。

（3）单击"确定",变成紫水墨,如图 1-53 所示,以 L1-25.JPG 为名保存文件。

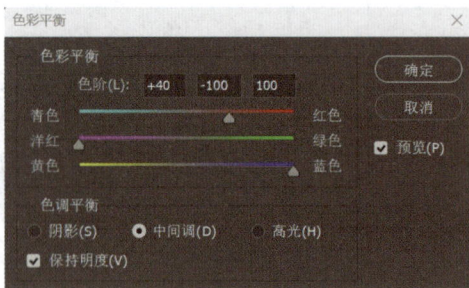

图 1-52　调整色彩平衡　　　　　　　　　图 1-53　紫水墨

1.5.5　图像大小

用于定义画布中的图像尺寸。

【例 1-26】将图片调整图像大小。【视频 1-26】

操作步骤如下。

（1）打开"竹 .JPG"图片。

（2）选择"图像"菜单中的"图像大小"命令，出现"图像大小"对话框，"调整为"中选择"自定"，"尺寸"表示图像在屏幕上的显示大小，这里将"宽度"改为 412 像素，如图 1-54 所示。

图 1-54　调整图像大小

（3）（让"限制长宽比"按钮弹起，表示不约束长宽比）单击"确定"按钮，图像的真正尺寸被改变了，以 L1-26.JPG 为名保存文件。

1.5.6　画布大小

用于改变画布的大小，而图像大小不变。

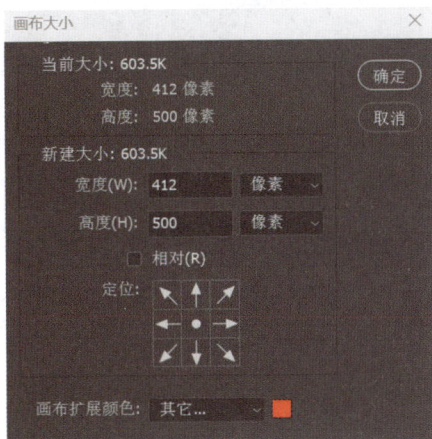

图 1-55　调整画布大小

【例 1-27】将图片调整画布大小。【视频 1-27】

操作步骤如下。

（1）打开"竹 .JPG"图片。

（2）选择"图像"菜单中的"画布大小"命令，出现"画布大小"对话框：去掉"相对"前面的"√"，在"新建大小"中将画布宽度改为 412 像素，在"画布扩展颜色"中选择"红色"，如图 1-55 所示。

（3）单击"确定"按钮，效果如图 1-56 所示，以 L1-27.JPG 为名保存文件。

图 1-56　画布在左右方向上加宽

1.6　图层 》》》

Photoshop 的图像处理功能之所以非常强大，是与其所拥有的图层功能密不可分的。

图层概念的引入，使得我们在 Photoshop 中制作的每一部分都可以被分置于不同的图层中，所有图层叠放在一起就是一幅完整的图像。而对某一图层中的图像内容进行各种修改、编辑等操作时，对其他图层中的图像毫不影响。

在 Photoshop 中，系统对图层的管理主要依靠"图层"面板和"图层"菜单来完成。

当生成一个新的 Photoshop 图像文件时，图像将自动包含一个"背景"层，它好比是画图用的画布；每一图层都可设置其与其他图层的合并方式及透明程度，但由于内存的限制，一般不可能使用这么多的图层。

要想把图层信息保存下来，则只能保存为 .psd 格式（Photoshop 格式）。

1.6.1　图层面板

若屏幕上没有出现"图层"面板，可单击"窗口"菜单中的"图层"命令使之显示。

在"图层"面板中，各图层自上而下依次排列，即位于"图层"面板中最上面的图层在图像窗口中显示时也位于最上层，调整其位置也就相当于调整了图层的叠加顺序。

"图层"面板中的一些组成元素如下：

设置图层的混合模式：用于设置当前图层像素与下方图层像素以何种方式混合像素颜色。

不透明度：图层整体的不透明度。可以通过移动其滑杆设置当前层图像的显示，100% 表示当前图层全部显示。

填充：填充的不透明度，设置图层填充内容的不透明度。

锁定透明像素：锁定图层的透明区，即禁止编辑图层的透明区。表示当前图层中的透明区域被锁定而受保护，所做的任何画图、编辑操作效果，只能在该图层中有图像的区域起作用。

锁定图像像素：禁止编辑图层，即禁止在该图层上进行绘画和修饰。

锁定位置：不能移动位置。

锁定全部：禁止对图层进行任何操作。

眼睛：图层显示标志，显示/关闭某图层的显示。

用户在进行图像处理时，通常都会发现"图层"面板中存在一个背景图层。背景图层具有一些不同于其他图层的特性，例如：永远都在最下层等。

1.6.2　图层操作

1. 背景图层与普通图层的转换

新建的图像通常只包含一个图层，那就是背景图层。若要对背景层进行处理的话，应首先将其转为普通图层。

在"图层"面板中双击"背景"图层，可以将背景层转为普通层（图层名称会由"背景"转换为"图层0"）。

若当前图像没有背景层，可将任何图层转换为背景层，方法为：选中该层，选择"图层"菜单中"新建"中的"图层背景"命令即可。

2. 激活图层

当出现多图层时，所做的任何操作将只对当前层的图像起作用。

选择图层作为当前层的过程便是激活图层，方法是用鼠标单击该图层即可。

3. 显示图层

单击图层面板的第一列，当出现"眼睛"图标（■）时，图像窗口将显示该图层的图像，否则就不显示该图层的图像。

4. 新建图层

方法1：单击"图层"面板右上角的小三角按钮，打开"图层"面板菜单，选择"新建图层"命令，出现"新建图层"对话框：在"名称"中输入图层的名称，例如：图层1，单击"确定"按钮，则在当前图层的上面新建一图层。

方法2：在"图层"面板下方单击"创建新图层"按钮（■），即可以创建一个模式为正常、不透明度为100%的普通图层。

5. 移动图层

可以用鼠标上下拖动图层，拖动过程中会出现一条黑粗线，到适当位置松开鼠标，完成操作。

移动图层可以改变各图层图像的叠加次序，但是"背景"层永远在最底层。

6. 删除图层

方法 1：拖拽要删除的图层到"图层"面板下方的"删除图层"按钮（🗑）上，即可删除图层。

方法 2：选择所需删除的图层，按 <Del> 键，即可删除图层。

7. 复制图层

选择所需复制的图层，单击"图层"面板右上角的小三角按钮，打开图层面板菜单，在其中选择"复制图层"命令，出现"复制图层"对话框：在"为"中输入图层的名称，在"目的"中选择所要复制的目的图像文件名，可以是当前图像，也可以是当前打开的其他图像文件，单击"确定"按钮即可。

1.6.3　图层样式

在"图层"面板的下方有一个按钮（fx）：添加图层样式，它用于对图层上的图像（除了背景图层外）设置 10 种样式。

当图层中应用了任意一种或几种样式后，无论图层中的图像内容如何变换，整个图层的图像内容都将得到所设置的样式。

【例 1-28】将海洋生物抠像至海底世界，并设置图层样式；使用直排文字工具添加文字：看海底，并对文字添加图层样式中的渐变叠加。【视频 1-28】

视频 1-28

操作步骤如下。

（1）打开"海底世界 .JPG"和"海洋生物 .JPG"图片，用"魔棒工具"（容差：20）点选"海洋生物 .JPG"图片的背景，选择"选择"菜单中的"反选"命令将海洋生物选出，切换到"移动工具"，将其拖拽到"海底世界"图片中。

（2）选择"编辑"菜单中"变换"子菜单中的"缩放"命令，使其变小，回车确定。

（3）在画面的适当位置使用直排文字工具添加文字"看海底"，字体：华文彩云，大小：80 点，颜色：白色，如图 1-57 所示。

图 1-57　添加文字

（4）选中文字所在图层，选择"图层"菜单中"图层样式"子菜单中的"渐变叠加"，为文字添加"Oranges"中的"Oranges __ 05"渐变叠加图层样式，如图 1-58 所示。

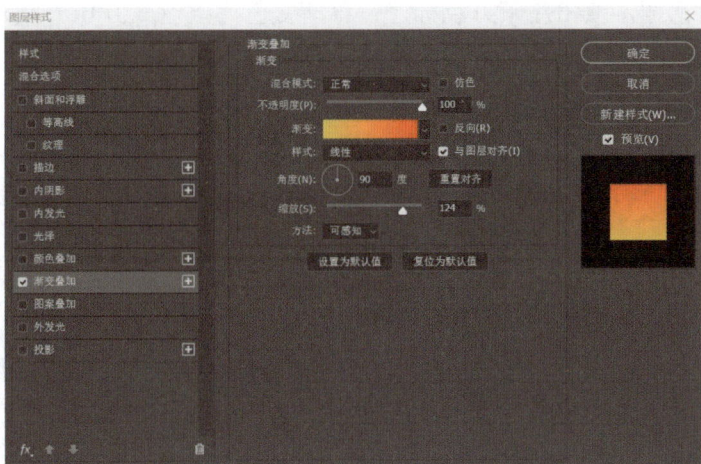

图 1-58　渐变叠加设置

（5）单击"确定"，效果如图 1-59 所示，以 L1-28.JPG 为名保存文件。

图 1-59　效果图

1.6.4　创建新的填充或调整图层

在"图层"面板的下方还有一个按钮（　）：创建新的填充或调整图层，它用于建立叠加的调整图层，作用于下面全部图层，但不会破坏原有图层，若不满意还可以删除此调整图层。

【例 1-29】对"水乡 .JPG"使用"创建新的填充或调整图层"命令，使之产生黑白老旧照片效果。【视频 1-29】

操作步骤如下。

（1）打开"水乡 .JPG"，在图层面板上单击"创建新的填充或调整图层"按钮，在打开的子菜单中选择：渐变映射，创建了一个名为"渐变映射 1"的调整图层（该图层的左侧按钮为"渐变映射"，右侧按钮为"蒙版"，这里只使用左侧的"渐变映射"），如图 1-60 所示。

视频 1-29

031

（2）在显示的"渐变映射"的"属性"面板中单击左侧的"编辑渐变"按钮，打开"渐变编辑器"对话框，双击左下方色标，设置渐变色为黑色（0，0，0）；双击右下方色标，设置渐变色为白色（255，255，255），如图 1-61 所示，单击"确定"按钮，效果如图 1-62 所示，以 L1-29.JPG 为名保存文件。

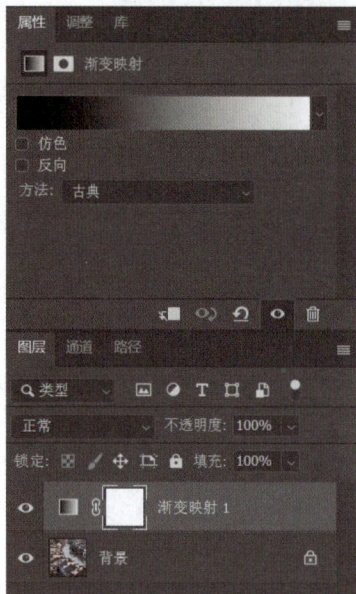

图 1-60　渐变映射调整图层

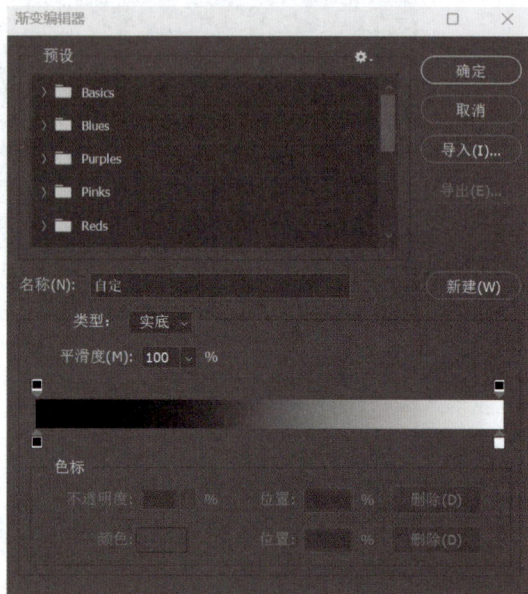

图 1-61　渐变映射设置

图 1-62　效果图

1.7 图像特效 >>>>

1.7.1 滤镜

　　滤镜是一些经过专门设计、用于产生特殊效果的工具，就好像是许多特制的眼镜，戴上它们后所看到的图像，会具有各种特定的效果。

图 1-63　滤镜设置

　　Photoshop 会针对选区进行滤镜效果处理。如果没有定义选区，则对整个图像作处理，如果当前选中的是某一图层，则只对当前图层起作用。

　　【例 1-30】对"森林.JPG"使用"镜头光晕"滤镜。【视频 1-30】

　　操作步骤如下。

视频 1-30

　　（1）打开"森林.JPG"图像。

　　（2）选择"滤镜"菜单中"渲染"中的"镜头光晕"，在"光晕中心"对话框上方的预览框中将光晕拖拽至上方，设置"亮度":130%，"镜头类型":35 毫米聚焦，如图 1-63 所示，单击"确定"按钮。

　　（3）效果如图 1-64 所示，以 L1-30.JPG 为名保存图像文件。

图 1-64　效果图

　　【例 1-31】对"树.JPG"使用"水彩"滤镜。【视频 1-31】

　　操作步骤如下。

　　（1）打开"树.JPG"图像。

视频 1-31

（2）选择"滤镜"菜单中"滤镜库"中"艺术效果"中的"水彩"，如图 1-65 所示，单击"确定"退出。

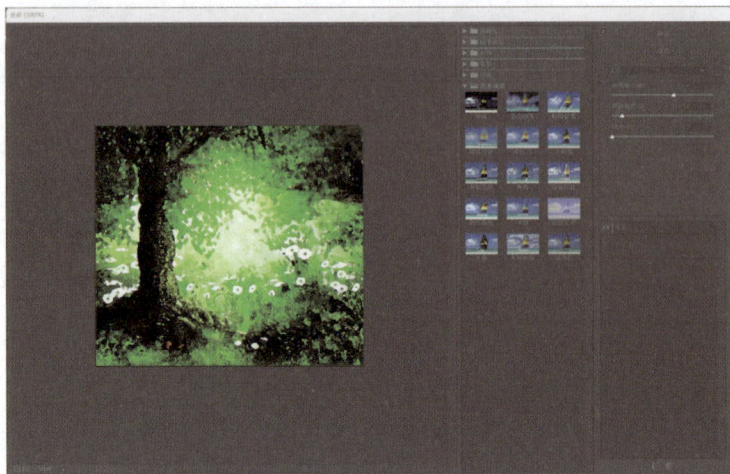

图 1-65　滤镜设置

图 1-66　效果图

（3）效果如图 1-66 所示，以 L1-31.JPG 为名保存图像文件。

【例 1-32】使用"魔棒工具""自由变换"命令、"滤镜""直排文字工具"制作路、灯。【视频 1-32】

操作步骤如下。

视频 1-32

（1）打开"路.JPG"和"灯.JPG"图片。

（2）使"灯.JPG"成为当前窗口，选取"魔棒工具"，在"属性栏"中单击"添加到选区"按钮，容差为 10，选中"消除锯齿"，选中"连续"，用鼠标单击图像中的背景区域，再选择"选择"菜单中的"反选"，将灯选中。

（3）将"灯"用"移动工具"拖拽到"路"图片中，使用"编辑"菜单中的"自由变换"命令，将"灯"的大小进行相应的缩放，如图 1-67 所示。

图 1-67　添加灯

（4）单击"滤镜"菜单中"渲染"中的"镜头光晕"命令，打开"镜头光晕"对话框，在上方的预览区内点击左侧的灯泡（使之成为光晕中心），并设置亮度：30%，选中"电影镜头"，如图 1-68 所示。

（5）再次单击"滤镜"菜单中"渲染"中的"镜头光晕"命令，打开"镜头光晕"对话框，在上方的预览区内点击右侧的灯泡（使之成为光晕中心），并设置亮度：30%，选中"电影镜头"，效果如图 1-69 所示。

（6）使用"复制图层"命令将灯复制两份，并进行相应的缩放，放于如图 1-70 所示的位置。

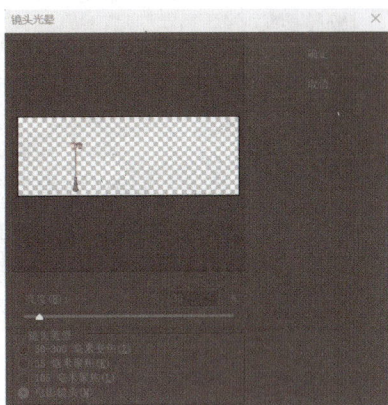

图 1-68　滤镜设置

图 1-69　一盏灯

图 1-70　三盏灯

（7）选中"背景"层，单击"滤镜"菜单中"模糊"中的"表面模糊"命令，打开"表面模糊"对话框，按图 1-71 设置参数。

（8）选择工具箱中的"直排文字工具"，在"属性栏"中设置字体：华文隶书，大小：100 点，颜色：#cb6803，在图中右侧单击并输入文字：远方，如图 1-72 所示。

（9）以 L1-32.JPG 为名保存图像文件。

图 1-71　表面模糊设置

图 1-72　效果图

1.7.2　蒙版

当图像某些部分需要处理成显示、半显示半透明，而其他部分处理成隐藏时，可以使用图层蒙版。因此，图层蒙版可用于隐藏图像的一部分。

添加图层蒙版，可以使一部分图像显示；以后若要进行修改，可以通过调整蒙版，从而恢复图像的原样；也就是图层蒙版的使用其实是不影响原图的，随时可以将原图恢复出来。

图层蒙版实际上是一幅 256 色的灰度图像，其白色区域（"图层"面板上蒙版是白色）为完全透明区（代表显示），黑色区域（"图层"面板上是黑色）为完全不透明区（代表隐藏），其他灰色区域为半透明区。

1. 添加图层蒙版

默认添加的蒙版是全透明的，可将所有内容全部显示出来。

【例 1-33】使用"蒙版"制作朦胧花。【视频 1-33】

操作步骤如下。

（1）打开"花 .JPG"图像，单击图层面板下方的"添加图层蒙版"按钮（■），背景层自动转变为"图层 0"，且被添加了图层蒙版（这时的蒙版是全透明的）。

视频 1-33

（2）前景色设为白色，背景色设为黑色，选中"渐变工具"，"属性栏"中选择"径向渐变""Basics"中的"Foreground to Background"（前景色到背景色渐变）、不透明度100%（不选"反向"），将鼠标光标在图像窗口中由中央向右下方拖动，松开左键，产生

图 1-73　添加蒙版

渐变效果（渐变添加在蒙版上，其实是使蒙版由原来的全透明变成了里面是透明，向外逐渐变成不透明的形态），如图 1-73 所示。

（3）此时蒙版的背景是透明色的，所以再增加一个黑色背景，单击图层面板下面的"创建新的图层"按钮新建"图层 1"，用拖拽的方法把它放在"图层 0"的下面，选中图层 1，设置前景色为黑色（R、G、B 值分别为 0、0、0），用"油漆桶工具"在图像窗口中单击，"图层 1"被填充为黑色，如图 1-74 所示。

图 1-74　添加图层 1

图 1-75　效果图

（4）效果如图 1-75 所示，以 L1-33.JPG 为名保存图像文件。

2. 编辑图层蒙版

由于图层蒙版实际上也是一幅图像，因此，用户可像编辑其他图像那样编辑图层蒙版。当用户为某个图层创建蒙版后，该图层上实际生成了两幅图像，一幅是该图层的原图，另一幅就是蒙版图像。若要编辑原图像，在"图层"面板中单击该图层的缩览图；若要编辑蒙版，则在"图层"面板中单击该图层的蒙版缩览图。

3. 关联图层和蒙版

图层图标和蒙版图标之间有一个回形针标记（🔗），即关联图标。当两者发生关联时，显示关联图标，这时在图像中进行移动操作，图层图像和蒙版将同步被移动；单击关联图标使该图标不显示，表示两者取消关联，两者可以分别进行移动操作。

4. 停用图层蒙版

右键单击"图层"面板中的蒙版，在弹出的快捷菜单中选择"停用图层蒙版"，则可停用图层蒙版，蒙版在但不起效果。

也可以选中蒙版所在图层，右单击，在弹出的快捷菜单中选择"停用图层蒙版"命令，将停用图层蒙版，图层蒙版图标上出现一个红色的"×"，图像窗口将显示全部的原图像内容；再次选择快捷菜单中的"启用图层蒙版"命令，将恢复图层蒙版效果。

5. 删除图层蒙版

在"图层"面板中右单击蒙版，在弹出的快捷菜单中选择"删除图层蒙版"，则删除图层蒙版。

综合实践 ▸▸▸

1. 秋

启动 Adobe Photoshop，打开 \ 素材中的图片"枫叶 .jpg"和"柿子 .jpg"，执行如下操作，图片最终效果参照如图 1-76 所示的样张（除"样张"字符外，结果以 SZ-1.jpg 为

图 1-76 "秋"样张

文件名保存在 C:\KS 文件夹下）。

（1）把"柿子 .jpg"合成到"枫叶 .jpg"中，按样张调整位置，去除背景，图层混合模式："线性光"。

（2）使用文字蒙版工具输入"秋"字，字体：华文新魏、大小：120。

（3）使用创建的文字选区复制背景层（枫叶），对新创建的图层使用"投影"图层样式，不透明度：96、距离：6、扩展：12、大小：16。

2. 龙之战机

启动 Adobe Photoshop，打开 \ 素材中的"飞机 .jpg"和"龙 .jpg"文件，执行如下操作，图片最终效果参照如图 1-77 所示的样张（除"样张"字符外，结果以 SZ-2.jpg 为文件名保存在 C:\KS 文件夹下）。

图 1-77 "龙之战机"样张

（1）去除飞机背景；在飞机下方新建新图层 1，前景色设置为：R:242，G:222，B:25，背景色：R:174，G：52，B:32，使用"径向渐变""Basics"中的"Foreground to Background"（前景色到背景色渐变）填充。

（2）复制龙到图层 1 上方，调整大小和位置；设置龙的图层混合模式为"正片叠底"，不透明度：63%。

（3）添加新图层，在底部用矩形框选工具绘制黑色图形（按样张）。

本章小结 〉〉〉〉

本章主要介绍了数字图像的基本概念和基础知识，内容包括：位图与矢量图、分辨率、色彩模式、文件格式。

即练即测

本章以 Photoshop 为平台，介绍了其工作界面、文件操作、颜色工具、选区工具、选择菜单、填充工具、画笔工具、铅笔工具、仿制图章工具、修补工具、橡皮擦工具、图像变换、文字工具、图像调整、图层、图像特效、蒙版等内容。

第 2 章　数字动画

学习目标

- 了解 Animate 软件；
- 掌握动画制作原理；
- 熟练掌握 Animate 工具箱的各种工具；
- 掌握绘制图像和编辑文本的方法；
- 掌握二维动画的制作方法和流程，包括逐帧动画、补间动画、传统补间动画、补间形状动画、传统运动引导层动画、遮罩动画和骨骼动画的制作；
- 掌握交互式动画的创建方法。

在数字技术蓬勃发展的今天，动画设计与制作已不再局限于传统的影视娱乐范畴，而是演变为一门融合艺术、技术与叙事的综合性学科，具有广泛的应用场景。无论是影视、游戏、广告等文化创意产业，还是教育、医疗、建筑等专业领域，动画都以其直观、生动的表现力，成为信息传递与情感共鸣的高效媒介。随着人工智能、虚拟现实等技术的深度融合，动画创作正迎来前所未有的可能性，为创作者提供了更广阔的想象空间。

本章精选的案例旨在帮助读者深入理解动画设计的核心理念与技术方法，从创意构思到制作实现，系统掌握这一充满活力的艺术形式。无论你是初学者还是从业者，希望这些内容能激发你的灵感，助你在动画设计的世界里探索无限可能。

2.1　数字动画基础 >>>>

2.1.1　动画产生的基本原理

准备一张卡片，一面画上一只鸟，另一面画上一个鸟笼，快速翻转这张卡片，使得鸟和鸟笼的图像交替出现。当卡片快速翻转时，由于视觉暂留现象，我们会看到鸟被关在了笼子里，这是因为鸟的影像在翻转到鸟笼那一面时，仍然停留在我们的视网膜上，与鸟笼的图像重叠在一起。

动画的基本原理主要基于人眼的视觉暂留现象。当物体快速运动时，人眼会在物体消失后继续保留其影像一段时间，这个时间通常是 0.1 至 0.4 秒。这就是视觉暂留现象，它使得我们能够看到连续运动的画面，即使这些画面实际上是由一系列静态图像组成的。例如：我们看到电影胶片的播放速度就是 24 帧 / 秒，即每秒要经过 24 个电影画面。

2.1.2　数字动画的类型

数字动画根据技术原理、表现形式和应用场景的不同，可分为以下主要类型：

1. 二维动画

基于平面空间创作，通过逐帧绘制或骨骼绑定等技术让平面图形产生运动。特点：风格简洁，制作成本相对较低，适合表现卡通、手绘风格内容。案例：经典动画《喜羊羊与灰太狼》、Flash 动画、短视频中的 MG 动画。

2. 三维动画

在三维虚拟空间中构建立体模型，通过骨骼绑定、关键帧动画、物理模拟等技术实现运动效果。特点：画面立体逼真，可模拟真实物理效果（如碰撞、重力），但制作流程复杂。案例：电影《玩具总动员》中的角色动画、建筑漫游动画。

3. 定格动画

虽以实体模型为拍摄对象，但后期常通过数字技术进行剪辑、合成优化，因此也被纳入数字动画范畴。特点：具有独特的质感和真实感，融合手工艺术与数字技术。案例：电影《小鸡快跑》，利用黏土、木偶等实体道具逐帧拍摄后数字化处理。

4. 动态图形动画（简称 MG 动画）

以图形、文字、图标等元素为核心，通过动态设计传递信息，强调节奏与视觉逻辑。特点：侧重信息传达，风格简洁现代，广泛应用于广告、科普、片头片尾等。案例：短视频中的产品说明书动画、新闻数据可视化动画、电影片头动态文字设计。

5. 实时渲染动画

依赖实时渲染技术，动画画面随操作实时生成，无须预渲染，互动性强。特点：即时反馈，适合交互场景，技术依赖高性能引擎。案例：电子游戏中的角色动作、VR/AR 场景中的实时互动动画、虚拟主播直播动作。这些类型并非完全独立，实际创作中常结合多种技术，例如三维动画中可能融入二维元素，MG 动画也可借助三维软件增强立体感，共同推动数字动画的多元化发展。

2.1.3　常见的动画格式

GIF：应用广泛的位图动画格式，支持多帧图像循环播放，文件体积小，兼容各类设备和平台，适合简单表情包、网页小动画，但色彩有限（最多 256 色），不支持音轨。

SWF：支持矢量动画和交互效果，可嵌入音视频，适合网页游戏、互动广告。

APNG：GIF 的升级版，支持 24 位真彩色和透明通道，动画流畅度更高，保留无损压缩特性，适合需要高质量透明动画的场景，如 UI 动效。

WebP：谷歌推出的现代格式，支持动态图像，压缩效率优于 GIF，兼顾画质与体积，适合网页和移动端动画展示，兼容性随浏览器更新逐步提升。

MOV/MP4：视频格式常被用于复杂动画，支持高清画质、多音轨和复杂特效，依赖编码技术，文件较大，适合影视动画、长时长动态内容。

2.1.4　动画制作中的帧

1. 帧的定义

帧是构成动画的基本单位。可以把帧想象成电影胶片中的一格一格的画面。一个完整的动画就是由许多帧按照时间顺序排列组成的。每一个帧都记录了动画在某一个特定时刻的画面状态，包括画面中的角色位置、形状、颜色、透明度等各种视觉元素。

2. 关键帧

关键帧是 Animate 中最重要的一种帧类型。它是用来定义动画中对象的关键变化状态的帧。例如，在制作一个小球从左边滚动到右边的动画时，小球在左边起始位置的帧和在右边结束位置的帧就是关键帧。在这两个关键帧之间，软件可以通过各种动画补间方式（如传统补间、形状补间等）来自动生成中间过渡的帧，从而形成一个完整的动画过程。

关键帧就像是故事中的关键情节节点，它们确定了动画的主要变化方向。在时间轴上，关键帧通常会以实心圆来表示，这样方便用户在编辑动画时能够快速识别。

3. 普通帧

普通帧是基于关键帧产生的。它们主要用于延长关键帧中对象的显示时间。普通帧会继承与其相邻的关键帧中的内容。例如，如果在一个关键帧中有一个角色的静止图像，后面添加了几个普通帧，那么这个角色的图像会在这些普通帧对应的时间段内保持不变。在时间轴上，普通帧通常以空心方块等形式表示，它们的内容是从前面最近的关键帧复制而来的。

4. 空白关键帧

空白关键帧是一种特殊的关键帧。它在创建时，舞台上没有任何对象，主要用于开始一个新的动画片段或者在动画过程中清除之前的内容。例如，在制作一个动画场景切换的片段时，在需要新场景开始的地方插入一个空白关键帧，然后就可以在这个空白关键帧的基础上添加新的场景元素，如背景、角色等，开始新的动画序列。在时间轴上，空白关键帧通常以空心圆来表示。

5. 过渡帧

过渡帧是处于两个关键帧之间，由软件根据关键帧的内容和所设置的补间动画类型自动生成的帧。它们的作用是填补关键帧之间的空白，使动画的变化过程显得平滑、自然。

2.2　Animate 操作界面 》》》

Adobe Animate 是 Adobe 公司开发的一款功能强大的二维动画制作软件，它支持使用矢量图形和位图图像创建动画，并具备多种输出格式，如 SWF、HTML5、GIF 及 MP4 等视频格式，确保动画内容能够在多种平台上流畅展示，广泛应用于教育、广告、游戏开发以及网页设计等领域。通过本章节的学习，可以掌握 Animate 的基本操作、动画制作技巧以及交互式内容的创建方法。本章所有实例使用的是 Adobe Animate 2023 版。

Animate 的操作界面为用户提供了丰富的工作环境和工具，使用户能够高效地创建和编辑动画内容。Animate 的操作界面中包括：菜单栏、工具箱、属性面板、时间轴、舞台和其他等面板，如图 2-1 所示。

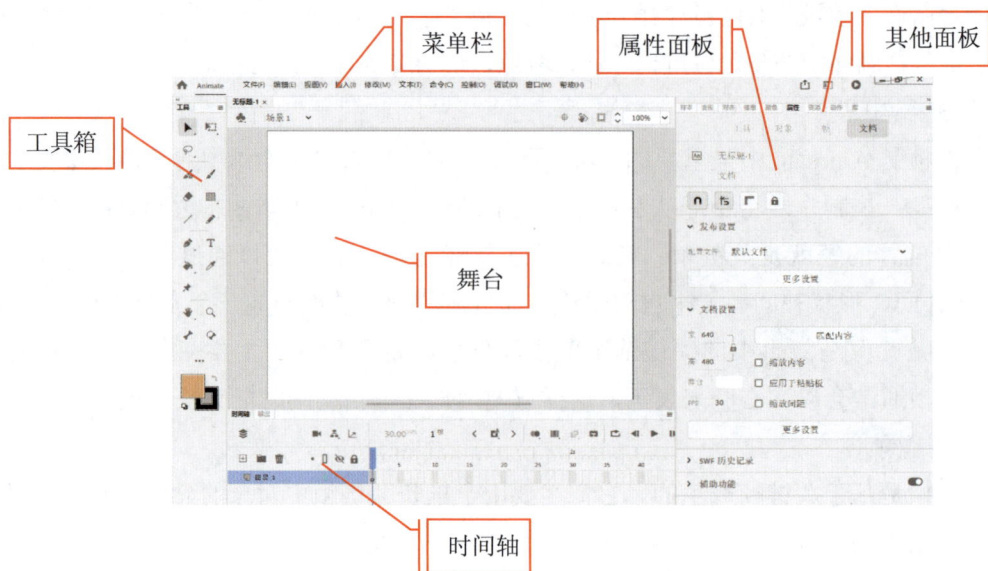

图2-1　Aniamte操作界面

1. 菜单栏

位于 Animate 操作界面的顶部，包含了一组用于执行各种命令和操作的菜单项。主要菜单项包括【文件】、【编辑】、【视图】、【插入】、【修改】、【窗口】等，单击每一个菜单项都可以弹出一个下拉菜单，使用菜单中的命令能够实现各种操作。

2. 工具箱

工具箱是 Animate 的一个重要面板，其中包含了用于图形绘制和编辑的各种工具。利用这些工具，用户可以绘制图形、创建文字、选择对象、填充颜色等。工具箱中的工具通常包括选择工具、任意变形工具、颜色色板、滴管工具、钢笔工具、手形工具、对齐工具、画笔工具、旋转工具、线条工具、墨水瓶工具、矩形工具、椭圆工具、多角星形工具、橡皮擦工具、颜料桶工具等。单击工具箱中的某个工具按钮即可选择该工具，此时在属性面板中将显示工具设置选项，可以对工具的属性参数进行设置。

3. 属性面板

属性面板用于显示和设置选中对象的属性。选择不同的对象，属性面板也会显示不同的属性，如文档属性、影片剪辑属性、帧属性等。用户可以在属性面板中直接修改对象的属性，以调整其外观和行为。

4. 时间轴

时间轴面板是动画制作的核心区域，它用于组织和控制在一定时间内图层和帧中的文档内容。时间轴面板通常位于动画文档窗口的下方，也可以浮动为独立窗口，其主要组件包括图层、帧、播放头等，以及一些信息指示和控件。图层就像一张张透明的玻璃纸，每个图层中包含一个显示在舞台上的对象，一层层地叠加上去就构成了一幅完整的图画。用户可以在时间轴上创建、删除、复制和移动图层，以及设置帧的播放顺序和时间长度。时间轴上的播放头可以指示当前播放的帧，用户可以通过拖动播放头来预览动画效果。

5. 舞台

舞台是 Animate 中的核心工作区域，它代表了最终的动画播放区域。在舞台上，用户可以浏览、绘制和编辑动画内容。舞台的背景色通常为白色，但用户可以根据需要更改背景色或添加背景图形。在舞台的周围存在着灰色区域，放在该区域中的对象可以进行编辑修改，但不会在导出的动画中显示出来。因此，所有需要在最终动画文件中显示的元素必须放置在舞台中。

6. 其他面板

除了上述主要面板外，Animate 还提供了其他各种面板，如库面板、颜色面板、对齐面板、变形面板、动作面板等。这些面板都可以在菜单栏的"窗口"选项中打开，并可以根据用户的使用习惯进行拖动和组合放置，后面的案例中会有介绍。

2.3　创建文档 》》》

启动 Animate，在菜单栏中选择【文件】|【新建】命令或者单击左侧"新建"按钮，打开"新建文档"窗口，如图 2-2 所示。

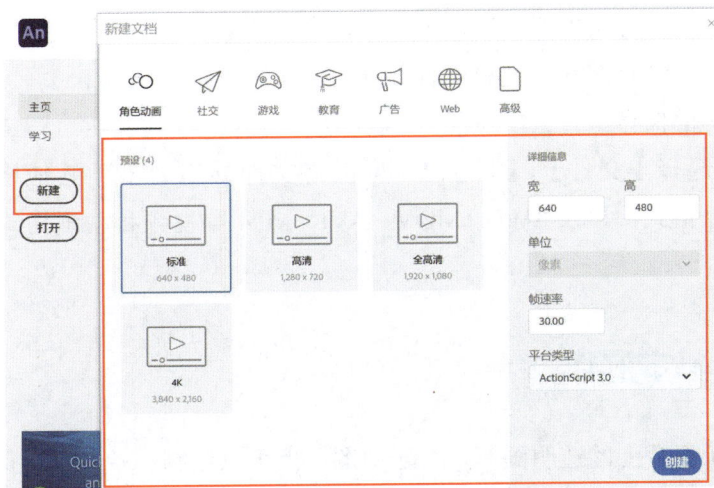

图 2-2　"新建文档"窗口

在"新建文档"窗口，可以设置文档类型、尺寸、帧频等内容。

2.3.1　文档类型

HTML5 Canvas：这种类型的文档主要用于创建基于 HTML5 的动画，它可以很好地适应网页环境，并且能够利用 HTML5 的新特性来制作跨平台、跨浏览器的动画内容。制作一个简单的网页广告动画，HTML5 Canvas 是一个不错的选择。

ActionScript 3.0：如果要制作较为复杂的交互式动画，尤其是在 Flash Player 环境下运行的动画，ActionScript 3.0 文档是比较合适的。例如，制作一个带有复杂交互功能的动画游戏，如连连看、找茬游戏等。

2.3.2　文档尺寸

除了选择预设类型，还可以设置文档的尺寸、帧频等参数。

可以根据动画的最终展示平台和需求来确定尺寸。如果是用于手机屏幕的动画，可能需要设置为常见的手机屏幕分辨率，如 720×1280 像素或者 1080×1920 像素等；如果是用于电脑网页，可能会考虑 1920×1080 像素等常见的桌面浏览器窗口尺寸。

2.3.3　文档帧频

帧频：帧频决定了动画的流畅程度。一般来说，电影的帧频是 24 帧 / 秒，电视动画的帧频通常为 25 帧 / 秒或 30 帧 / 秒。对于简单的网页动画，12-24 帧 / 秒就可以提供比较流畅的视觉体验。

完成以上设置后，单击"创建"按钮，可以新建一个 Animate 文档。

2.4　保存和导出文档 »»»

在创建好文档后，在菜单栏中选择【文件】|【保存】或者【另存为】命令，在弹出的保存对话框中，定义文件名称，选择文件保存的位置、存储格式（.fla），单击"保存"按钮，即可完成文件的保存。

在菜单栏中选择【文件】|【导出】，可以将文件导出为多种其他格式，如 JPEG、PNG、GIF 等图像格式，以及 SWF、MOV、AVI、MP4 等视频和动画格式，以满足不同的使用需求。

2.5　图层的基本操作 »»»

图层就是位于舞台上的透明画布，在透明图层上可以绘制各种图画，每个图层之间都相互独立，并且拥有自己的时间轴。可以将不同图层中的图像相互叠加，制作出各种不同的动画效果。图层操作主要位于"时间轴"上，如图 2-3 所示，包括以下几个方面：

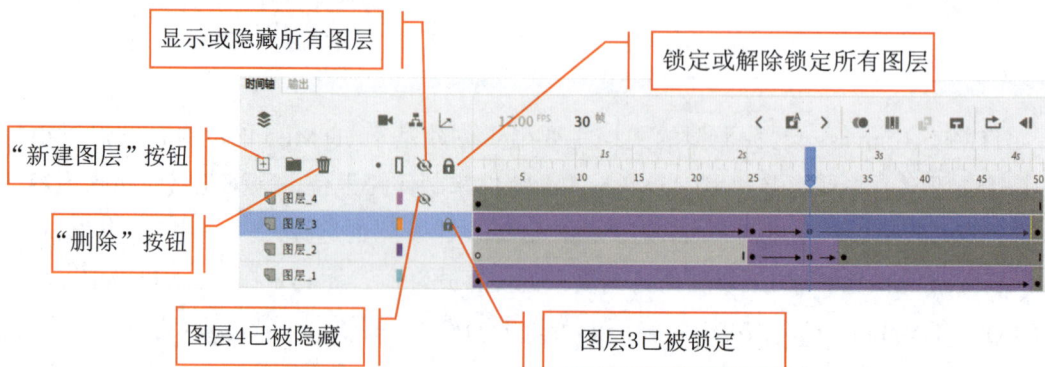

图2-3　图层的基本操作

2.5.1　新建图层

在"时间轴"面板的图层区域左上角，有一个"新建图层"按钮，它的图标看起来像一张纸上面叠加了一个"+"号。点击这个按钮，也可以快速添加一个新的图层，如图 2-3 所示。

2.5.2　选择图层

1. 单个图层选择

在时间轴面板的图层区域，直接用鼠标点击图层的名称或图层上的任意一帧，就可以选中该图层。选中后的图层会以不同的颜色（默认是蓝色）高亮显示，并且图层名称旁边会出现一个铅笔图标，表示该图层处于可编辑状态。

2. 多个图层选择

如果需要同时选择多个图层，可以按住【Ctrl】键，然后逐个点击要选择的图层。这样可以对多个图层进行统一的操作，比如同时移动多个图层中的对象、同时复制或删除多个图层等。

2.5.3　重命名图层

在"时间轴"面板的图层区域，双击图层的名称，图层名称会变成可编辑状态，直接输入新的名称，然后按回车键确认即可。这种方法简单直接，适用于对单个图层进行快速重命名。

2.5.4　更改图层顺序

在"时间轴"面板的图层区域，直接用鼠标拖动图层的名称，将其向上或向下移动。向上移动图层会使其在堆叠顺序中位于更上方，在动画播放时，位于上方的图层中的内容会遮盖下方图层的内容（如果有重叠部分）。例如，如果有一个角色图层和一个背景图层，将角色图层移到背景图层上方，角色就会显示在背景之前。

2.5.5　复制图层

选中要复制的图层，单击鼠标右键，在弹出的快捷菜单中选择"复制图层"命令可以直接复制一新图层。

也可以选择"拷贝图层"命令，再选择要粘贴帧的目标图层（可以是新建的图层，也可以是已有的图层），单击鼠标右键，选择"粘贴图层"命令即可。

2.5.6　删除图层

在"时间轴"面板的图层区域，选中要删除的图层，然后单击图层区域左上角的"删除"按钮，这个按钮的图标是一个垃圾桶。这种方法可以快速删除不需要的图层。

2.5.7　显示 / 隐藏图层

当有多个图层且其中一些图层的内容比较复杂，暂时不需要对其进行操作或者这些内容可能会干扰我们对其他图层的操作时，就可以将这些图层隐藏起来。这样可以让工作区更加简洁，便于我们专注于正在编辑的图层。

在"时间轴"面板的图层区域，每个图层名称的右侧都有一个"眼睛"图标。单击这个图标，可以隐藏该图层。隐藏后的图层在舞台上的内容将不会显示，也不会对动画的编辑和播放产生视觉干扰。再次单击，图层可以重新显示。

单击"显示或隐藏所有图层"按钮对所有图层有效。

2.5.8　锁定 / 解除锁定图层

锁定图层主要是为了防止在编辑过程中不小心修改了该图层中的内容。例如，当一个图层中的动画已经制作完成，我们不想因为误操作（如不小心移动、删除或修改对象）而破坏已有的成果，就可以将这个图层锁定。

在"时间轴"面板的图层区域，每个图层名称的右侧有一个"锁定"图标，图标看起来像一把小锁。单击这个图标可以锁定该图层。锁定后的图层在舞台上的内容依然可见，但是不能对其进行编辑操作，如移动、变形、删除对象等。再次单击这个图标，可以解锁该图层。

单击"锁定或解除锁定所有图层"按钮对所有图层有效。

2.6　库、元件及实例 》》》

2.6.1　库

"库"面板是元件的管理机构，所有的元件、位图、声音、视频等元素均保存在"库"中，需要时可以从"库"面板中直接将其拖拽至工作区中使用。执行菜单栏中的【窗口】|【库】命令可以打开"库"面板，也可以按快捷键【Ctrl+L】打开"库"面板。

2.6.2　元件

元件是 Animate 中的一个重要概念，如果将 Animate 作品看成是一台舞台剧，元件就是其中的演员和道具。

1. Animate 的元件类型

（1）图形元件

图形元件可用于静态图像，图形元件与主时间轴同步运行。交互式控件和声音在图形元件的动画序列中不起作用。

（2）影片剪辑元件

使用影片剪辑元件用来创建可重用的动画片段。影片剪辑拥有独立于主时间轴的多帧时间轴。可以将影片剪辑看作是主时间轴内的嵌套时间轴，可以包含交互式控件、声音甚至其他影片剪辑实例。也可以将影片剪辑实例放在按钮元件的时间轴内，以创建动画按钮。

（3）按钮元件

使用按钮元件可以创建响应鼠标单击、滑过或其他动作的交互式按钮。可以定义与各种按钮状态关联的图形，然后将动作指定给相应的按钮实例。在按钮元件的编辑窗口的时间面板中有 4 个帧，分别为弹起、指针经过、按下和点击，一个完整按钮的制作需要这 4 个帧相互配合才能完成。

2. 使用元件的优点

在 Animate 中使用元件具有多个显著的优点，这些优点不仅提升了动画制作的效率，还增强了作品的可管理性和可复用性。使用元件有如下优点：

（1）重复使用性

元件优点之一是可以在动画中被反复使用。例如，在制作一个复杂的动画场景，有许多相同的树木作为背景元素。将树木图形转换为元件后，只需要从库中拖出元件实例并放置在舞台的不同位置，就可以快速构建场景，而不必每次都重新绘制树木图形。这样可以节省大量的时间和精力，尤其是在制作大型动画项目时，这种重复使用的特性可以显著提高制作效率。

（2）批量修改

当需要对元件进行修改时，只需要在库中编辑元件本身，所有应用该元件的实例都会自动更新。比如，有一个按钮元件用于动画中的多个界面，当需要改变按钮的颜色或形状以适应新的设计风格时，在库中对按钮元件进行修改，舞台上所有该按钮的实例都会相应地改变，不需要逐个去修改每个按钮的外观。

（3）减小文件体积与优化性能

文件压缩：通过使用元件，Animate 可以更有效地压缩文件体积。因为相同的元件在文件中只存储一次，无论它在文档中出现了多少次，都不会增加文件的存储空间。

性能优化：元件的使用还可以优化动画的播放性能。由于元件是预制的，Animate 在渲染动画时可以更快地处理这些元素，从而提高播放速度和流畅度。

（4）动画嵌套

影片剪辑元件可以包含自己的动画。这使得可以在一个大的动画框架内嵌套多个小的动画。例如，制作一个游戏动画，其中角色的攻击动作可以作为一个影片剪辑元件，这个元件内部有攻击动作的完整动画序列。在主游戏动画中，只需要控制这个影片剪辑元件的播放时间和位置，就可以轻松地将攻击动作融入角色的整体行为动画中，方便对复杂动画进行层次化的管理和制作。

（5）实例属性独立调整

虽然元件的所有实例都共享元件本身的数据，但每个实例的属性（如大小、位置、透明度、颜色等）可以独立调整。例如，有一个星星图形元件，在动画场景中，可以将一些星星实例放大，一些缩小，一些设置为半透明，一些设置为不同的颜色，从而在保持元件基本形状的基础上，创造出丰富多样的视觉效果。这种特性为动画制作提供了很大的灵活性。

（6）支持交互式内容创建

Animate 中的按钮元件是一种特殊的四帧交互式影片剪辑，用于创建具有交互功能的按钮。通过为按钮实例分配动作，设计师可以创建出响应鼠标指针移动和动作的交互式按钮。

2.6.3 实例

实例就是在舞台上的元件的复制品。通过元件制作的实例种类也有 3 种，即图形实例、按钮实例和影片剪辑实例。一个元件可以制作多个实例，实例还可以拥有与元件不同的属性，例如颜色、大小、透明度等。在实例上设定的属性只用于该实例，而不会影响到其元件；反之更改元件的属性，则属性的变化将应用于所有的实例。如果我们希望在舞台上的某个实例不随其对应元件的改动而变化，我们可以将这些实例与元件分离，只需鼠标指向该实例对象，单击鼠标右键，在弹出的快捷菜单中选择"分离"命令即可。

2.7 创建图形 >>>>

Animate 提供了多种基本绘图工具，如铅笔工具、钢笔工具、矩形工具和椭圆工具等，具备一定的绘图能力。例如，使用铅笔工具可以像在纸上画画一样自由绘制线条。它有三种绘图模式：伸直模式会将绘制的线条自动转换为最接近的几何形状，如直线或平滑曲线；平滑模式可以使绘制的线条更加流畅；墨水模式则是最贴近手写线条的模式，完全按照鼠标或数位板笔触的轨迹来绘制。

矩形工具和椭圆工具则用于绘制规则的几何图形。在使用这些工具时，可以通过设置笔触颜色（用于绘制图形的边框颜色）、填充颜色（图形内部的颜色）和笔触大小等属性来定制图形的外观。例如，要绘制一个没有边框、填充颜色为红色的圆形，可以将笔触大小设置为 0，填充颜色设置为红色，然后使用椭圆工具绘制。

2.8 制作逐帧动画 >>>>

逐帧动画是 Animate 最基本的动画类型，也是最符合动画原理的传统动画的基本制作方法，即通过一帧帧相互连续的画面按时间顺序连续播放而产生的动画。它是通过在时间轴上逐个创建关键帧，并在每个关键帧中绘制或放置不同的图像内容来构建动画序列。逐帧动画是由动画师完成每一帧的画面创作，因此逐帧动画可以展现出非常细腻和复杂的动画效果。

逐帧动画的核心是逐个创建关键帧并在每个关键帧中添加不同的内容。例如，在制作一个人物挥手的逐帧动画时，第一个关键帧可能是人物手臂下垂的姿势，第二个关键帧是手臂抬起一定角度的姿势，第三个关键帧是手臂完全举起并挥动的姿势等。每个关键帧中的内容都是独立绘制或者放置的，这些关键帧按照顺序播放，就形成了动画。

在 Animate 中制作逐帧动画是一个相对直观但也可能稍显繁琐的过程，它允许动画师对每一帧的内容进行精细控制，从而创造出细腻而生动的动画效果。

因为 Animate 需要为每一帧存储完整的图像信息，会增加文件的大小。因此，在制作逐帧动画时，要注意控制文件大小，避免过大导致播放不流畅或加载缓慢。

总的来说，Animate 的逐帧动画是一种强大的工具，可用于创建各种类型的动画，包括卡通、广告、游戏和短片。通过逐帧动画，动画师可以充分展现他们的创造力和艺术才能，为观众带来生动、有趣的视觉体验。

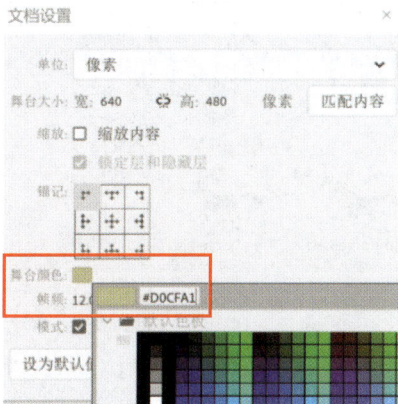

案例

图 2-4　文档参数设置

【例 2-1】使用 Animate 制作逐帧动画——奔跑的骏马。【视频 2-1】

操作步骤如下。

（1）打开"例 2-1 素材 .fla"文件。

（2）在菜单栏中选择【修改】|【文档】命令，在弹出的"文档设置"对话框中设置舞台颜色为 #D0CFA1，帧频为 12，如图 2-4 所示，设置完成后单击"确定"按钮。

视频 2-1

（3）将"库"面板中的影片剪辑元件"沙漠背景"拖拽到舞台，与舞台左下角对齐，如图 2-5 所示。

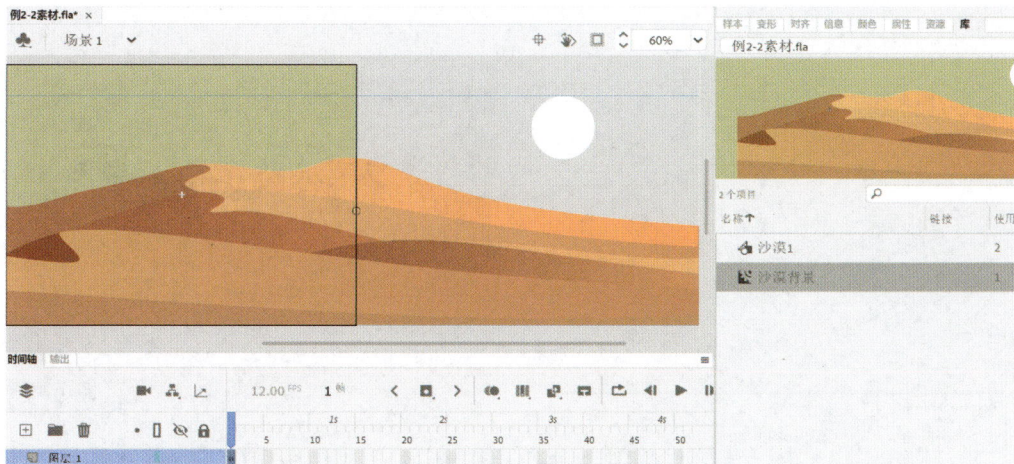

图 2-5　将元件"沙漠背景"拖拽至舞台

（4）在菜单栏中选择【插入】|【新建元件】命令，在弹出的"创建新元件"对话框中，名称输入"奔跑的骏马"，类型选择"影片剪辑"，如图 2-6 所示，单击"确定"按钮，进入影片剪辑元件的编辑状态。

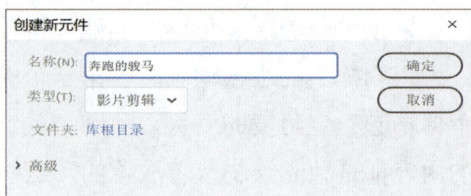

图 2-6　"创建新元件"对话框

（5）在菜单栏中选择【文件】|【导入】|【导入到舞台】命令，打开"奔跑的骏马"文件夹，如图 2-7 所示，选中第 1 张图片 Animhorse1.png，单击"打开"按钮，因这是序列图片，会自动打开提示框，询问"此文件看起来是图像序列的组成部分，是否导入序列中的所有图像"，如图 2-8 所示。如果单击"否"按钮，则仅导入选中的 Animhorse1.png 一张图片，此处应单击"是"按钮，会将 8 张图片同时导入舞台，且每张图片占一个关键帧，如图 2-9 所示。

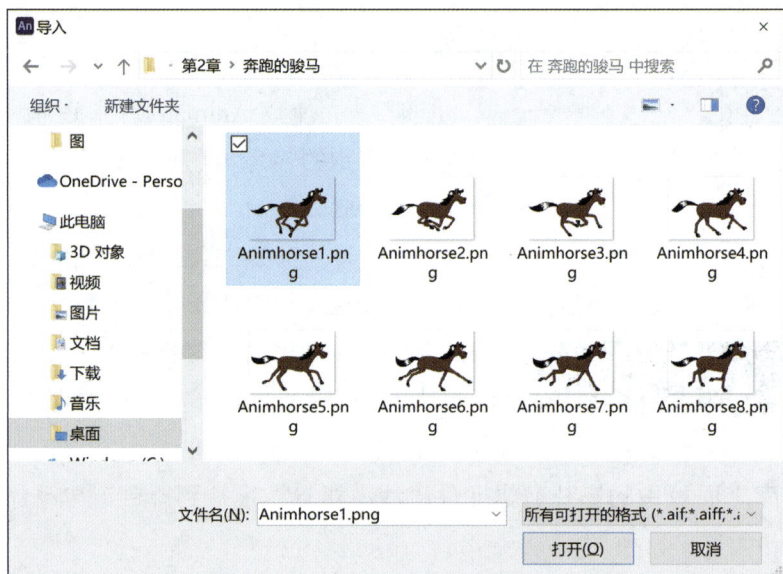

图 2-7　"奔跑的骏马"素材文件夹

图 2-8　导入图像序列提示框

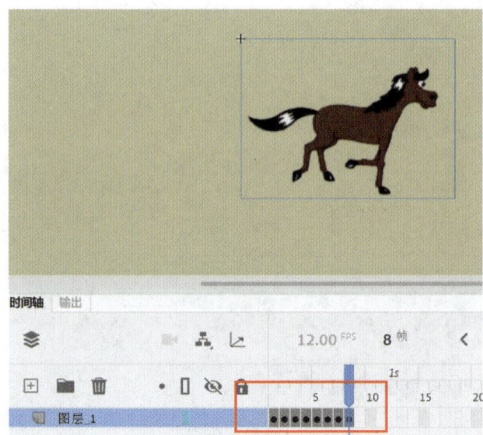

图 2-9　导入图像序列后的效果

（6）单击舞台左上角"←"按钮返回至场景 1；添加图层 2，将"库"面板中的影片剪辑元件"奔跑的骏马"拖拽至舞台底部中间位置，如图 2-10 所示。

图 2-10　将元件"奔跑的骏马"拖拽至舞台

（7）将文件保存为"2-1.fla"，在菜单栏中选择【控制】|【测试】命令（或者按【Ctrl】+【Enter】组合键）对影片进行测试，会自动生成"2-1.swf"导出文件。可以看到骏马在沙漠上奔跑的画面。

案例

图 2-11　文档参数设置

【例 2-2】使用 Animate 制作逐帧动画——闪电效果。【视频 2-2】

操作步骤如下。

（1）打开"例 2-2 素材 .fla"文件。

（2）在菜单栏中选择【修改】|【文档】命令，在弹出的"文档设置"对话框中将舞台颜色设置为黑色，帧频为 12，如图 2-11 所示，设置完成后单击"确定"按钮。

（3）在菜单栏中选择【插入】|【新建元件】命令，在弹出的"创建新元件"对话框中，名称输入"闪电"，类型选择"影片剪辑"，如图 2-12 所示，单击"确定"按钮，进入影片剪辑元件的编辑状态。

（4）在菜单栏中选择【视图】|【标尺】命令打开标尺，用鼠标从标尺上拖出水平、垂直辅助线；工具箱中选择"传统画笔工具"，在"属性"面板中设置填充色为 #FFFFFF，

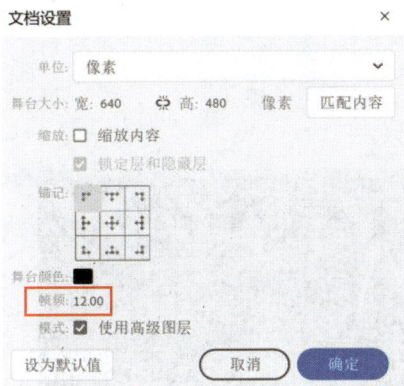

透明度为 85%，画笔模式为标准绘画；传统画笔选项选择第三个（扁平的椭圆），画笔大小为 18，参照图 2-13，绘制两条线条。

图 2-12 创建影片剪辑元件

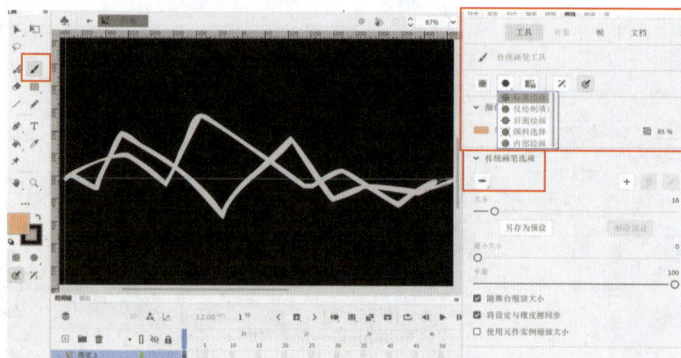

图 2-13 第 1 帧的闪电效果

（5）鼠标分别指向第 2、3、4、5 帧，单击鼠标右键，在弹出的菜单中选择"插入空白关键帧"（或按功能键【F7】），参考图 2-14、2-15、2-16、2-17，绘制各帧的闪电效果。

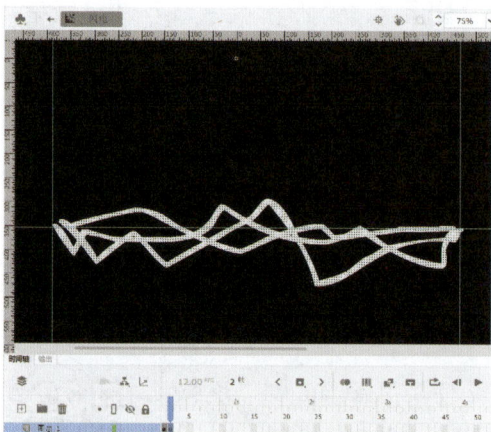

图 2-14 第 2 帧闪电效果

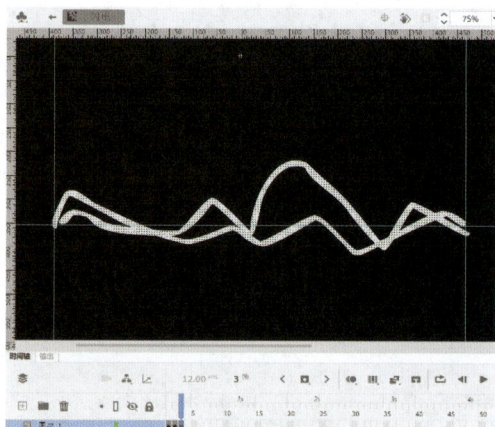

图 2-15 第 3 帧闪电效果

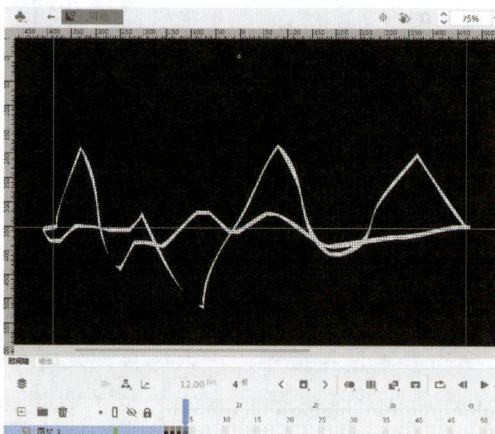

图 2-16 第 4 帧闪电效果

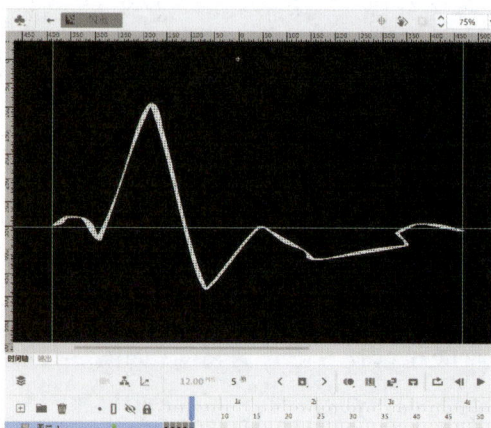

图 2-17 第 5 帧闪电效果

（6）单击舞台左上角"←"按钮返回至场景 1，将"库"面板中的元件"外框"和"屏幕"拖到舞台，选中这 2 个元件，打开"对齐"面板，勾选"与舞台对齐"选项，分别单击"水平对齐"和"垂直对齐"按钮，使这 2 个元件位于舞台中央；在 45 帧处插入帧，使其延续至第 45 帧，如图 2-18 所示。

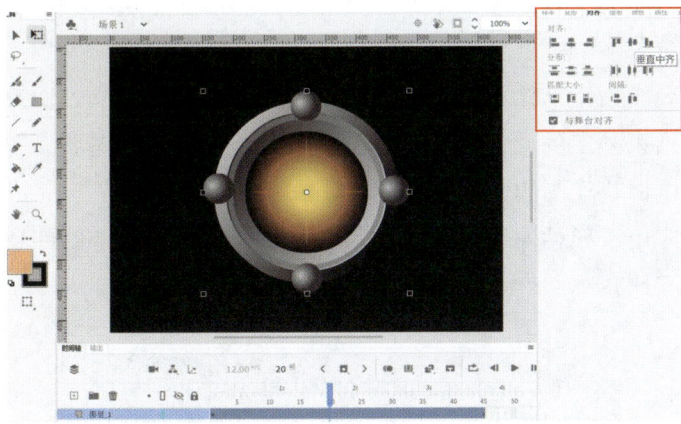

图 2-18　将元件"外框"和"屏幕"拖到舞台居中对齐

（7）新建图层 2，在 20 帧处创建空白关键帧，把元件"闪电"拖到舞台，使用"任意变形工具"调整大小。参见图 2-19。分别在图层 2 的 25、30、35 帧处插入关键帧（【F6】），在 21、26、31 帧处插入空白关键帧（【F7】），创建频闪动画。

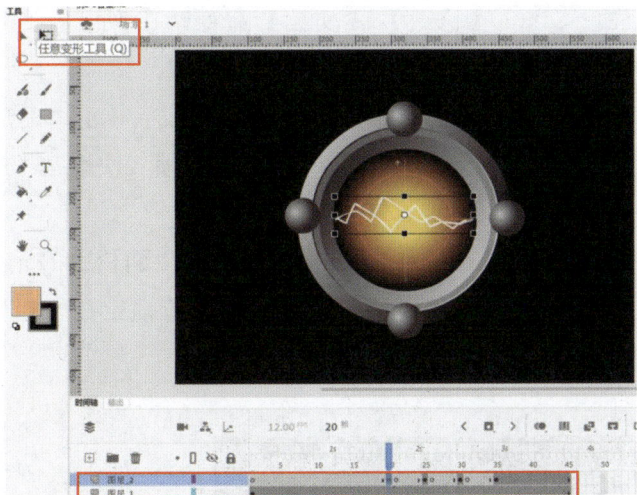

图 2-19　创建"闪电"的频闪动画

（8）将文件保存为"2-2.fla"，测试影片，可以看到闪电效果动画。

2.9　制作补间动画 》》》》

补间动画是 Animate 中比较灵活的一种动画类型。它基于对象的关键帧来创建动画，可以对对象的位置、大小、旋转、倾斜、颜色效果（如色调、饱和度、亮度）、滤镜效果等众多属性进行动画设置，使动画更加直观。

补间动画能够更精细地控制动画的每一个环节，适用于制作具有复杂视觉效果的动画。例如，在制作一个现代风格的 UI 界面动画时，利用补间动画可以方便地实现按钮的缩放、颜色变化以及添加阴影滤镜等多种效果的组合动画，从而增强用户界面的交互性和视觉吸引力。

传统补间动画要求指定开始和结束的状态后，才可以制作动画，而补间动画则是先创建补间后，再设置结束帧上的元件属性，如位置、大小、颜色、透明度等元件的属性，而且制作完成后还可以调整动画的轨迹。

补间动画可以应用于元件实例和文本字段。它是一种在创建随时间移动和变化的动画的同时，又最大限度地减小文件大小的有效方法。

案例

【例 2-3】使用 Animate 制作空间站绕地球飞行的补间动画效果。【视频 2-3】

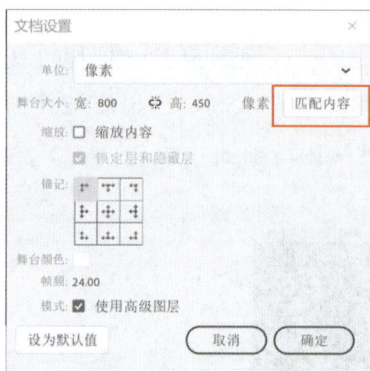

图 2-20　舞台大小匹配内容设置

操作步骤如下。

（1）打开"例 2-3 素材 .fla"。

（2）将"库"面板中的图片"地球 .jpg"拖拽到舞台，在菜单栏中选择【修改】|【文档】命令，在弹出的"文档设置"对话框中单击"匹配内容"按钮，使舞台大小与图片保持一致，如图 2-20 所示，设置完成后单击"确定"按钮。

（3）在 80 帧处插入帧（快捷键【F5】），使地球图片延续至 80 帧。

（4）新建图层 2，将时间轴指针指向第 1 帧，将"库"面板中的元件"空间站"拖拽至舞台左下角，将"属性"面板中的"将宽度值和高度值锁定在一起"按钮处于锁定状态，将宽改为 72，如图 2-21 所示。

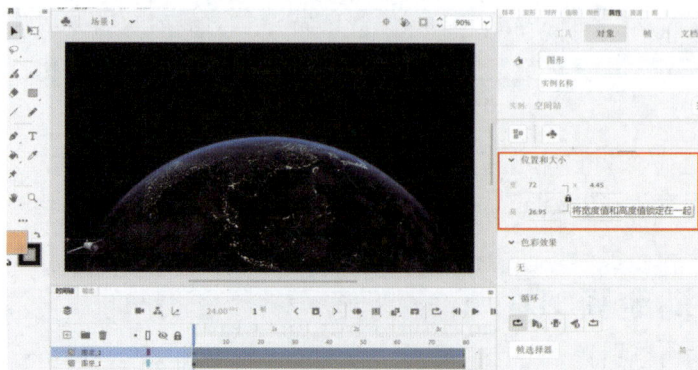

图 2-21　修改实例"空间站"的尺寸

（5）使用"任意变形工具"将舞台上的"空间站"实例旋转，鼠标指向图层 2 第 1 帧，单击鼠标右键，在弹出的快捷菜单中选择"创建补间动画"选项（或者选择【插入】|【创建补间动画】命令），如图 2-22 示。

图 2-22　创建补间动画

（6）将时间轴指针 40 帧，将"空间站"实例移到舞台上方，使用"任意变形工具"同时按住【Shift】键，放大"空间站"实例并旋转一定角度，如图 2-23 所示。

图 2-23　调整第 40 帧实例"空间站"的位置、角度

（7）将时间轴指针指向 80 帧，地"空间站"实例移动到右下角，调整大小和角度，如图 2-24 所示。

（8）选择"部分选取工具"，先选中 40 帧处的路径节点，再按住【Alt】键拖出控制手柄，通过控制手柄，调整手柄的角度和长度来调整路径的形状。使用相同的方法设置第 1 帧和第 80 帧处的节点，如图 2-25 所示。

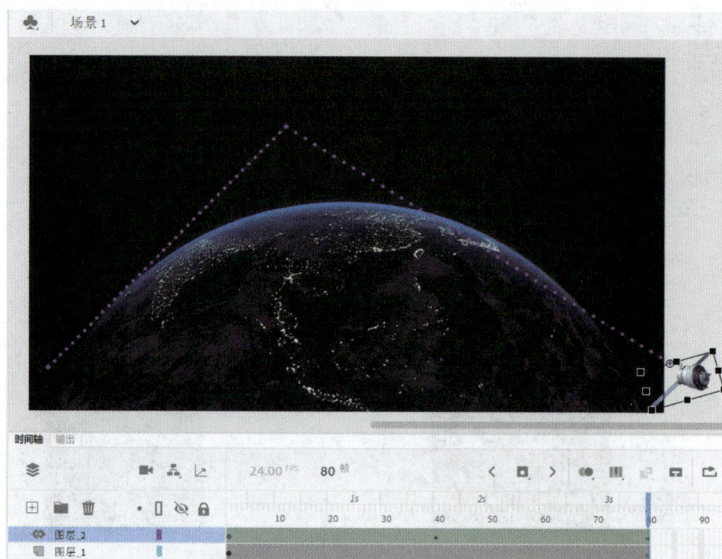

图 2-24　调整第 80 帧实例"空间站"的位置、角度

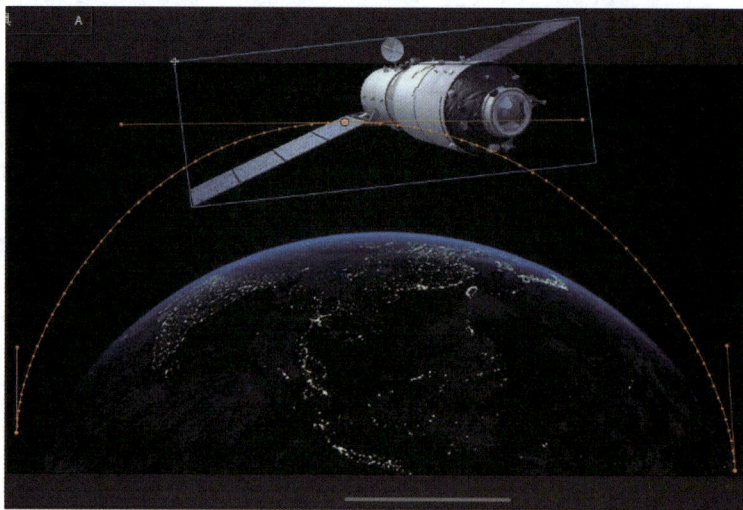

图 2-25　调整路径的形状

（9）选择图层 2 的第 40 帧，单击鼠标右键，从弹出的快捷菜单中选择"拆分动画"命令，将补间拆分为两个独立的补间范围，如图 2-26 所示。

图 2-26　拆分动画

（10）选择第一个补间的 1 到 40 帧之间的任意一帧，在"属性"面板中设置缓动强度为 -100，如图 2-27 所示；设置第二段动画的缓动强度为 100（缓动强度为 -100 至 +100 之间，负值为加速运动，正值为减速运动）。

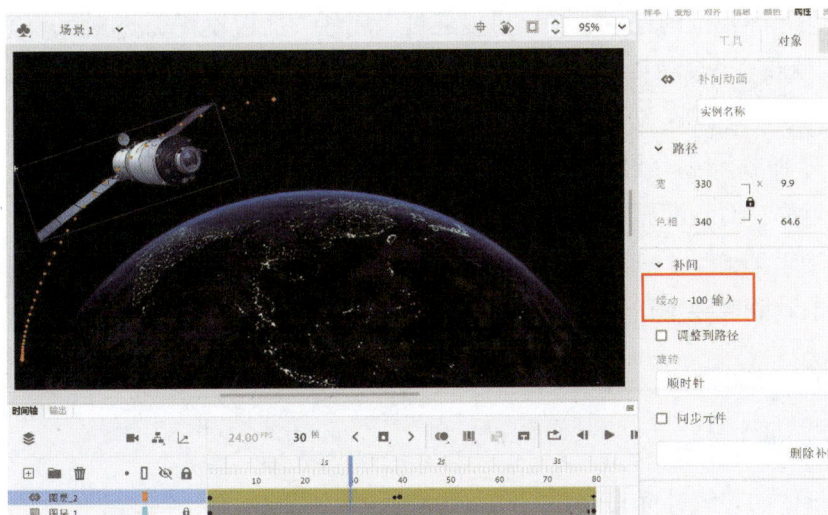

图 2-27　设置缓动强度

（11）将文件保存为"2-3.fla"，测试影片，可以看到空间站绕地球飞行的动画效果。

2.10　制作传统补间动画 >>>>

2.10.1　传统补间动画

传统补间动画是一种基于两个关键帧之间补间而产生的动画类型，它的操作相对比较简单，动画设计者只需设定起始关键帧和结束关键帧，Animate 将会自动完成中间的动画部分，可以实现补间内图形的移动、旋转、缩放、变色、透明度降低或提高等效果。

传统补间动画要求起始关键帧与结束关键帧必须为同一元件实例，通过这两个关键帧的属性差异自动生成中间过渡动画。在时间轴上，传统补间的关键帧是黑色的圆点，中间过渡部分是淡紫色的箭头。这种动画在处理元件的基本运动和简单属性变化时非常高效。例如，制作一个简单的角色行走动画，将角色做成影片剪辑元件，通过传统补间动画来控制角色在舞台上的位置移动，就可以快速实现一个基本的行走场景。

传统补间广泛应用于制作元件的简单运动动画，如游戏中角色的简单移动、物体的平移和旋转等。在一些简单的动画项目或者对动画精度要求不是特别高的场景中，传统补间动画能够快速地完成动画制作任务。

2.10.2　设置缓动

缓动是一种用于控制补间动画速度变化的功能。它能够让动画在播放过程中产生加速或减速的效果，而不是以匀速进行。通过设置缓动，可以使动画更加自然和富有节奏感。例如，在模拟一个物体自由落体的动画中，使用缓动可以让物体在下落过程中逐渐加速，就像在真实物理环境中一样。

选中传统补间范围的任意一帧，可以通过"属性"面板设置缓动的值，缓动值的范围是从 -100 到 100。当缓动值为 0 时，动画以匀速进行。如果缓动值大于 0（例如，缓动值为 50），动画会产生减速效果，即开始时速度快，然后逐渐变慢。这在制作一些具有缓冲效果的动画时非常有用，比如一个汽车遇到红灯后停止的动画，设置一个正数缓动值可以让汽车在接近路口时逐渐减速，给人一种真实的刹车感。

相反，当缓动值小于 0（例如，缓动值为 -50），动画会产生加速效果。假设要制作一个火箭发射的动画，设置一个负数缓动值可以让火箭在发射初期快速加速离开地面，增强动画的冲击力。

2.10.3　设置旋转

在 Animate 的传统补间动画中，选中传统补间范围的任意一帧，可以在"属性"面板对元件的旋转进行控制。共有无（默认）、自动、顺时针和逆时针 4 个旋转选项。

1. 无（默认）选项

当选择"无"时，元件在传统补间动画过程中只进行位置、大小、透明度等属性的变化，而不会发生旋转。例如，在制作一个物体在水平方向上平移的动画时，如果希望物体保持固定的角度，就可以选择"无"旋转选项。

此选项适用于制作一些不需要旋转效果的简单平移动画，如物体在直线轨道上的移动、角色在平面上的行走等场景，其中物体或角色的角度不需要发生改变。

2. 自动选项

"自动"选项会根据起始关键帧和结束关键帧中元件的位置和角度关系来确定旋转方式。如果起始关键帧和结束关键帧之间元件的位置变化导致角度自然改变，Animate 会自动计算并生成旋转过渡帧。

此选项在模拟物体在自然环境中的运动，如球类的滚动、物体在斜面上的滑动等场景中非常有用。因为这些场景下物体的旋转通常是由其位置和运动轨迹决定的，"自动"选项可以很好地适应这种自然的旋转需求。例如，在制作一个小球从斜坡上滚下的动画时，小球的位置随着滚动不断变化，"自动"选项会根据小球在斜坡上的位置变化自动让小球产生合适的旋转，使动画看起来更加自然。

3. 顺时针和逆时针选项

"顺时针"和"逆时针"选项会强制元件按照指定的方向进行旋转。通过设置旋转的次数，可以控制元件在传统补间动画过程中旋转的圈数。例如，选择"顺时针"并设置旋转次数为 2，元件会在动画过程中顺时针旋转两圈。

此选项适合制作一些有规律的旋转动画，如机械零件的旋转、风车的转动等。在制作一个旋转木马的动画时，可以使用"顺时针"选项并设置合适的旋转次数，让木马按照顺时针方向稳定地旋转，营造出欢乐的氛围。

案例

【例 2-4】使用 Animate 制作老鹰叼鱼的动画。【视频 2-4】

操作步骤如下。

（1）打开"例 2-4 素材 .fla"文件。

（2）将"库"面板中的元件"水面背景"拖拽到舞台，在菜单栏中选择【修改】|【文档】命令，在弹出的"文档设置"对话框中单击"匹配内容"按钮，使舞台大小与图片保持一致，设置完成后单击"确定"按钮。

（3）在 60 帧处插入帧（快捷键【F5】），使水面背景延续至 60 帧。

（4）新建图层 2，将时间轴指针指向第 1 帧，将"库"面板中的元件"老鹰"拖拽至舞台外右上方；在 20 帧处插入关键帧（【F6】），将"老鹰"实例拖到水面上；在第 40 帧处插入关键帧，将老鹰实例拖到舞台外左上方，位置如图 2-28 所示；鼠标拖选第 1 帧和第 40 帧之间，单击鼠标右键，在弹出来的快捷菜单中选择"创建传统补间"命令。

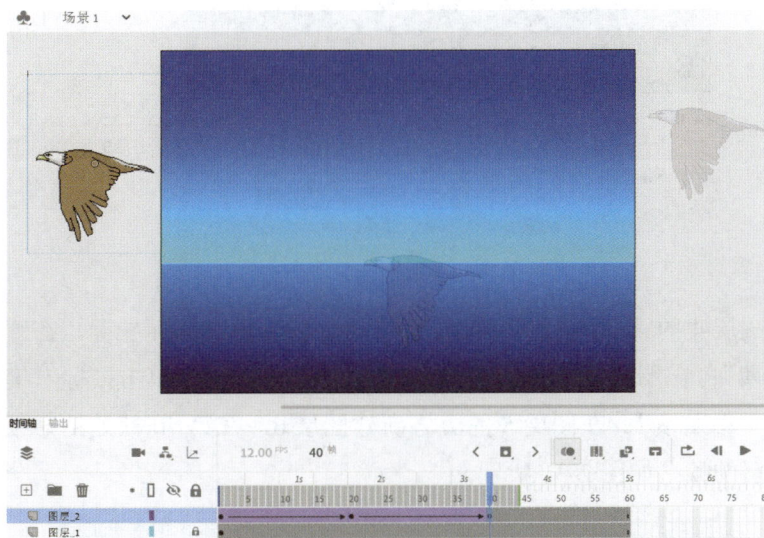

图 2-28　插入元件"老鹰"

（5）新建图层 3，在第 20 帧处插入空白关键帧（【F7】键），将"库"面板中元件"鱼"拖到舞台上，放至老鹰的右下方，使用"任意变形工具"旋转一定角度；将指针移动至 40 帧，将实例"鱼"移动到老鹰右下方。将鼠标放置在第 20 帧和 40 帧之间任意位置，单击鼠标右键，在弹出菜单中选择"创建传统补间"，如图 2-29 所示。

（6）新建图层 4，将图层 4 下移到图层 1 和图层 2 之间，在第 20 帧插入空白关键帧，将"库"面板中的元件"水纹"拖到舞台，参考图 2-30 调整大小和位置；在第 40 帧插入关键帧，将"水纹"实例放大；在第 20 帧和 40 帧之间创建传统补间动画；选中图层 4 的 41 帧到 60 帧，单击鼠标右键，在弹出的快捷菜单中选择"删除帧"命令。

图 2-29　插入元件"鱼"

删除动画区域之后的帧

图 2-30　插入元件"水纹"

（7）选中图层 4 的第 20 帧到 40 帧传统补间区域，单击鼠标右键，在弹出的快捷菜单中选择"复制帧"；在图层 4 上方新建图层 5，选中第 30 帧，单击鼠标右键，在弹出的快捷菜单中选择"粘贴帧"；在图层 5 的上方新建图层 6，在第 40 帧处粘贴帧；删除 2 个图层补间区域之后的帧。如图 2-31 所示。

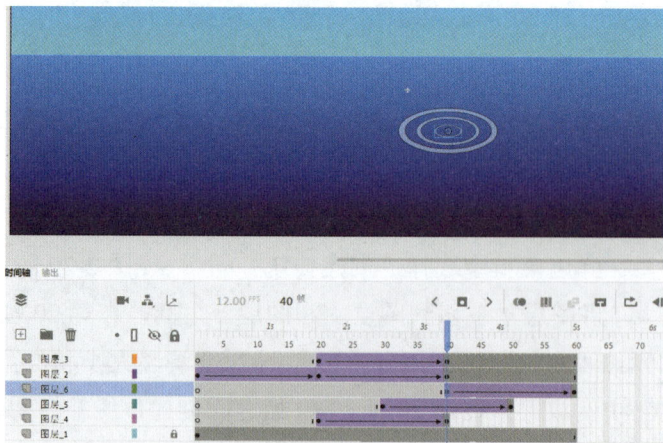

图 2-31　制作多层水波纹效果

（8）将文件保存为"2-4.fla"，测试影片，可以看到老鹰从水面掠过将鱼叼走的动画效果。

案例

【例 2-5】使用 Animate 参照样张制作眼部的圆环淡入、蓝色光圈顺时针旋转一周及眼部的圆环闪烁三次的动画效果。【视频 2-5】

操作步骤如下。

（1）打开"例 2-5 素材 .fla"文件。

（2）将"库"面板中的图片"眼睛 .jpg"拖拽到舞台，在文档设置"对话框中匹配内容，使舞台大小与图片保持一致。在 60 帧处插入帧（快捷键【F5】），使眼睛图片延续至 60 帧。

（3）新建图层 2，选中第 1 帧，将"库"面板中的元件"圆环"拖到舞台，放于眼睛位置，如图 2-32 所示。

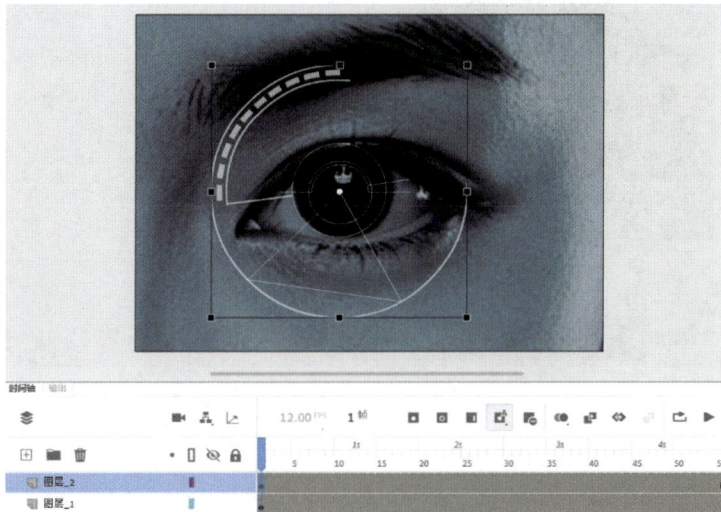

图 2-32　插入元件"圆环"

（4）新建图层 3，点击第 1 帧，将"库"面板中的元件"蓝色光圈"拖拽到舞台，将红色圆点对齐到圆环中心的三角顶部，使用"任意变形工具"将实例"蓝色光圈"的中心点也拖到三角形顶部；在第 60 帧处插入关键帧；在第 1 帧和第 60 帧之间创建传统补间；选中第 1 帧，在"属性"面板中的旋转中选择【顺时针】次数：1，如图 2-33 所示。

（5）在图层 2 的第 20 帧插入关键帧，选中第 1 帧中的实例"圆环"，在属性面板中设置：色彩效果中的 Alpha（透明度）值为 0，如图 2-34 所示；在第 1 帧和第 20 帧之间创建传统补间，完成圆环淡入的动画效果。

（6）在图层 2 的第 25、29、33 帧插入关键帧（【F6】），在第 23、27、31 帧插入空白关键帧（【F7】），创建第 21 帧到 33 帧创建频闪动画，如图 2-35 所示。

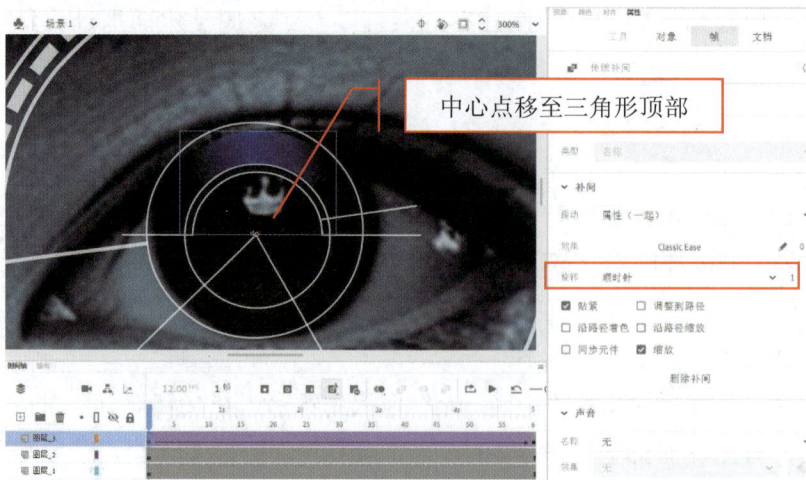

图 2-33　插入元件"蓝色光圈"

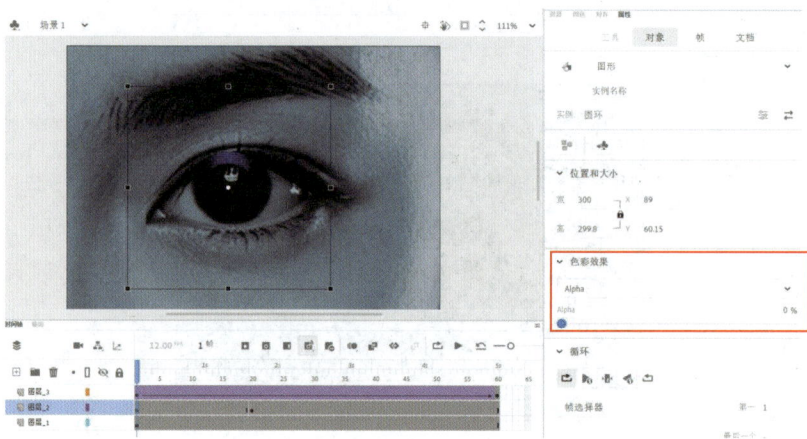

图 2-34　设置实例"圆环"的 Alpha 值

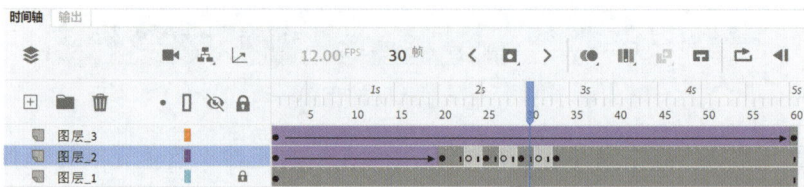

图 2-35　创建实例"圆环"的频闪动画

（7）将文件保存为"2-5.fla"，测试影片，可以看到眼部的圆环渐显、三次闪烁，同时蓝色光圈顺时针旋转一周的动画效果。

2.11　制作补间形状动画 ≫≫≫

2.11.1　形状补间动画

补间形状动画是 Animate 中非常重要的表现手法之一，利用它可以制作各种变形效果，如从一个圆形变成方形、从一个字母变成另一个字母等。可以在一个关键帧中绘制一个形状，然后在另一个关键帧中更改该形状或绘制另一个形状，Animate 将会自动完成中间的动画部分，生成流畅、完整的动画。

补间形状动画不仅可以制作变形动画，还可以实现两个图形之间颜色、大小、位置的相互变化。补间形状动画只适用于矢量图形，如果使用图形元件、按钮、文字，则必先分离后才能创建变形动画。在时间轴上，形状补间动画的关键帧是黑色的圆点，中间过渡部分是橙黄色的箭头。

传统补间动画和补间形状动画的主要区别在于传统补间动画是针对组合图、元件、图像和文字的操作，而补间形状动画则是针对非元件且未组合的矢量图对象进行操作。

补间形状动画常用于制作创意形状变化动画。例如，在制作一个广告动画的开场，将公司的标志形状从一个简单的几何形状逐渐演变成完整的品牌标志，利用形状补间动画可以很好地实现这种富有创意的形状转换效果。

2.11.2　添加形状提示

补间形状动画在制作过程中需要注意形状的起始和结束状态的合理设置。如果形状过于复杂或者起始和结束形状的对应关系不明确，可能会导致动画效果不理想。为了改善这种情况，可以使用形状提示来辅助形状的变形过程，使形状变化更加符合预期。

在起始帧和结束帧中添加形状提示，使 Animate 在计算变形过渡时依一定的规则进行，从而可以较有效地控制变形过程。添加形状提示的方法如下：

选中形状补间动画的起始关键帧，在菜单栏中选择【修改】|【形状】|【添加形状提示】命令，该帧的形状上就会增加一个带字母的黄色圆圈，将形状提示点拖动到初始形状（圆形）上希望标记的位置，例如三角形的一个顶点。相应地，在结束关键帧形状中也会出现一个绿色圆圈，使用鼠标左键将之放置在合适的位置。当在起始帧或结束帧上添加形状提示点后，若其未放置在正确的对应位置，形状提示点显示为红色。

在制作复杂的变形动画时，形状提示的添加和拖放要多方位尝试，每添加一个形状提示，最好播放一下变形效果，然后再对变形提示的位置做进一步的调整。

形状提示可以连续添加，最多能添加 26 个。

形状提示要在形状的边缘才能起作用，在调整形状提示位置前，要确认菜单栏的【视图】|【贴紧】|【贴紧至对象】已处于勾选状态，这样，在设定形状提示的位置时，会自动把"形状提示"吸附到边缘上，如果你发觉形状提示仍然无效，可以用工具栏上的"缩放工具"单击形状，放大到足够大，以确保形状提示位于图形边缘上，也可以在菜单栏中选择【视图】|【网格】|【显示网格】命令，使形状提示的位置更为精确。

另外，要删除所有的形状提示，可执行【修改】|【形状】|【删除所有提示】命令。删除单个形状提示，可用先选中它，再单击鼠标右键，在弹出菜单中选择【删除提示】命令。

图 2-36　绘制粉色心形

案例

【例 2-6】参照样张使用 Animate 制作心形形变为星形的传统补间动画。【视频 2-6】

操作步骤如下。

（1）新建一个 Animate 文件。

（2）使用"椭圆工具"绘制一个粉色椭圆。

视频 2-6

（3）取消椭圆的选中状态，按下【Ctrl】键，分别将鼠标放在椭圆的顶部和底部，拖拽鼠标，将之变为心形，并使用"对齐"面板，将之上下、左右居中，如图 2-36 所示。

（4）在第 50 帧左右插入一个空白帧，选中"多角星形工具"，在"属性"面板中设置样式为"星形"，绘制一红色五角星，如图 2-37 所示。使用"对齐"面板，将之上下、左右居中。

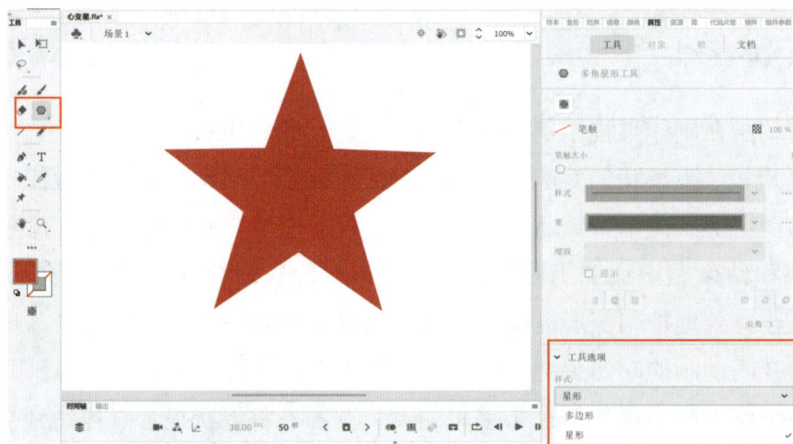

图 2-37　绘制五角星形

（5）在鼠标放在第 1 帧和 50 帧之间任意位置单击右键，在弹出的快捷菜单中选择"创建补间形状"选项，按【Enter】键测试影片，中间的变形过程如图 2-38 所示，心形变五角星形的形变过程不尽如人意，可以添加形状提示点进一步控制变形过程。

（6）确认菜单栏的【视图】|【贴紧】|【贴紧至对象】已处于勾选状态，选中第 1 帧，选择菜单栏中【修改】|【形状】|【添加形状提示】命令，添加一个形状提示点 a，用同样的方法再添加形状提示点 b、c、d、e、f 点，并参考如图 2-39 所示位置按顺序摆放。

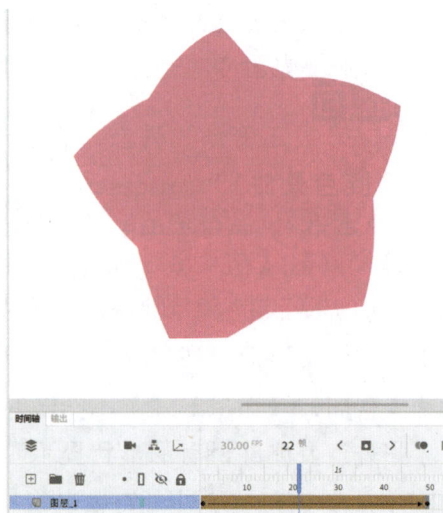

图 2-38　变形的中间过程

（7）将鼠标移至第 50 帧，将 a、b、c、d、e、f 提示点移动到如图 2-40 所示位置。

图 2-39　第 2 帧形状提示点的位置

图 2-40　第 50 帧形状提示点的位置

（8）按【Enter】键测试影片，变形的中间效果如图 2-41 所示。

（9）将文件保存为"2-6.fla"，按【Ctrl】+【Enter】测试影片，导出 swf 格式动画，可以看到心形逐变为五角星的动画效果。

图 2-41　添加提示点后变形的中间效果

案例

视频 2-7

【例 2-7】参照样张使用 Animate 制作老鹰从舞台外飞至枝头的传统补间动画，再形变为剑客的补间形状动画效果。【视频 2-7】

操作步骤如下。

（1）打开"例 2-7 素材 .fla"文件。

（2）在菜单栏中选择【修改】|【文档】命令，在弹出的"文档设置"对话框中设置舞台的宽为 550，高为 400，舞台颜色为 #175386；帧频为 12，如图 2-42 所示。

（3）将"库"面板中的图片"月夜背景 .png"拖拽到舞台，打开"对齐"面板，勾选"与舞台对齐"选项，分别单击"左对齐"和"底对齐"按钮，如图 2-43 所示，使图片位于舞台左下角边；在 60 帧处插入帧（快捷键【F5】），使背景图片延续至 60 帧。

图 2-42　设置文档参数

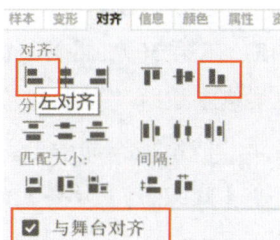

图 2-43　"对齐"面板

（4）新建图层 2，选中第 1 帧，将"库"面板中的影片剪辑元件"老鹰"拖到舞台外侧右上角，如图 2-44 所示。

图 2-44　插入元件"老鹰"

（5）在图层 2 中的第 30 帧插入关键帧（【F6】键），将"老鹰"实例移动到树枝上，在第 1 帧和第 30 帧之间创建传统补间，删除第 31 帧到 60 帧，如图 2-45 所示。

图 2-45　将"老鹰"实例移动到树枝上

（6）新建图层 3，在第 30 帧插入关键帧（【F6】键）。选中图层 2 的第 30 帧，单击鼠标右键，在弹出的菜单中选择"复制帧"命令，再选中图层 3 的第 30 帧，单击鼠标右键，在弹出的菜单中选择"粘贴帧"命令，2 个图层的老鹰实例完全重合。选中图层 3 的第 30 帧，在菜单栏中选择【修改】|【分离】命令（或者按组合键【Ctrl】+【B】），把老鹰转换成矢量图，如图 2-46 所示。

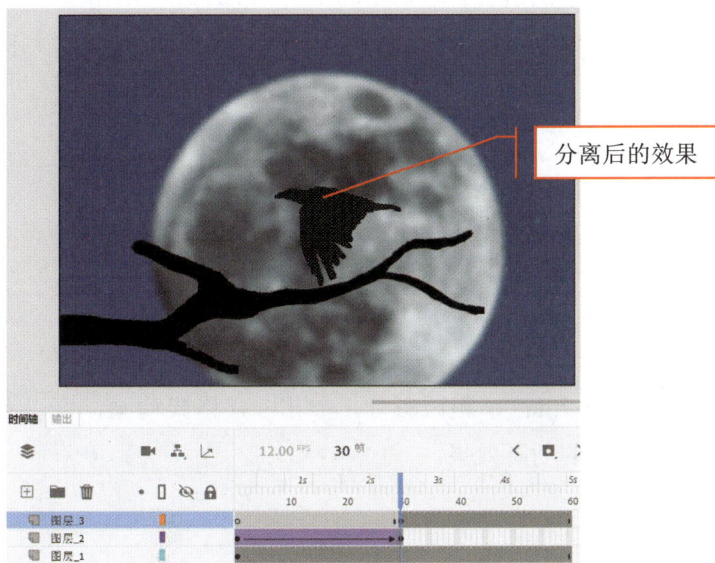

分离后的效果

图 2-46　将"老鹰"实例分离

（7）在图层 3 的第 50 帧插入空白关键帧（【F7】键），将"库"面板的元件"剑客"拖到树枝上，并将之分离（【Ctrl】+【B】），如图所示 2-47。

图 2-47　插入元件"剑客"并分离

（8）在鼠标放在图层 3 第 30 帧和 50 帧之间任意位置单击右键，在弹出的快捷菜单中选择"创建补间形状"选项，测试影片，发现老鹰到剑客的形变过程不尽如人意，可以再添加形状提示点进一步控制变形过程。

（9）确认菜单栏的【视图】|【贴紧】|【贴紧至对象】已处于勾选状态，选中图层 3 的第 30 帧，选择菜单栏中【修改】|【形状】|【添加形状提示】命令，添加一个形状提示

点 a，并将 a 移到图形底部，同样的方法将第 50 帧的 a 点也移到底部，如图 2-48 所示。

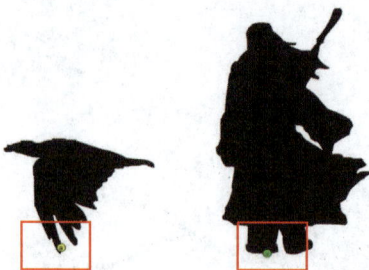

图 2-48　添加形状提示点 a

（10）将文件保存为"2-7.fla"，测试影片，导出 swf 格式动画，可以看到老鹰从舞台外飞至枝头，再形变为剑客的动画效果。

案例

【例 2-8】参见样张，使用 Animate 制作文字 1 移动位置的同时逐渐放大，再形变为文字 2、文字 3 的补间形状动画效果。【视频 2-8】

操作步骤如下。

（1）打开"例 2-8 素材 .fla"文件。

视频 2-8

（2）将"库"面板中的图片"甲骨文 .jpg"拖拽到舞台，打开"对齐"面板，勾选"与舞台对齐"选项，分别单击"左对齐"和"顶对齐"按钮，使图片与舞台对齐。在 85 帧处插入帧（快捷键【F5】），使背景图片延续至 85 帧。

（3）新建图层 2，选中第 1 帧，将"库"面板中的元件"文字 1"拖拽至舞台，在"属性"面板中设置宽为 43，高为 26.4，X 为 400，Y 为 130。

（4）在图层 2 的第 20 帧插入关键帧（【F6】键），在"属性"面板中设置"文字 1"实例的宽为 140，高为 85.85，X 为 132，Y 为 204。在第 1 帧到 20 帧之间创建传统补间，如图 2-49 所示。

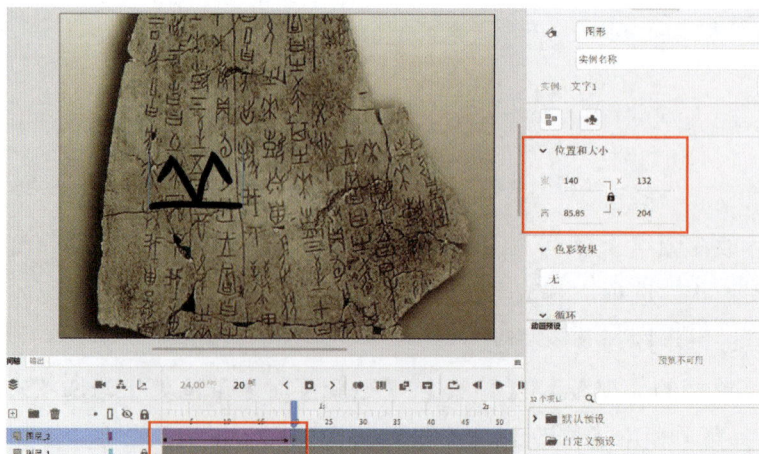

图 2-49　创建传统补间

（5）在图层 2 的第 21 帧插入关键帧（【F6】键）；在第 45 帧处插入空白关键帧（【F7】键），将"库"面板中的元件"文字 2"拖拽至舞台，在"属性"面板中设置宽为 120，高为 139.6，X 为 243，Y 为 150。

（6）在图层 2 中第 70 帧处插入空白关键帧，将"库"面板中的元件"文字 3"拖拽到舞台，在"属性"面板中设置宽为 180、高为 108.3，X 为 373、Y 为 182，如图 2-50 所示。

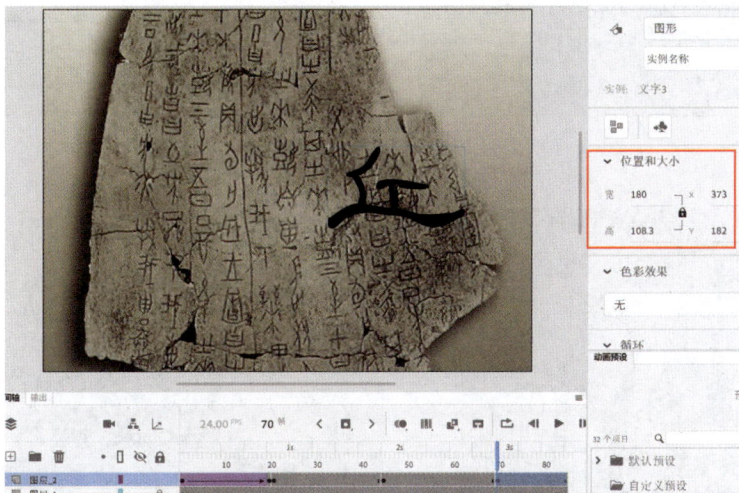

图 2-50　插入元件"文字 3"

（7）将图层 2 的第 21 帧、45 帧、70 帧处的文字实例分离（【Ctrl】+【B】）转换成矢量图；选中第 21 帧到 70 帧，单击鼠标右键，在弹出来的快捷菜单中选择"创建补间形状"命令，创建第 21 帧到 45 帖、第 45 帧到 70 帧的补间形状动画，图层如图 2-51 所示。

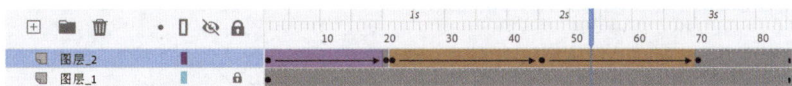

图 2-51　创建补间形状动画

（8）为了得到更好的动画效果，可以为动画添加形状提示。选中图层 2 中的第 21 帧，选择菜单栏中【修改】|【形状】|【添加形状提示】命令，添加形状提示点 a；重复执行此命令或者按组合键【Ctrl】+【Shift】+【H】键添加 b 点，参见图 2-52 定位提示点的位置；选中第 45 帧，参见图 2-53 定位提示点位置，测试此部分，满意后再添加后面的形状提示点。

（9）选择图层 2 中的第 45 帧，选择菜单栏中【修改】|【形状】|【添加形状提示】命令，添加形状提示点 a，按组合键【Ctrl】+【Shift】+【H】键添加点 b；参见图 2-54 定位提示点；选中第 70 帧，参见图 2-55 定位提示点。

（10）将文件保存为"2-8.fla"，测试影片，导出 swf 格式动画，可以看到文字 1 移动位置的同时逐渐放大，再形变为文字 2、文字 3 的动画效果。

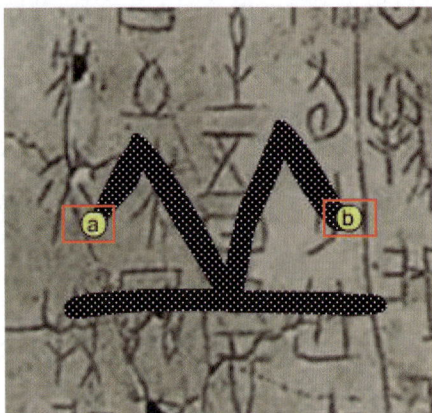

图 2-52　第 21 帧形状提示点位置

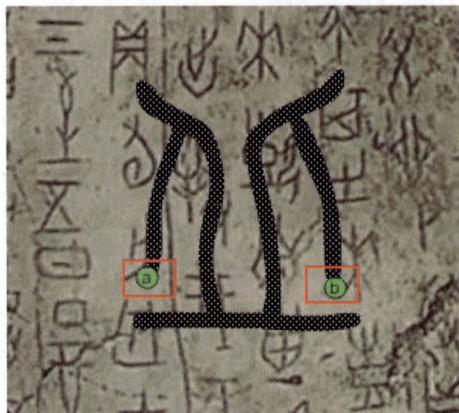

图 2-53 第 45 帧形状提示点位置

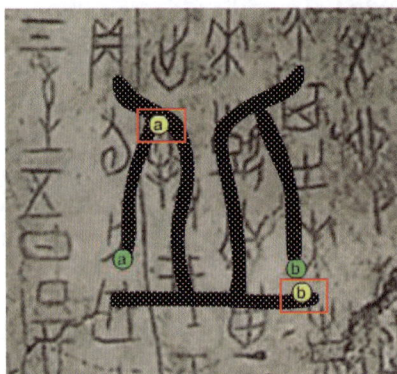

图 2-54　第 45 帧新添加的形状提示点位置

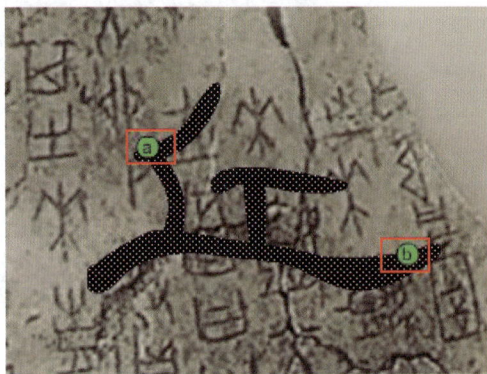

图 2-55　第 70 帧形状提示点位置

2.12　制作传统运动引导动画 >>>>

2.12.1　传统运动引导动画

传统运动引导层动画由引导层和被引导层组成，引导层用于放置对象运动的路径，被引导层用于放置运动的对象。引导动画通过创建一条引导路径，使一个或多个对象沿着该路径进行运动。引导路径可以是任意形状的线条，如曲线、折线等，它决定了动画对象的运动轨迹。动画对象会紧密贴合引导路径，并且可以在路径上设置关键帧来控制动画对象在不同位置的状态。引导路径必须是一条完整的路径，并且是矢量图，可以使用绘图工具（如铅笔工具、钢笔工具等）在舞台上绘制出所需的引导路径。路径绘制完成后，还可以使用选择工具对路径的形状进行调整，使其更加平滑或符合设计需求。

传统运动引导动画还可以将多个图层链接到同一个运动引导层，使多个对象沿同一条路径运动。

传统运动引导动画可以精确控制运动轨迹，能够让动画对象按照预设的复杂路径进行运动，实现非常精准的动画效果，这是传统补间动画难以直接做到的。此外传统运动引导动画还具有丰富的动画表现力，结合对象在运动过程中的属性变化，如旋转、缩放等，可以创建出极具视觉吸引力和动态感的动画场景，增强动画的趣味性和观赏性。

传统运动引导动画常用于创建物体的曲线运动效果，如飞鸟在空中的飞行轨迹、小球的抛物线路径、角色沿着特定路线的行走或奔跑等。在制作广告动画、游戏动画、课件动画等多种类型的动画项目中都有广泛应用。

2.12.2　调整到路径

在 Animate 的传统运动引导动画中，"调整到路径"是一个非常重要的功能。它用于控制被引导对象在沿着引导路径运动时的方向，使对象的方向能够根据路径的切线方向自动调整。这样可以让动画看起来更加自然流畅，尤其是当引导路径是曲线时，动画对象能够更好地贴合路径进行运动。

在制作传统运动引导动画时，选中被引导层两个关键帧之间的帧，在"属性"面板中可以找到"调整到路径"选项。它是一个复选框，勾选该选项后，动画对象就会根据引导路径的形状来调整自身的方向。

当"调整到路径"被启用时，Animate 会自动计算引导路径上每一点的切线方向。在动画播放过程中，被引导对象的方向（如元件的旋转角度）会根据路径切线方向的变化而动态调整。例如，如果引导路径是一个圆形，被引导对象在沿着圆形路径运动时，它的方向会始终指向路径的切线方向，就像一个小火车沿着轨道行驶，火车头始终指向轨道的前方。

对于一些需要模拟物体自然运动的场景，如汽车在弯曲道路上行驶、鱼儿在蜿蜒的河流中畅游等，开启"调整到路径"可以使动画更符合现实世界中物体的运动规律，让观众在观看动画时更容易产生代入感。

通过让动画对象的方向随路径变化，可以创造出更加复杂和动态的动画效果。例如，在制作一个魔法精灵沿着复杂的魔法轨迹飞行的动画时，精灵的身体方向随着轨迹的变化而变化，增加了动画的灵动性和奇幻感。

案例

【例 2-9】参见样张使用 Animate 制作甲壳虫沿曲线在叶子上爬行的引导层动画。【视频 2-9】

操作步骤如下。

（1）打开"例 2-9 素材 .fla"文件。

视频 2-9

（2）将"库"面板中的元件"叶子"拖拽到舞台，打开"对齐"面板，勾选"与舞台对齐"选项，分别单击"左对齐"和"顶对齐"按钮，使图片与舞台对齐。在 130 帧处插入帧（快捷键【F5】），使叶子延续至 130 帧。

（3）锁定图层 1，新建图层 2，选中第 1 帧，将"库"面板中的元件"甲壳虫"拖拽到叶子左下角，在"属性"面板中设置宽为 50，高为 50，如图 2-56 所示。

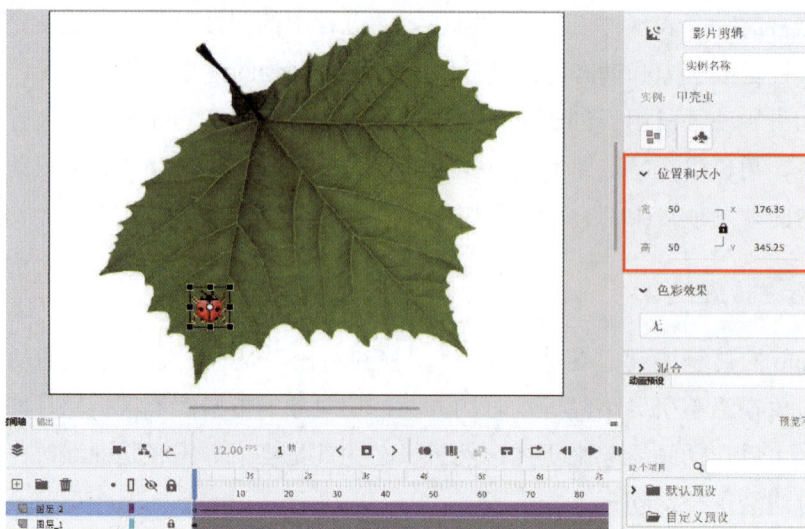

图 2-56　实例甲壳虫位置及大小

（4）在图层 2 的第 120 帧插入关键帧（【F6】键，在第 1 帧和第 120 之间创建传统补间。

（5）将鼠标指向图层 2 名称区域，单击鼠标右键，在弹出的快捷菜单中选择"添加传统运动引导层"命令，此时图层 2 缩进显示，表示被引导图层，如图 2-57 所示。

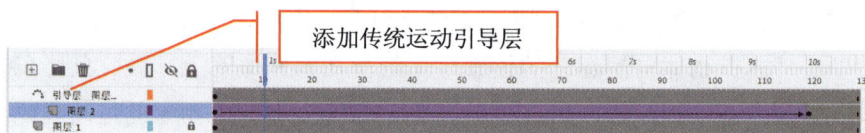

图 2-57　添加传统运动引导层

（6）单击工具箱中"…"编辑工具栏按钮，把"铅笔工具"拖拽添加到工具箱中，如图 2-58 所示。

（7）选中引导层的第 1 帧，选择"铅笔工具"，铅笔模式选择"平滑"，参考图 2-59 绘制甲虫运动的引导线。

（8）选中图层 2 的第 1 帧，把甲壳虫的中心点对齐引导线开始的位置，选中第 120 帧，将甲壳虫的中心点对齐引导线结束的位置，如图 2-60 所示。测试时发现甲壳虫可以沿引导线运动，但运动过程中身体不能沿轨道切线方向自如旋转，效果不自然。

（9）选中图层 2 的第 1 帧，在"属性"面板中勾选"调整到路径"；使用"任意变形工具"工具调整甲壳虫第 1 帧和第 120 帧的方向，使甲壳虫的运动方向和引导线切线方向相同，如图 2-61 所示。

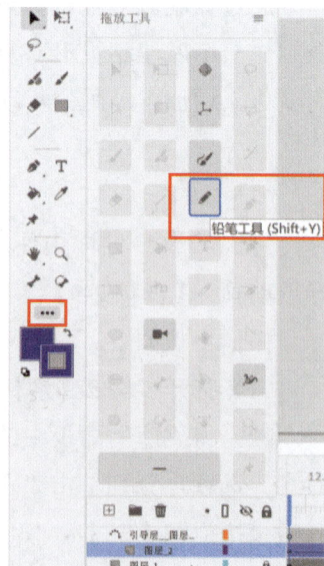

图 2-58　添加铅笔工具

图 2-59　绘制运动引导线

图 2-60　甲壳虫的中心点对齐引导线

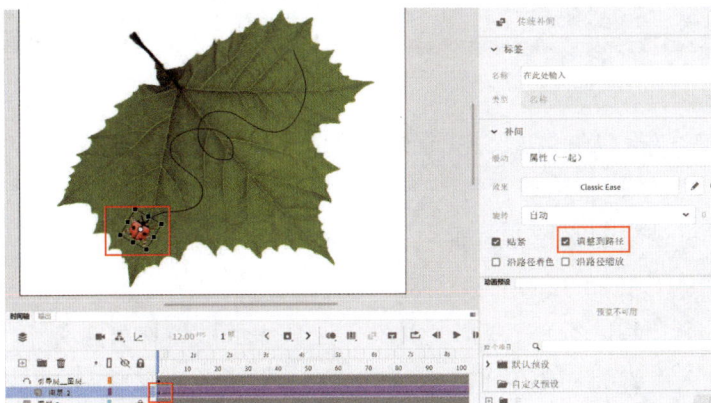

图 2-61　勾选"调整到路径"选项

（10）将文件保存为"2-9.fla"，测试影片，导出 swf 格式动画，可以看到甲壳虫沿曲线在叶子上爬行的动画效果。

案例

【例 2-10】参考样张使用 Animate 制作一位自行车爱好者在山坡上骑行的引导层动画。【视频 2-10】

操作步骤如下。

（1）打开"例 2-10 素材 .fla"文件，设置文档的背景颜色为 #FF9900。

（2）将"库"面板中的元件"落日背景"拖拽到舞台下方；在 80 帧处插入帧（快捷键【F5】），使背景延续至 80 帧。

（3）新建图层 2，选中第 1 帧，将"库"面板中的元件"骑自行车的人"放至舞台右侧地面上方，在第 35 帧插入关键帧（【F6】键），将"骑自行车的人"实例拖到左边；在第 1 帧和第 35 帧之间创建传统补间；删除第 36 帧以后的帧，如图 2-62 所示。

（4）将鼠标指向图层 2 名称区域，单击鼠标右键，在弹出的快捷菜单中选择"添加传统运动引导层"命令；选中引导层的第 1 帧，将"库"面板中的元件"山坡路径"拖拽到舞台；按【Ctrl】+【B】将之分离转换成矢量图（也可以自行绘制引导线），如图 2-63 所示。

图 2-62　制作元件"骑自行车的人"的传统补间动画

图 2-63　添加运动引导线

（5）将图层 2 的第 1 帧和第 35 帧里的"骑自行车的人"实例中心点对齐到引导线上，使用"任意变形工具"调整运动方向使之和引导线切线方向保持一致；选中第 1 帧，勾选"属性"面板中的"调整到路径"选项，如图 2-64 所示。

（6）新建图层 4，在第 35 帧插入关键帧（【F6】键）将"库"面板中的元件"瑰丽的落日"拖拽到舞台，使用"任意变形工具"将之放大并放置在舞台外上方，如图 2-65 所示；在第 65 帧插入关键帧，使用"任意变形工具"缩小并放置在太阳上方，在第 35 帧和65 帧之间创建传统补间，如图 2-66 所示。

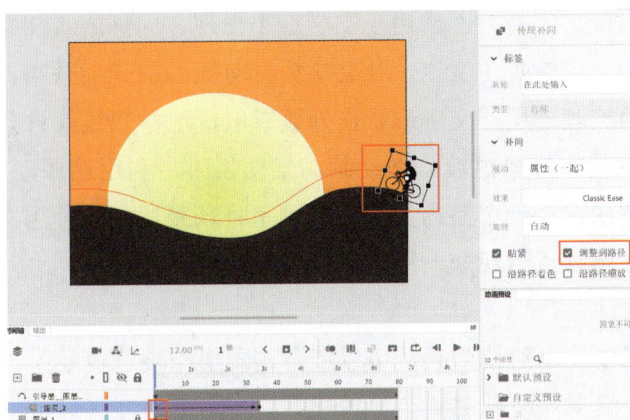

图 2-64　调整实例"骑自行车的人"的运动方向

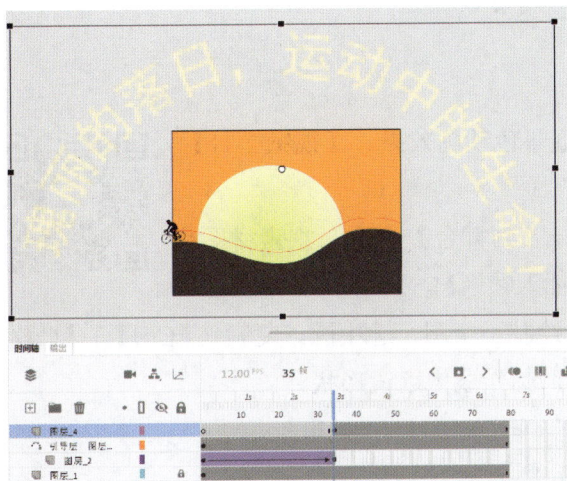

图 2-65　第 35 帧效果

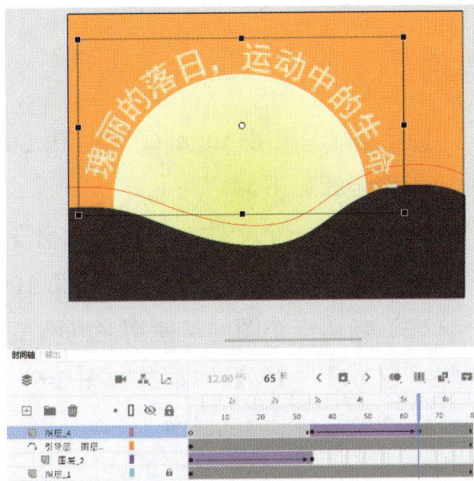

图 2-66　第 65 帧效果

（7）将文件保存为"2-10.fla"，测试影片，导出 swf 格式动画，可以看到一位自行车爱好者在山坡上骑行的动画效果。

2.13　制作遮罩动画 》》》

在 Animate 中，遮罩动画是一种特殊的动画效果。它通过使用一个图层（遮罩层）来定义另一个图层（被遮罩层）的可见区域。想象一个舞台上有一幅巨大的风景图片（被遮罩层），然后拿着一个有特定形状的"灯"（遮罩层）在图片前面移动。"灯光"覆盖的部分可以看到风景，而"灯光"之外的部分风景则被隐藏。这就是遮罩动画的基本概念。通过在时间轴上对遮罩层和被遮罩层的关键帧进行设置和动画处理，可以创造出丰富多样的动画效果，如探照灯效果、聚光灯效果、过渡切换效果等。

遮罩层中的内容可以是各种形状，如圆形、方形、不规则图形等。只有遮罩层中有填充内容（非透明部分）的区域，被遮罩层的内容才会显示出来。

遮罩动画可以制作文字特效。常用于文字逐个出现、闪烁或者文字内部有动态图案等效果。比如，制作一个广告宣传文字，让文字内部有流动的光线效果，就可以使用遮罩动画。将光线图案作为被遮罩层，文字形状作为遮罩层，这样光线就只会在文字内部显示。

遮罩动画也可以制作场景过渡。在动画场景切换时，利用遮罩动画可以创造出渐变、擦除等过渡效果。例如，从一个室内场景转换到室外场景，可以使用圆形遮罩从中间向外扩展，逐渐显示室外场景，给观众一种流畅的过渡感受。

在使用遮罩层需注意：

（1）需要在场景中显示遮罩效果，可以锁定遮罩层和被遮罩层；

（2）不能用一个遮罩层遮蔽另一个遮罩层；

（3）遮罩可以应用在 gif 动画上；

（4）被遮罩层中不能放置动态文本。

案例

【例 2-11】使用 Animate 制作望远镜远观景色动画效果。【视频 2-11】
操作步骤如下。

（1）新建一个文件，单击【文件】|【导入到舞台】命令，将素材图片"荷塘 .jpeg"文件导入至舞台，在第 100 帧插入帧（【F5】）。

视频 2-11

（2）新建一个图层，使用"椭圆工具"绘制一个圆，选中圆，复制（【Ctrl】+【C】），粘贴（【Ctrl】+【V】），摆放如图 2-67 所示，制作成望远镜形状。

图 2-67　绘制望远镜形状图形

（3）取消选中状态，2 个圆形会自动连接为一体，将之移动至舞台左上角；在第 50 帧插入关键帧（【F6】），将之移动至舞台底部中间，在第 100 帧插入关键帧，将之移动至舞台右上角。

（4）选中图层 2 上第 1 帧到第 100 帧，单击鼠标右键，在弹出的菜单中选择"创建补间形状"，制作补间形状动画。

（5）选中图层 2，单击鼠标右键，在弹出的菜单中选择"遮罩层"，制作补间形状动画。

（6）在图层 2 的名称区域单击鼠标右键，在弹出的快捷菜单中选择"遮罩层"命令，如图 2-68 所示。

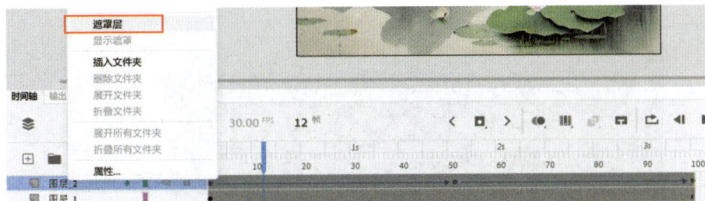

图 2-68　创建遮罩层

此时图层 1 缩进显示，表示图层 1 为被遮罩层，图层 2 为遮罩层，2 个图层均处于锁定状态，舞台显示遮罩后的效果，如图 2-69 所示。如需修改，需要先解锁再操作。

图 2-69　遮罩层和被遮罩层状态

（7）将文件保存为"2-11.fla"，测试影片，导出 swf 格式动画，可以看到透过望远镜观看远处风景的动画效果。

案例

【例 2-12】使用 Animate 制作国画被徐徐打开的遮罩动画效果。【视频 2-12】

操作步骤如下。

（1）打开"例 2-12 素材 .fla"文件。

视频 2-12

（2）将"库"面板中的元件"国画卷轴左部"拖拽到舞台，打开"对齐"面板，勾选"与舞台对齐"选项，分别单击"水平中齐"和"垂直中齐"按钮，使图片位于舞台中央。在 85 帧处插入帧（快捷键【F5】）。

（3）新建图层 2，选中第 1 帧，将"库"面板中的元件"遮罩"拖拽到舞台，使用"任意变形工具"将"遮罩"实例的中心点拖到左边框上，并进行缩小（需盖住卷轴手柄部分），如图 2-70 所示。

将"遮罩"实例的中心点拖至左边框

图 2-70　改变实例的中心点位置

（4）在图层 2 的第 60 帧插入关键帧（【F6】键）；选中第 60 帧，将"遮罩"实例放大至整个国画画面；在第 1 帧和第 60 帧之间创建传统补间，如图 2-71 所示。

图 2-71　制作遮罩图层的传统补间

（5）在图层 2 的名称区域单击鼠标右键，在弹出的快捷菜单中选择"遮罩层"命令。

（6）新建图层 3，将"库"面板中的元件"卷轴右部"拖到舞台，放到左卷轴右侧，2 个卷轴并列摆放，如图 2-72 所示；在第 60 帧插入关键帧（【F6】键），将"卷轴右部"

实例移动到国画画面的右侧；创建第 1 帧到第 60 帧的传统补间动画；在第 85 帧插入帧（【F5】键），如图 2-73 所示。

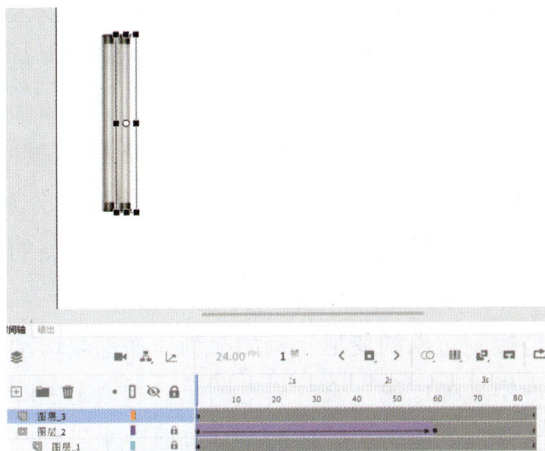

图 2-72　插入元件"卷轴右部"

图 2-73　将实例"卷轴右部"移动至右侧

（7）将文件保存为"2-12.fla"，测试影片，导出 swf 格式动画，可以看到国画被徐徐打开的动画效果。

2.14　制作骨骼动画 >>>>

Animate 中的骨骼动画是一种通过对角色模型进行骨骼绑定和动画控制的技术，使其能够在动画中栩栩如生地展现各种动作。

Animate 提供了骨骼工具来创建骨骼结构。这里的动画骨骼就像是真实生物的骨骼系统一样，用于控制和驱动动画对象的运动。通过在形状或元件实例上添加骨骼，可以构建起一个层次结构的骨骼链。例如，在制作一个人物手臂摆动的动画时，可以从肩部开始添加骨骼，连接上臂骨、前臂骨和手部骨骼，形成一个完整的手臂骨骼链。

形状或元件实例需要绑定到骨骼上才能被骨骼控制。当绑定完成后，骨骼的运动就会带动绑定的对象一起运动。绑定的过程类似于将肌肉和皮肤附着在骨骼上，使物体的变形和运动更加自然。

骨骼动画能够模拟出非常自然的运动效果。以动物奔跑为例，使用传统的补间动画来制作动物的腿部运动可能会显得生硬，但是通过骨骼动画，可以为动物的腿部创建骨骼结构，根据动物奔跑时腿部的关节运动规律来设置骨骼的关键帧，从而让腿部的运动更加符合生物力学原理，看起来更加自然流畅。

对于复杂的角色动画或者有多个部件联动的动画，骨骼动画可以大大提高制作效率。比如制作一个机械手臂的动画，传统方式可能需要对每个零件分别制作动画路径和补间，而使用骨骼动画，只需为机械手臂构建骨骼，然后通过控制骨骼的运动就能让整个机械手臂的各个部件协调运动，减少了大量的重复操作。

骨骼动画可以精确地控制对象的变形。例如在制作面部表情动画时，通过在脸部形状上添加骨骼，可以方便地实现嘴巴的开合、眉毛的上扬和眼睛的眯起等各种表情变化。而且这些变形可以通过调整骨骼的旋转、缩放和平移等属性来进行精细的控制，使得表情更加生动。

案例

【例 2-13】使用 Animate 制作调整台灯姿势的骨骼动画。【视频 2-13】
操作步骤如下。

（1）打开"例 2-13 素材 .fla"文件。在"属性"面板中设置文档的背景颜色为 #283CC8。单击工具箱中"…"编辑工具栏按钮，将"骨骼工具"和"绑定工具"拖拽添加到工具箱中，如图 2-74 所示。

视频 2-13

（2）将"库"面板中的所有素材拖拽到舞台，参照图 2-75 摆放。

（3）选择所有元件，单击鼠标右键，在弹出的快捷菜单中选择"分散到图层"命令，此时每个元件各占一个图层；调整图层次序，使之从上至下依次为灯罩、底座、灯杆 2、灯杆 1；使用"任意变形工具"将每个元件的中心点移到动画中需要转动的关节位置，如图 2-76 所示。

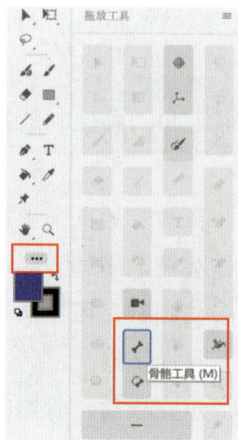

图 2-74　添加"骨骼工具"和"绑定工具"

图 2-75　元件摆放位置

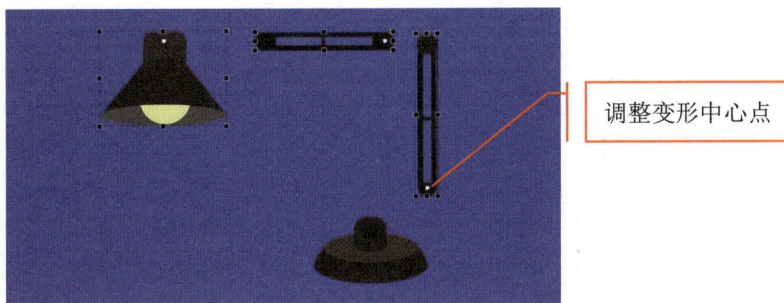

图 2-76　调整变形中心点

（4）使用"骨骼工具"绘制骨架，如图 2-77 所示。

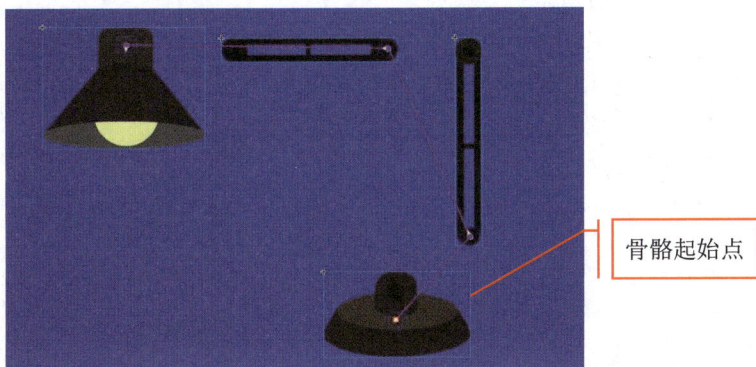

图 2-77　绘制骨架

（5）使用"选择工具"移动各个元件组合成一个完整的台灯。先在空白处单击鼠标取消所有对象的选择，再单击需移动的对象，按住 Alt 拖动对象到目标地点，如图 2-78 所示。

（6）制作骨骼动画。在第 1 帧使用"选择工具"拖动调整骨骼姿势，拖动时按住 Shift 可以单独移动某个骨节；在第 5 帧插入姿势，继续调整骨骼姿势；在第 10 帧插入姿势，与第 5 帧保持同一姿势；在第 15 帧插入姿势继续调整姿势；在第 20、25、30、35 帧分别插入姿势做灯头点头动画（也可以按照自己的设想来设计和制作动画），参考位置如图 2-79、2-80、2-81、2-82、2-83 所示。

图 2-78　组合成一个台灯

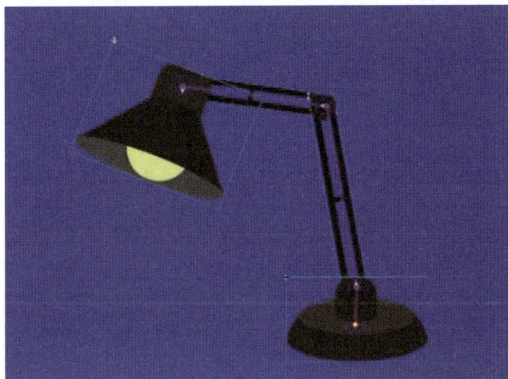

图 2-79　第 1 帧姿势

图 2-80　第 5、10 帧姿势

图 2-81　第 15 帧姿势

图 2-82　第 20、30 帧姿势

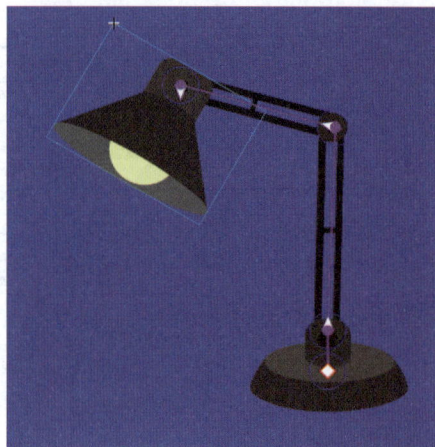

图 2-83　第 25、35 帧姿势

（7）将文件保存为"2-13.fla"，测试影片，导出 swf 格式动画，可以看到调整台灯姿势的骨骼动画效果。

案例

【例 2-14】使用 Animate 制作人物跳舞的骨骼动画。【视频 2-14】

操作步骤如下。

（1）打开"例 2-14 素材 .fla"文件。

（2）使用"骨骼工具"绘制身体骨骼，从腰部开始，节点放在关节处，如图 2-84 所示。

（3）使用"骨骼工具"绘制肩膀及手臂骨骼，骨骼关节点可以使用"部分选取工具"调整位置，如图 2-85 所示。

（4）使用"骨骼工具"绘制腿部骨骼，如图 2-86 所示。

视频 2-14

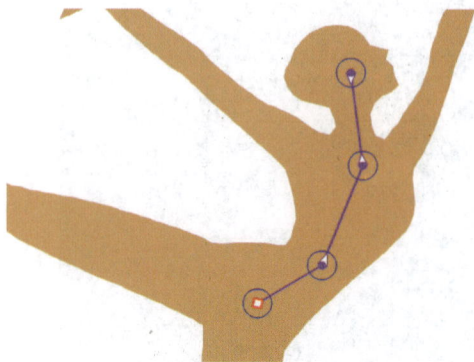

图 2-84　绘制身体骨骼

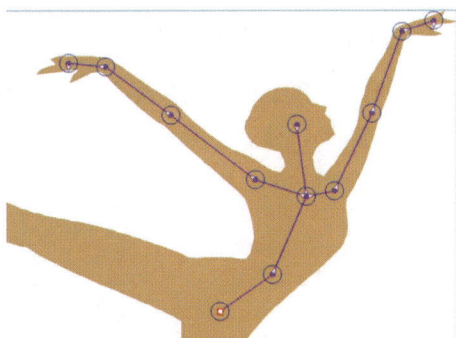

图 2-85　绘制肩膀及手臂骨骼

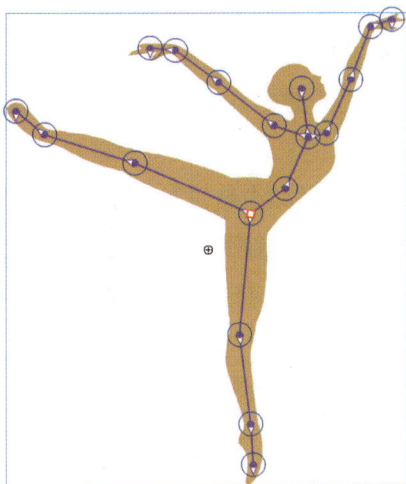

图 2-86　绘制腿部骨骼

（5）使用绑定工具绑定人物模型，方法是使用"绑定工具" 单击某一节骨骼可以看到这根骨头绑定的范围，黄颜色的四方形点为绑定的模型，蓝色的点为未被绑定的模型，这些点将不会随着骨骼移动，如图 2-87 所示，使用"绑定工具"将蓝色的点拖到目标骨骼上进行绑定。选中一个点（显示红色），它所绑定的骨骼会变黄色，如图 2-88 所示。

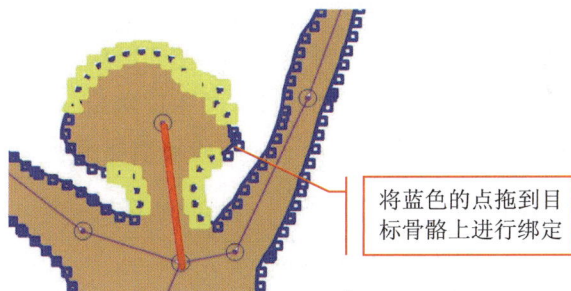

将蓝色的点拖到目标骨骼上进行绑定

图 2-87　蓝色的点未被绑定

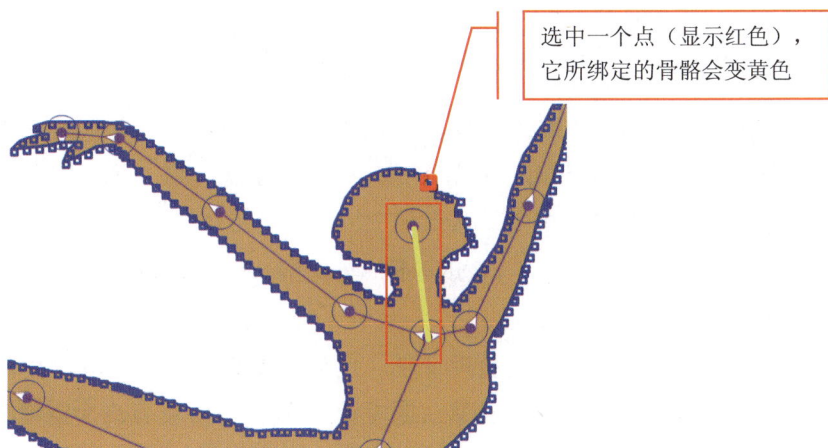

选中一个点（显示红色），它所绑定的骨骼会变黄色

图 2-88　查找未被绑定的点

（6）使用"选择工具"拖动颈部和手臂等关节点，反复检查没被绑定的点直到模型上所有的点都被绑定到相对应的骨骼上。有些地方的点太密集可以使用【部分选取工具】选中并删除。如果点击一个点它所绑定的骨骼会变黄色，这样也可以判断模型上的绑定情况。

（7）选中第 25 帧，单击鼠标右键，在弹出的快捷菜单中选择"插入姿势"命令，参照图 2-89，使用"选择工具"拖动关节调整姿势；在第 50 帧"插入姿势"，参照图 2-90，使用"选择工具"调整姿势。

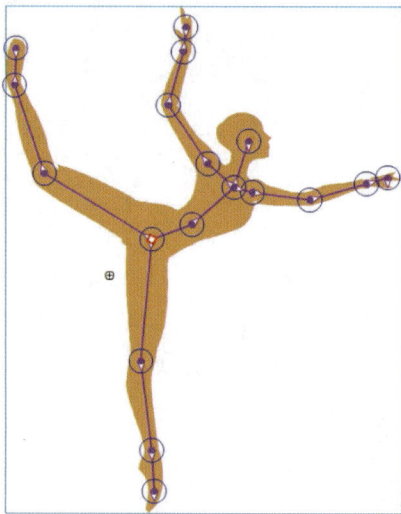

图 2-89　第 25 帧姿势　　　　　图 2-90　第 50 帧姿势

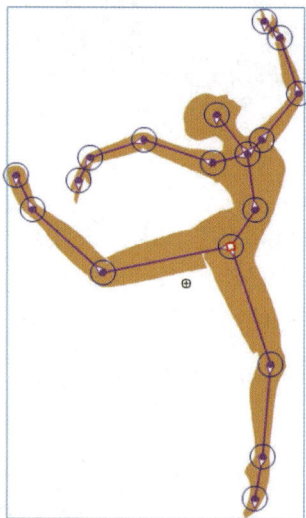

（8）将文件保存为"2-14.fla"，测试影片，导出 swf 格式动画，可以看到人物跳舞的骨骼动画效果。

2.15　交互动画 〉〉〉〉

2.15.1　交互动画概述

Animate 交互动画是 Animate 创建的具有交互功能的动画。它不仅仅是简单的线性播放动画，而是允许观众通过各种方式，如单击按钮、按下键盘按键、滑动屏幕等操作来实现动画的暂停、播放、跳转到特定帧等功能。

Animate 可以创建各种交互式元素，如按钮、滑块等。例如，制作一个具有拖动功能的滑块来控制动画中某个元素的透明度。

Animate 交互动画可以制作交互式教学课件。比如在课程实验教学动画中，学生可以通过点击按钮来查看不同的实验过程，或者通过交互来改变实验参数，观察实验结果的变化。这种方式可以提高学生的学习兴趣和参与度。

Animate 交互动画也可以用于开发简单的 2D 游戏。虽然 Animate 不是专门的游戏引擎，但也可以制作一些简单的休闲游戏，如解谜游戏、跑酷游戏等。通过交互动画技术，实现游戏角色的控制、关卡的切换等功能。

Animate 交互动画还可以为网站的动画广告、引导页等部分添加交互功能。例如，在一个产品宣传动画中，用户可以通过交互来查看产品的不同细节，或者提交产品咨询信息等。

2.15.2　ActionScript 3.0 脚本

ActionScript 3.0（简称 AS3.0）是 Animate 中用于创建交互动画和应用程序的主要脚本语言。它是一种面向对象的脚本语言，主要用于创建交互式内容，如动画、游戏和富媒体应用程序。在 ActionScript 3.0 中，play、stop、gotoAndPlay、gotoAndStop 等是控制动画播放的常用语句。

play()：使停止播放的动画继续播放，通常用于控制影片剪辑元件。

stop()：将正在播放的内容停止在当前帧，可在脚本任意位置独立使用，同样常用于控制影片剪辑元件。

gotoAndPlay([scene,]frame)：跳转到场景中指定的帧并从该帧开始播放。如果未指定场景，则调整到当前场景中的指定帧。该语句通常添加在帧或按钮元件上。

gotoAndStop([scene,]frame)：跳转到场景中指定的帧并停止播放。如果未指定场景，则跳转到当前场景中的帧。该语句通常也添加在帧或按钮元件上。

frame：表示跳转到的帧的编号，或者表示跳转到的标签的字符串。

scene：可选字符串，指定跳转到的场景的名称。

如：

```
myButton.addEventListener(MouseEvent.CLICK, skipFrame);
function skipFrame (event:MouseEvent):void
{
    gotoAndPlay(10);
}
```

这段代码表示给名为"myButton"的按钮添加一个"单击"（CLICK）事件监听器。当按钮被单击时，动画会跳转到第 10 帧开始播放。

这些语句是 ActionScript 3.0 中控制动画播放的基础，通过灵活使用这些语句，可以实现丰富的动画效果和交互功能。例如，可以在动画中设置按钮，通过点击按钮来控制动画的播放、停止以及跳转到指定的帧。此外，还可以结合其他 ActionScript 3.0 的功能和语句，如条件语句、循环语句等，来创建更加复杂和有趣的动画效果。

2.15.3　"代码片段"面板介绍

Animate 中的"代码片段"面板是一个功能强大的工具，它使得非编程人员能够轻松地使用简单的 JavaScript 和 ActionScript 3.0 代码。

1. 面板的主要功能

通过"代码片段"面板可以将代码添加到 FLA 文件以启用常用功能。这些代码可以影响对象在舞台上的行为，或在时间轴中控制播放头的移动。

使用"代码片段"面板不需要具备 JavaScript 或 ActionScript 3.0 的深入知识。通过简单的选择和操作，即可将预定义的代码片段添加到项目中。

面板中包含允许触摸屏用户交互的代码片段，这有助于创建更具互动性的内容。

对于初学者来说，使用 Animate 附带的代码片段是学习 JavaScript 或 ActionScript 3.0 的一种较好方式。通过查看片段中的代码并遵循片段说明，可以逐步了解代码的结构和词汇。

2. 面板的操作方式

可以通过 Animate 软件的"窗口"菜单来打开"代码片段"面板。

在"代码片段"面板中，可以看到多个预定义的代码片段。通过浏览和选择，可以找到适合当前项目需求的代码片段。

除了使用预定义的代码片段外，还可以创建自己的代码片段。通过选择"新建代码片段"选项，可以输入新的标题、工具提示文本和 JavaScript 或 ActionScript 3.0 代码。此外，还可以利用"自动填充"按钮，将当前在"动作"面板中选择的代码添加到新代码片段中。

Animate 支持通过 XML 文件导入和导出代码片段。这有助于在不同项目或团队之间共享代码片段。

以自定义鼠标光标为例，通过"代码片段"面板可以轻松实现这一功能。首先，在舞台上绘制一个形状（如圆形），然后将其转换为影片剪辑元件，将其选中，在"代码片段"面板中双击"ActionScript- 动作 - 自定义鼠标光标"选项将其添加至"动作"面板中。测试该影片，可以看到鼠标光标已经变成了所绘制的形状。

综上所述，"代码片段"面板是 Animate 中一个非常实用的工具，它简化了 JavaScript 和 ActionScript 3.0 代码的使用过程，使得非编程人员也能轻松创建具有互动性和功能性的内容。

案例

【例 2-15】使用 Animate "代码片段"面板，制作通过按钮控制影片剪辑动画播放的交互动画。【视频 2-15】

操作步骤如下。

（1）打开"例 2-15 素材 .fla"文件。此文件的第 1 帧为沙漠背景和骏马的图片，第 2 帧为沙漠和骏马的影片剪辑元件。

（2）选中第 1 帧，在菜单栏中选择【窗口】|【代码片段】命令，打开"代码片段"面

视频 2-15

板，如图 2-91 所示，双击"ActionScript- 时间轴导航 - 在此帧处停止"选项将其自动添加至"动作"面板中，如图 2-92 所示。此时时间轴面板会自动添加"Actions"图层，在第1 帧有个 a 标识，表示该帧上已经被添加了一段 ActionScript 代码，如图 2-93 所示。

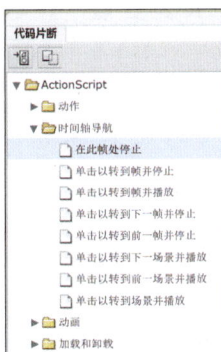

图 2-91　"代码片段"面板

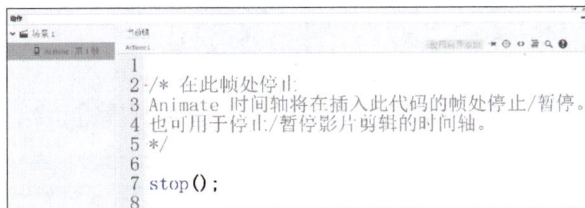

图 2-92　"动作"面板

（3）使用同样的方法为 Actions 图层的第 2 帧添加"在此帧处停止"的代码片段，也可以在第 2 帧插入关键帧（【F6】），然后直接打开"动作"面板，输入代码"stop();"，需要注意的是所有的符号均为英文字符。

（4）新建图层 4，在第 1 帧的右下角输入文字"播放动画"，第 2 帧插入关键帧（【F6】），将文字修改为"重新播放"；选中第 1 帧的文字，单击鼠标右键，在弹出的快捷菜单中选择"转换为元件"命令，将其转换为按钮类型元件，如图 2-94 所示；同样的方法将第 2 帧文字也转换为按钮类型的元件。

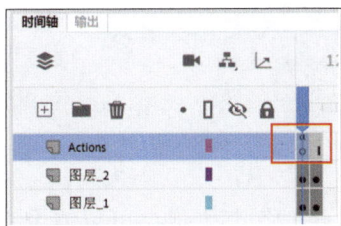

图 2-93　时间轴状态

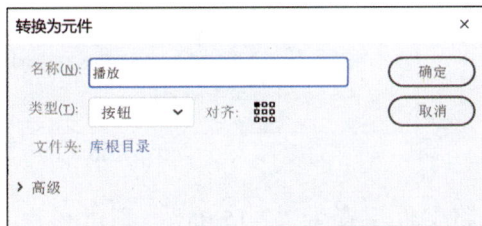

图 2-94　转换为按钮元件

（5）选中第 1 帧的按钮，在"属性"面板中将其实例名称定义为"btn_play"，如图 2-95 所示。

（6）选中第 2 帧的按钮，在"属性"面板中将其实例名称定义为"btn_replay"，如图 2-96 所示。

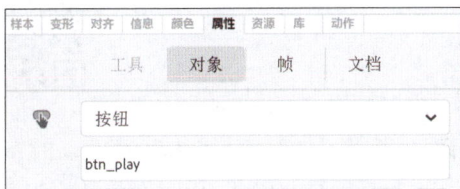

图 2-95　定义播放按钮的实例名称

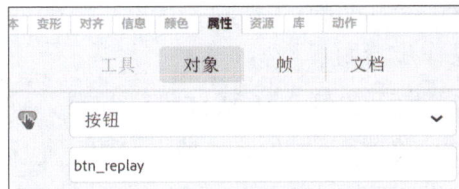

图 2-96　定义重播按钮的实例名称

（7）选中第1帧的按钮，打开"代码片段"面板，如图2-97所示，双击"ActionScript-时间轴导航-单击以转到下一帧并停止"选项，"动作"面板中会自动添加相关代码，如图2-98所示。这段代码表示给名为"btn_play"的按钮添加一个"单击"（CLICK）事件监听器，当单击按钮时，动画会跳转到下一帧，即第2帧，开始播放骏马和沙漠的影片剪辑动画。

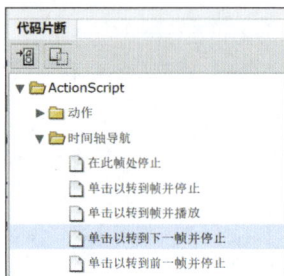

图 2-97　添加代码片段

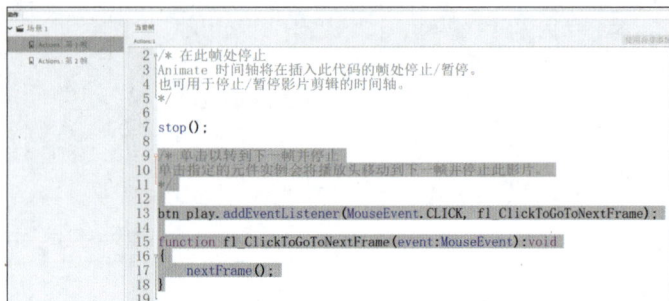

图 2-98　第 1 帧的代码

（8）选中第2帧的按钮，打开"代码片段"面板，双击"ActionScript-时间轴导航-单击以转到前一帧并停止"选项，"动作"面板中会自动添加相关代码，如图2-99所示。这段代码表示给名为"btn_replay"的按钮添加一个"单击"（CLICK）事件监听器，当单击按钮时，动画会跳转到前一帧，即第1帧，动画画面处于静止状态。

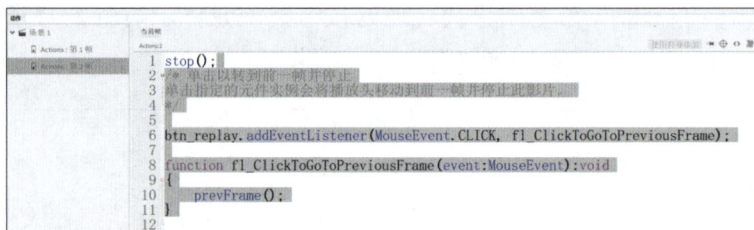

图 2-99　第 2 帧的代码

（9）将文件保存为"2-15.fla"，测试影片，导出swf格式动画，可以看到当单击右下角"播放动画"按钮时，开始动画播放；单击"重新播放"按钮，动画重新处于静止状态。

案例

【例 2-16】使用 Animate "代码片段"面板，制作通过按钮控制舞台动画播放的交互动画。【视频 2-16】

操作步骤如下。

（1）打开"例 2-16 素材 .fla"文件。此文件为时长 20 帧的动画。

（2）将光标放在第 1 帧，打开"代码片段"面板，双击"ActionScript-时间轴导航-在此帧处停止"选项将其自动添加至"动作"面板中。此时时间轴面板会自动添加

视频 2-16

"Actions"图层，在第 1 帧有个 a 标识，表示该帧上已经被添加了一段 ActionScript 代码。

（3）在 Actions 图层第 20 帧插入关键帧（【F6】），打开"动作"面板，输入代码"stop();"，需要注意语法格式。

（4）新建按钮图层，选中第 1 帧，将"库"面板中的"播放按钮"元件拖拽到舞台右下方，在第 20 帧插入关键帧（【F6】）。

（5）选中第 1 帧的按钮，在"属性"面板中将其实例名称定义为"btnP"。

（6）选中第 20 帧的按钮，在"属性"面板中将其实例名称定义为"btnR"。

（7）选中第 1 帧的按钮，打开"代码片段"面板，双击"ActionScript- 时间轴导航 - 单击以转到帧并播放"选项，"动作"面板中会自动添加相关代码，修改代码为"gotoAndPlay(2)；"，如图 2-100 所示。这段代码表示给名为"btnP"的按钮添加一个"单击"（CLICK）事件监听器，当单击按钮时，会跳转到第 2 帧位置开始播放动画。

图 2-100　第 1 帧的代码

（8）选中第 20 帧的按钮，打开"代码片段"面板，双击"ActionScript- 时间轴导航 - 单击以转到帧并播放"选项将代码添加到"动作"面板中，修改代码为"gotoAndPlay(2)；"，如图 2-101 所示。这段代码表示给名为"btnR"的按钮添加一个"单击"（CLICK）事件监听器，当单击按钮时，动画会跳转到第 2 帧重新开始播放动画。

图 2-101　第 80 帧的代码

（9）将文件保存为"2-16.fla"，测试影片，导出 swf 格式动画，可以看到当单击右下角的播放按钮，开始动画播放；停止后单击按钮，再次播放动画。

综合实践 >>>>

1. 使用 Animate 动画制作软件新建一个 fla 文件，参照样张（"样张"文字除外）绘制一个如图 2-102 所示的沙丘图像，将结果保为 donghua1.fla，同时导出影片 donghua1.swf。

图 2-102　绘制的沙丘图像

参考步骤：

（1）启动 Animate，在菜单栏中选择【文件】|【新建】命令，在弹出的对话框中设置宽为 1280，高为 480。

（2）在菜单栏中选择【修改】|【文档】命令，在弹出的"文档设置"对话框中将舞台颜色设置为 #D0CFA1。

（3）双击时间轴上的图层名称位置，将图层名称修改为"背景"。

（4）将鼠标指针移动"形状绘制工具组"，单击鼠标右键，在弹出的菜单中，选择"椭圆工具"选项，在"属性"面板中设置笔触颜色为无，填充色为白色，在"背景"图层右上角绘制一个圆（参考：宽、高为 115.6，X 坐标为 959、Y 坐标为 57.45），如图 2-103 所示。

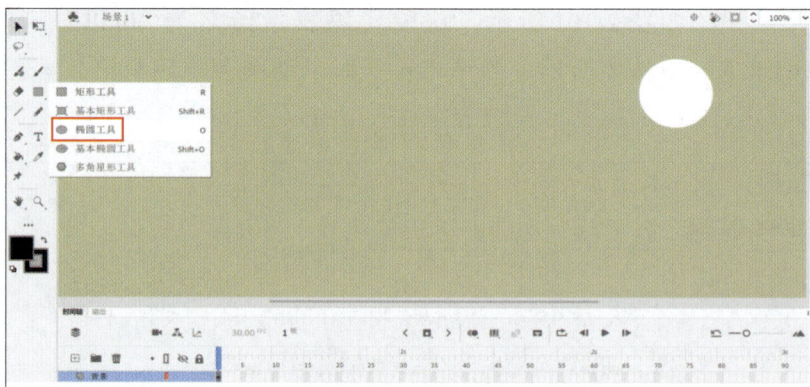

图 2-103　使用"椭圆工具"绘制圆

（5）单击"时间轴"左上角的"+"号按钮添加新图层，并将图层名称修改为"山丘 1"。

（6）将鼠标指针移动到工具箱中"形状绘制工具组"，单击鼠标右键，在弹出的菜单中，选择"矩形工具"选项，如图 2-104 所示，在"属性"面板中设置笔触颜色为无，填

充色为 #DA9166，绘制如图 2-105 所示的矩形。

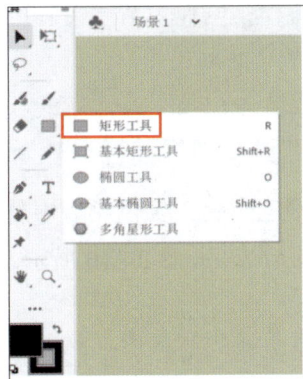

图 2-104　选择"矩形工具"

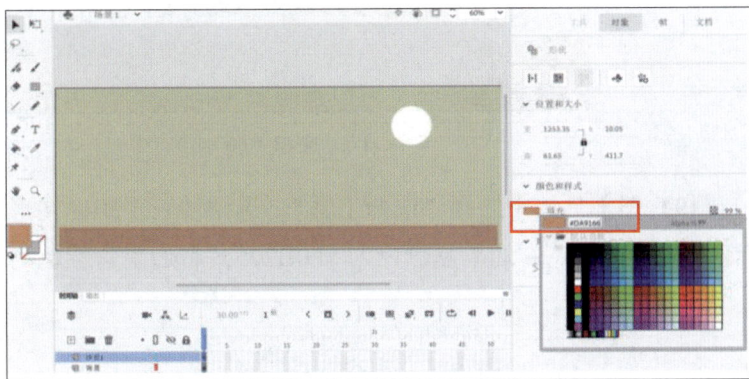

图 2-105　绘制矩形

（7）将鼠标指针移动到工具箱中"基本选择工具组"，单击鼠标右键，在弹出的菜单中，选择"部分选取工具"选项，如图 2-106 所示，将四个锚点移到如图所在位置；鼠标指向"路径绘制和编辑"工具组，单击鼠标右键，在弹出的菜单中选择"转换锚点工具"选项，把左上锚点拖出控制手柄；继续使用"转换锚点工具"（或者按住 ALT 键＋部分选取工具）分别拖动两边的控制手柄改变方向和长度，达到造型的目的。结果如图 2-107 所示。

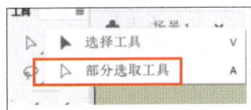

图 2-106　选择"部分选择工具"

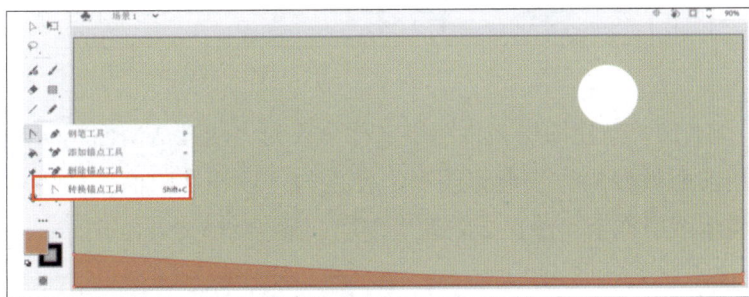

图 2-107　使用"转换锚点工具"造型

（8）单击"时间轴"左上角的"＋"号按钮添加新图层，并将图层名称修改为"沙丘 2 阳面"，将其拖至"沙丘 1"下层；单击"沙丘 1"所在图层的"锁定"按钮将其锁定；使用"矩形工具"绘制一个矩形，鼠标指向"路径绘制和编辑"工具组，单击鼠标右键，在弹出的菜单中选择"添加锚点工具"选项，添加两个锚点，使用"部分选取工具"移动锚点位置，如图 2-108 所示；再使用"转换锚点工具"拖出控制手柄，改变形状，如图 2-109 所示。

图 2-108　添加、移动锚点位置

图 2-109　使用"转换锚点工具"改变形状

（9）在工具箱中选择"选择工具"，选中沙丘 2 阳面图形，"颜色面板"颜色类型中选择"线性渐变"，左边墨盒颜色为 #F0B275，右边墨盒颜色为 #E08A67，如图 2-110 所示。

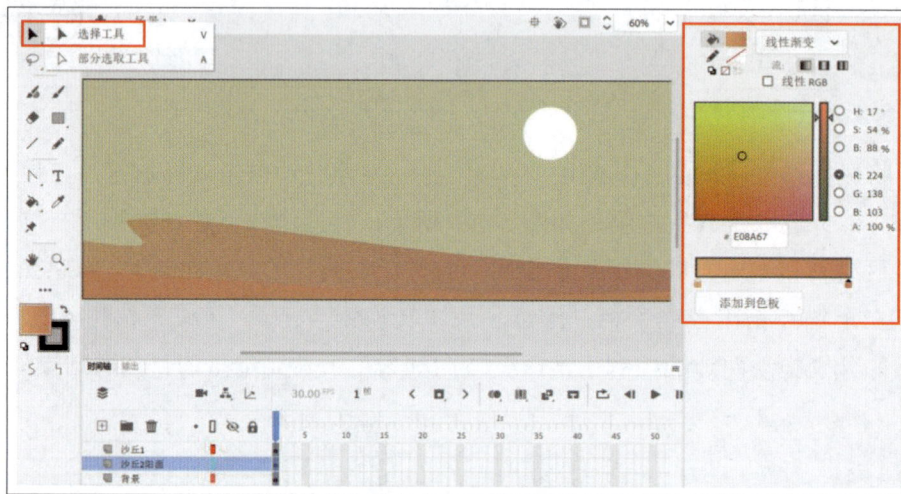

图 2-110　线性渐变填充

（10）新建图层并将图层名称修改为"沙丘 2 阴面"，绘制矩形；颜色为 #B25239；使用前面教授的方法调整图形，使之与"沙丘 2 阳面"的内容结合自然，如图 2-111 所示；将本图层拖至"沙丘 2 阳面"下层，效果如图 2-112 所示。

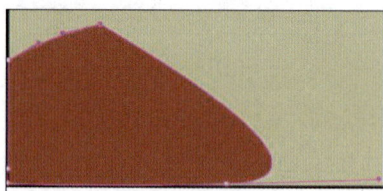

图 2-111　调整形状

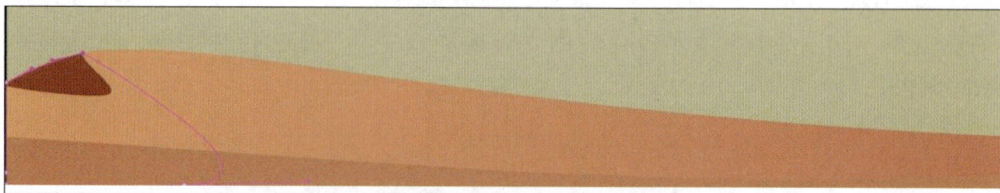

图 2-112　沙丘效果

（11）新建图层"沙丘 3 阴面"，将其拖至"沙丘 2 阴面"下层，绘制如图 2-113 所示图形（可以配合图层面板上的固定和隐藏按钮来隐藏或固定前面的图层以方便编辑沙丘3）；使用线性渐变进行填充，左边墨盒颜色为 #B35A48，右边墨盒颜色为 #E89569。

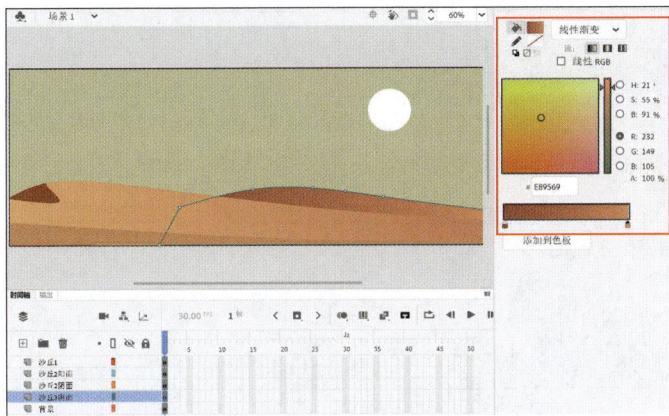

图 2-113　添加"沙丘 3 阴面阴面"图层后效果

（12）新建图层"沙丘 3 阳面"，将其拖至"沙丘 3 阴面"下层，绘制如图 2-114 所示的图形，颜色为 #F8B37C。

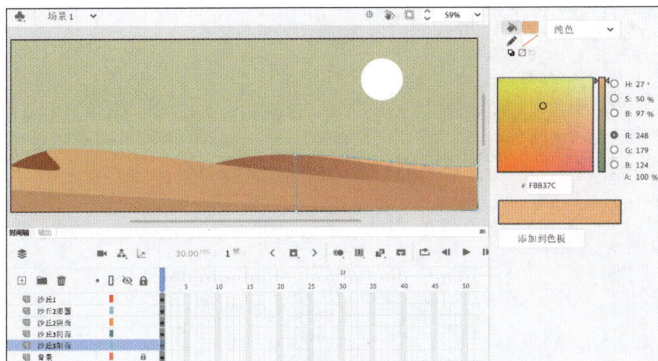

图 2-114　添加"沙丘 3 阳面"图层效果

（13）新建图层"沙丘 4 阴面"，将其拖到"沙丘 3 阳面"下层，绘制如图 2-115 所示图形；使用线性渐变进行填充，左边墨盒颜色为 #BE684F，右边墨盒颜色为：#FF9966。

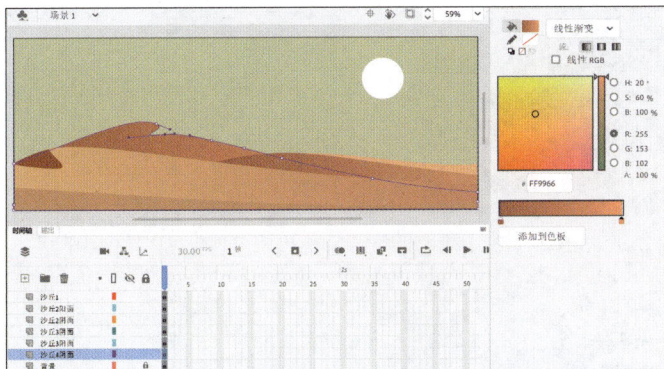

图 2-115　添加"沙丘 4 阴面"图层效果

（14）新建图层"沙丘 4 阳面"，将其拖到"沙丘 4 阴面"下层，绘制如图 2-116 所示图形；使用线性渐变进行填充，左边墨盒颜色：#F9C289、右边墨盒颜色：#E89569。

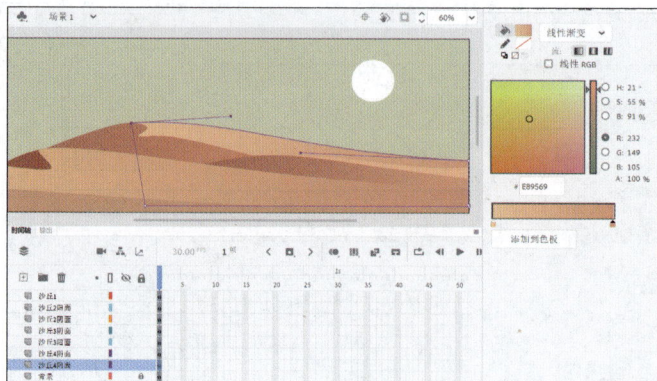

图 2-116　添加"沙丘 4 阳面"图层效果

（15）新建图层"沙丘 5 阴面"，将其拖到"沙丘 4 阳面"下层，绘制如图 2-117 所示图形，填充颜色为 #CC7E5A。

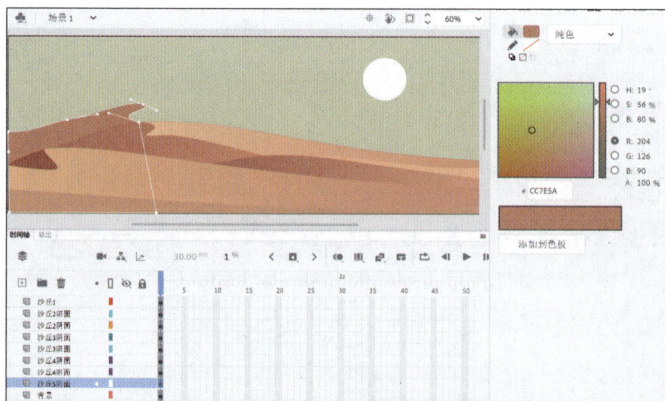

图 2-117　添加"沙丘 5 阴面"图层效果

（16）新建图层"沙丘 5 阳面"，拖到"沙丘 5 阴面"下层，绘制如图 2-118 所示图形；使用线性渐变进行填充，左边墨盒颜色为 #F9C88D，右边墨盒颜色为 #FF9966。

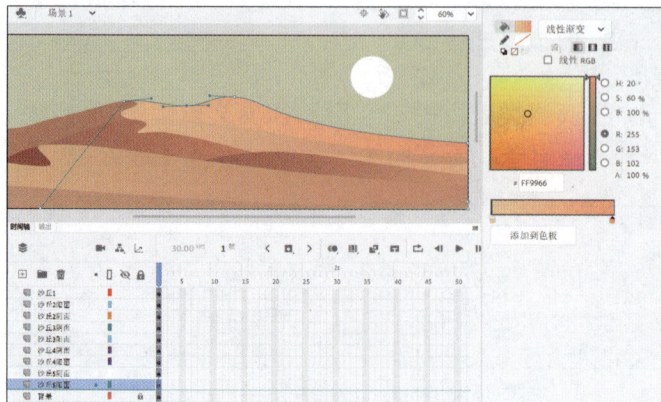

图 2-118　添加"沙丘 5 阳面"图层效果

（17）将文件保存为"donghua1.fla"，在菜单栏中选择【控制】|【测试】命令（或者按【Ctrl】+【Enter】组合键）对影片进行测试，会自动生成"donghua1.swf"导出文件。

2. 使用 Animate 动画制作软件打开"综合实战 2 素材 .fla"文件，根据题目要求并参照样张（"样张"文字除外）制作二维动画，将结果另存为 donghua2.fla，同时导出影片donghua2.swf。动画总长为 60 帧。

（1）设置背景色为 #294B5B，帧频为 12；插入影片剪辑元件"雪景"，与舞台左下角对齐，使其延续至第 60 帧。

（2）新建图层，使用元件"snowstorm"制作补间动画，完成文字从舞台底部向上移动的动画效果。

提示：在第 1 帧插入元件"snowstorm"放在舞台外底部；创建补间动画；在第 30 帧将"snowstorm"实例向上移动，如图 2-119 所示。

图 2-119　插入元件"snowstorm"

（3）新建图层，使用元件"雪花"制作补间动画，完成雪花由舞台右上角淡入至舞台并逐渐缩小并旋转至文字中间的动画效果。

提示：在第 1 帧插入元件"雪花"，放置到舞台外右上角位置，Alpha 设置为 0%；创建补间动画；在第 30 帧将实例"雪花"拖到字母之间，适当缩小，Alpha 设置为 100%，如图 2-120 所示；在第 15 帧将实例"雪花"拖至新的位置，使用"部分选取工具"和"转换锚点"工具调整路径，如图 2-121 所示；选中第 1 帧，在"属性"面板中设置逆时针旋转。

图 2-120　创建补间动画

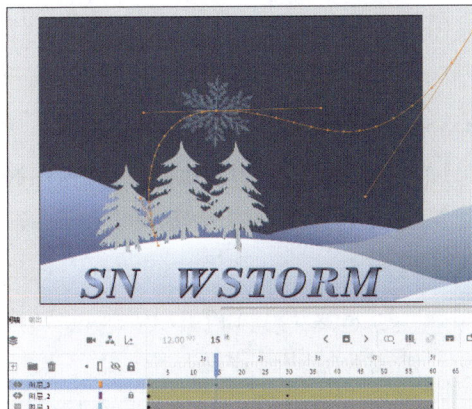

图 2-121　调整路径

（4）将文件另存为"donghua2.fla"，测试影片，导出 swf 格式动画，可以看到雪花由舞台外淡入、逐渐缩小并旋转进入文字中间的动画效果。

3. 使用 Animate 动画制作软件打开"综合实战 3 素材 .fla"文件，根据题目要求并参照样张（"样张"文字除外）制作二维动画，将结果另存为 donghua3.fla，同时导出影片 donghua3.swf。动画总长为 50 帧。

（1）第 1 帧到 20 帧，使用元件"结界"制作背景图从左向右移动的动画效果。

提示：在第 1 帧插入元件"结界"，与舞台右对齐；在第 50 帧插入关键帧，将"结界"实例向右移动，使之与舞台左对齐；创建第 1 帧到第 50 帧的传统补间动画。

（2）新建图层，第 25 帧到 30 帧，使用元件"白色环圈"制作放大效果动画；第 30 帧到 33 帧，制作白色环圈淡出的动画。

提示：在第 25 帧插入关键帧，插入元件"白色环圈"，放置舞台中央，适当缩小；在第 30 帧插入关键帧，将"白色环圈"实例放大；在第 33 帧插入关键帧，将实例的"白色环圈"Alpha 设置为 0，创建第 25 帧到 30 帧、30 帧到 33 帧的传统补间动画。

（3）新建图层，在第 1 帧到 25 帧、25 帧到 30 帧、30 帧到 50 帧，使用影片剪辑"老鹰"制作老鹰掠过水面飞行，颜色由黑色变为白色的动画效果

提示：在第 1 帧插入影片剪辑"老鹰"，放置舞台右上角；在第 25 帧插入关键帧，移动"老鹰"实例使头部位于白色环圈部分；在第 30 帧插入关键帧，将"老鹰"实例在"属性"面板的"色彩效果"中将颜色设置为白色，并适当向左移动；在第 50 帧插入关键帧，将"老鹰"实例移至舞台左上角，创建 1 帧到 25 帧、25 帧到 30 帧、30 帧到 50 帧的传统补间动画。

（4）将文件另存为"donghua3.fla"，测试影片，导出 swf 格式动画，可以看到鹰在空中翱翔掠过水面激起水花，颜色由黑色改为白色的动画效果。

4. 使用 Animate 动画制作软件打开"综合实战 4 素材 .fla"文件，根据题目要求并参照样张（"样张"文字除外）制作二维动画，将结果另存为 donghua4.fla，同时导出影片 donghua4.swf。动画总长为 60 帧。

（1）在第 1 帧插入影片剪辑元件"花"，与舞台左对齐；第 10 帧到 20 帧，使"花"实例向左移动使之与舞台中间对齐；第 30 帧到 40 帧，使"花"实例再向左移动使之与舞台右齐；使其延续至第 60 帧。

提示：在第 10、20 帧插入关键帧，将第 20 帧的"花"实例向左移动一张图片的距离，创建第 10 帧到 20 帧的传统补间动画；在第 30、40 帧插入关键帧，将第 40 帧的"花"实例继续再向左移动一张图片的距离，使之与舞台右对齐，创建第 30 帧到 40 帧的传统补间动画。此时完成了花先静止 10 帧，然后由右向左移动一幅图片，再静止 10 帧，继续向左移动一幅图片的动画效果。

（2）新建图层，第 20 帧到 30 帧，制作"春"字由舞台外右下角旋转到左上的动画。

提示：在第 20 帧插入元件"花"放置舞台外右下角；第 30 帧插入关键帧，将"春"

实例移动至舞台左上角，创建第 20 帧到 30 帧的传统补间动画；选中第 20 帧，在"属性"面板中设置逆时针旋转 1 周。

（3）新建图层，第 40 帧到 50 帧，制作"天"字由左下旋转到右上的动画。

提示： 在第 40 帧插入关键帧，插入元件"天"，放置舞台外左下角；在第 50 帧插入关键帧，将"天"实例移动到"春"字的右侧，创建第 40 帧到 50 帧的传统补间动画；选中第 40 帧，在"属性"面板中设置顺时针旋转 1 周。

（4）将文件另存为"donghua4.fla"，测试影片，导出 swf 格式动画，可以看到 4 张春天背景图片由右向左切换、文字旋转出现的动画效果。

5. 使用 Animate 动画制作软件打开"综合实战 5 素材 .fla"文件，根据题目要求并参照样张（"样张"文字除外）制作二维动画，将结果另存为 donghua5.fla，同时导出影片 donghua5.swf。动画总长为 60 帧。

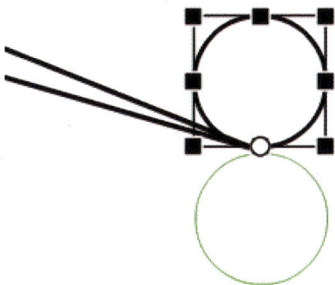

（1）插入元件"三角平台"，放置舞台左上角合适的位置，使其延续至第 60 帧。

（2）新建图层，第 1 帧到 25 帧，"圆"元件从三角平台左上角移动到右下角；第 26 帧到 30 帧旋转；第 31 帧到 40 帧，将"圆"形变为"水滴"；删除 41-60 帧。

提示： 在第 26 帧使用"任意变形工具"将变形中心点移动到底部，在第 40 帧将"圆"实例旋转 180 度，参见图 2-122，创建传统补间动画；将 31 帧的"圆"实例和 40 帧的"水滴"实例分离，创建补间形状动画；选中 41

图 2-122　将第 26 帧的变形中心点移到底部

帧到 60 帧，单击鼠标右键，在弹出的快捷菜单中选择"删除帧"命令。

（3）新建图层，第 40 帧到 50 帧，制作"水滴"元件加速下落的动画。

提示： 2 个图层第 40 帧的水滴需重合；设置传统补间后，选中第 40 帧，在"属性"面板中设置缓动强度为 -100。

（4）将文件另存为"donghua5.fla"，测试影片，导出 swf 格式动画，可以看到圆沿三角平台滚动、翻转并形变为水滴滴落的动画效果。

6. 使用 Animate 动画制作软件打开"综合实战 6 素材 .fla"文件，根据题目要求并参照样张（"样张"文字除外）制作二维动画，将结果另存为 donghua6.fla，同时导出影片 donghua6.swf。动画总长为 80 帧。

（1）在第 1 帧到 10 帧，制作"猿 1"形变为"猿 2"的动画。

提示： 在菜单栏中选择【视图】|【标尺】命令打开标尺，用鼠标从标尺上拖出水平、垂直辅助线，插入元件"猿 1"，第 10 帧插入元件"猿 2"，将 1、10 帧分离，创建第 1 帧到第 10 帧的补间形状动画，再选中第 1 帧，确认菜单栏的【视图】|【贴紧】|【贴紧至对象】已处于勾选状态，选择菜单栏中【修改】|【形状】|【添加形状提示】命令，添加形状提示点 a、b、c、d，如图 2-123、2-124 所示。

图 2-123　第 1 帧的形状提示点　　　　　图 2-124　第 10 帧的形状提示点

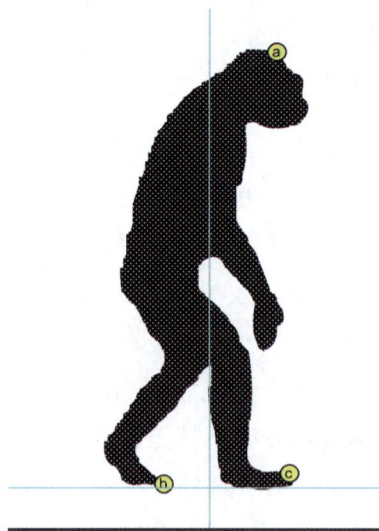

（2）新建图层 2，在第 10 帧到 20 帧，制作"猿 2"形变为"猿 3"的动画

提示： 选中图层 1 的第 10 帧，单击鼠标右键，在弹出的菜单中选择"复制帧"命令，再选中图层 2 的第 10 帧，单击鼠标右键，在弹出的菜单中选择"粘贴帧"命令；在第 20 帧插入元件"猿 3"，分离，创建第 10 帧到第 20 帧的补间形状动画。

（3）新建图层 3，在第 20 帧到 30 帧，制作"猿 3"形变为"猿 4"的动画。

提示： 将图层 2 的第 20 帧复制到图层 3 的第 20 帧；在第 30 帧插入元件"猿 4"，并将之分离，创建第 20 帧到第 30 帧的补间形状动画；选中第 20 帧，添加形状提示点 a、b、c，如图 2-125、2-126 所示。

图 2-125　第 20 帧的形状提示点　　　　　图 2-126　第 30 帧的形状提示点

（4）新建图层 4，第 30 帧到 40 帧，制作"猿 4"形变为"人"的动画，使其延续至第 44 帧。

提示： 将图层 3 的第 30 帧复制到图层 4 的第 30 帧；在第 40 帧插入元件"人"，分离，创建第 30 帧到第 40 帧的补间形状动画；选中第 30 帧，添加形状提示点 a、b、c，如图 2-127、2-128 所示，在第 44 帧插入帧（【F5】键），使其延续至第 44 帧。

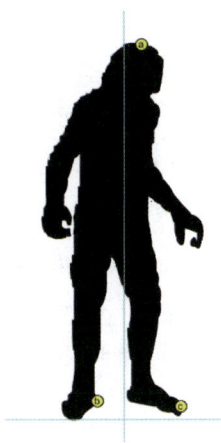

图 2-127　第 30 帧的形状提示点　　　图 2-128　第 40 帧的形状提示点

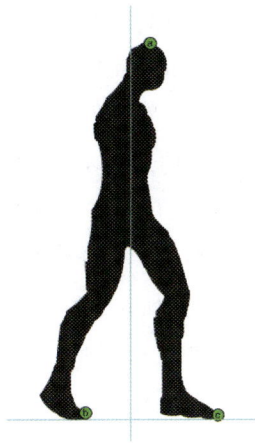

（5）新建图层 5，第 44 帧到 80 帧，影片剪辑元件"行走的人"从舞台向右移动到舞台外

提示：图层 5 的第 44 帧和图层 4 的第 44 帧位置重叠。

（6）将文件另存为"donghua6.fla"，测试影片，导出 swf 格式动画，可以看到猿进化为人的动画效果。

7. 使用 Animate 动画制作软件打开"综合实战 7 素材 .fla"文件，根据题目要求并参照样张（"样张"文字除外）制作二维动画，将结果另存为 donghua7.fla，同时导出影片 donghua7.swf。动画总长为 60 帧。

（1）插入元件"背景"，使其延续至第 60 帧。

（2）新建图层，第 1 帧到 20 帧，使用元件"坦克"创建由舞台外右侧移动到舞台内的动画；第 20 帧到 24 帧创建坦克后坐力往复动画。

提示：第 20 帧到 22 帧，坦克适当向后（右）移动；第 22 帧到 24 帧，坦克适当向前（左）移动。

（3）新建图层，第 20 帧到 40 帧，使用元件"炮弹"创建射击动画。

（4）新建图层，第 20 帧到 25 帧，"火焰 1"形变为"火焰 2"；第 26 帧到 31 帧，元件"火焰 3"淡出画面。

提示：将 20 帧的"火焰 1"和 25 帧的"火焰 2"分离，创建形状补间动画；在第 26 帧插入元件"火焰 3"，第 31 帧插入关键帧，将"火焰 3"实例的 Alpha 设置为 0，创建传统补间动画。

（5）将文件另存为"donghua7.fla"，测试影片，导出 swf 格式动画，可以看到坦克开进、发射炮弹并发出火焰的动画效果。

8. 使用 Animate 动画制作软件打开"综合实战 8 素材 .fla"文件，根据题目要求并参照样张（"样张"文字除外）制作二维动画，将结果另存为 donghua8.fla，同时导出影片 donghua8.swf。动画总长为 50 帧。

（1）设置背景色为 # FFCC33；插入影片剪辑元件"落日"，使其延续至第 50 帧。

（2）新建图层 2，插入元件"U 型台"，底部对齐。

（3）新建图层 3，插入元件"滑板者"。

（4）为图层 3 添加传统运动引导层，插入元件"滑板路径"，并将之分离。

（5）将图层 3 的第 10、30、40 帧插入关键帧，创建滑板动画，下行加速，上行减速。

提示： 1、10、30、40 帧分别放置在滑板路径的右上、右上转角处、左下角、左上，确保"滑板者"实例的中心点对齐引导线；使用元件"滑板者"创建 1 到 10 帧、10 到 30 帧、30 到 40 帧的传统补间动画，在"属性"面板中勾选"调整到路径"选项；选中第 10 帧，在"属性"面板中设置缓动强度为负值（加速），使 10 到 30 帧为加速运动；将第 30 帧的缓动强度设置为正值（减速），使 30 到 40 帧为减速运动，如图 2-129 所示。

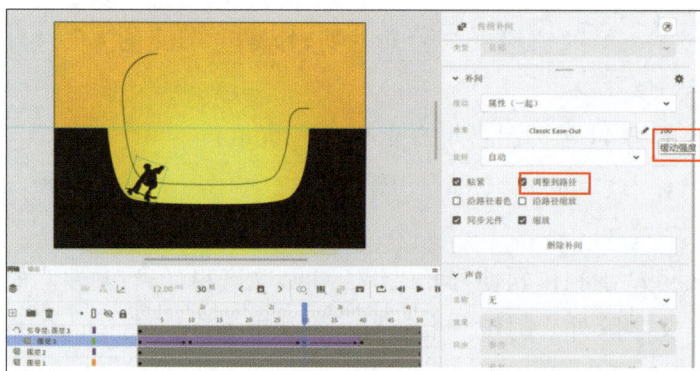

图 2-129　制作滑板动画

（6）将文件另存为"donghua8.fla"，测试影片，导出 swf 格式动画，可以看到滑板爱好者在落日余晖下沿 U 型台滑板的动画效果。

9. 使用 Animate 动画制作软件打开"综合实战 9 素材 .fla"文件，根据题目要求并参照样张（"样张"文字除外）制作二维动画，将结果另存为 donghua9.fla，同时导出影片 donghua9.swf。动画总长为 70 帧。

（1）插入图片"菊花 .jpg"，使其延续至第 70 帧。

（2）新建图层 2，第 1 帧到 15 帧，使用元件"春天"创建缩放动画。

提示： 在 1 和 15 处创建关键帧，使用元件"春天"创建缩放动画，设置第 15 帧中的"春天"属性，宽：314、96.1，X：113、Y：90。延续至 70 帧。

（3）新建图层 3。

（4）为图层 3 添加传统运动引导层，插入元件"飞行路线"，并将之分离。

（5）图层 3 第 15 帧到 25 帧，创建蝴蝶飞入动画；第 40 帧到 55 帧，创建蝴蝶飞离动画。

提示："蝴蝶"实例的中心点对齐引导线。

（6）将文件另存为"donghua9.fla"，测试影片，导出 swf 格式动画，可以看到文字逐

渐 "春天" 缩小，蝴蝶沿曲线飞行的动画效果。

10. 使用 Animate 动画制作软件打开 "综合实战 10 素材 .fla" 文件，根据题目要求并参照样张（"样张" 文字除外）制作二维动画，将结果另存为 donghua10.fla，同时导出影片 donghua10.swf。动画总长为 85 帧。

（1）插入图片 "网页背景图 .jpg"，舞台大小匹配内容，并使其延续至第 85 帧。

提示： 在菜单栏中选择【修改】|【文档】命令，在弹出的 "文档设置" 对话框中单击 "匹配内容" 按钮。

（2）新建图层 2，在第 1 帧插入元件 "竖线"，第 20 帧到 40 帧，"竖线" 形变为 "曲线" 创建变形动画。

提示： 将 20、40 帧分离，创建 20 帧到 40 帧的补间形状动画。

（3）新建图层 3，第 1 帧到 40 帧，使用元件 "圆盘" 创建从舞台外右侧向左移动进入舞台的动画。

（4）新建图层 4，第 40 帧到 75 帧，使用元件 "logo 与文字" 创建从圆盘底部向上移动的动画。

（5）新建图层 5，在第 40 帧插入元件 "遮罩圆"，并将之设置为遮罩层。

提示： 鼠标指向名称区域，单击鼠标右键，在弹出的快捷菜单中选择 "遮罩层" 命令，此时图层 4 缩进显示，表示图层 4 为被遮罩层，图层 5 为遮罩层，2 个图层均处于锁定状态，如图 2-130 所示。如需修改，需要先解锁再操作。

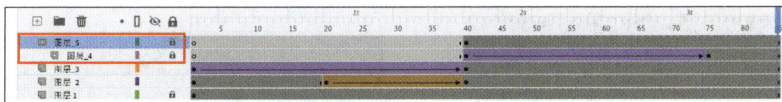

图 2-130　遮罩层、被遮罩层状态

（6）将文件另存为 "donghua10.fla"，测试影片，导出 swf 格式动画，可以看到竖线形变为曲线，圆盘从右侧移动进入舞台，logo 与文字从圆盘底部出现向上移动的动画效果。

11. 使用 Animate 动画制作软件打开 "综合实战 11 素材 .fla" 文件，根据题目要求并参照样张（"样张" 文字除外）制作二维动画，将结果另存为 donghua11.fla，同时导出影片 donghua11.swf。动画总长为 80 帧。

（1）将 "库" 面板中的图片 "地球" 拖拽到舞台，舞台大小匹配内容，并使其延续至第 80 帧。

（2）新建图层 2，将 "库" 面板中的元件 "屏幕框" 拖拽到舞台，使之位于舞台中央。

提示： 打开 "对齐" 面板，勾选 "与舞台对齐" 选项，分别单击水平中齐和 "垂直中齐" 按钮。其结果如图 2-131 所示。

（3）新建图层 3，使这位于图层 1 和图层 2 之间，将 "库" 面板中的元件 "空间站" 拖拽到舞台，创建 "空间站" 实例的补间动画。

提示：锁定图层 1 和图层 2。选中图层 3 的第 1 帧；鼠标指向第 1 帧，创建补间动画；选中第 80 帧，将"空间站"实例移到舞台右上方，完成了第 1 帧和第 80 帧之间的补间动画，如图 2-132 所示。

图 2-131　插入元件"屏幕框"

图 2-132　制作"空间站"实例的补间动画

（4）新建图层 4，将"库"面板中的元件"介绍文字"拖拽到舞台，创建从第 1 帧到第 60 帧的补间动画。

提示：选中第 1 帧，放在"屏幕框"实例的下方，如图 2-133 所示；鼠标指向第 1 帧，创建补间动画，选中第 60 帧，按下 Shift 键将"文字介绍"实例向上移动到"屏幕框"实例上，如图 2-134 所示。

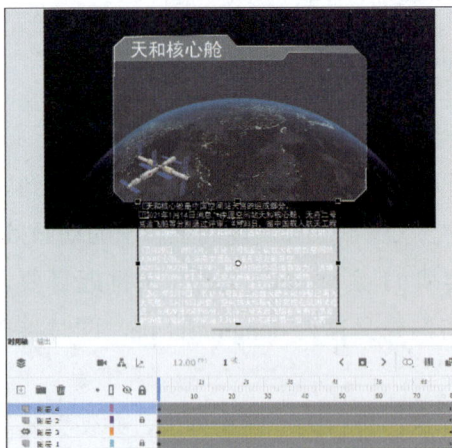

图 2-133　插入元件"介绍文字"

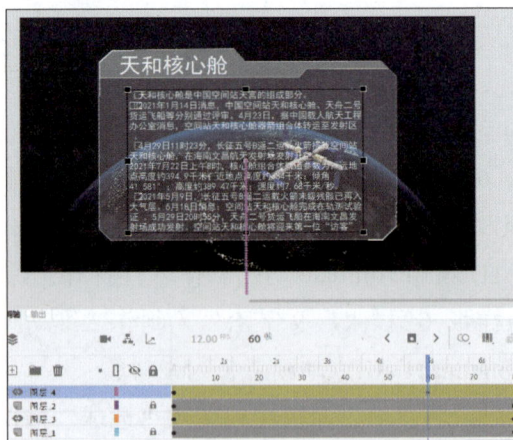

图 2-134　移动实例"介绍文字"的位置

（5）新建图层 5，将"库"面板中的元件"蓝色蒙版"拖拽到舞台，创建遮罩层。

提示："蓝色蒙版"实例位于"屏幕框"实例上方，如图 2-135 所示。在图层 5 名称区域单击鼠标右键，在弹出来的菜单中选择"遮罩层"命令，此时位于图层 5 下方的图层 4 缩进显示，图层 4、图层 5 自动处于锁定状态，如图 2-136 所示。

（6）将文件保存为"donghua11.fla"，测试影片，导出 swf 格式动画，可以看到空间站从舞台左下角移到至右上角，介绍文字从屏幕框中逐渐向上移动的遮罩动画效果。

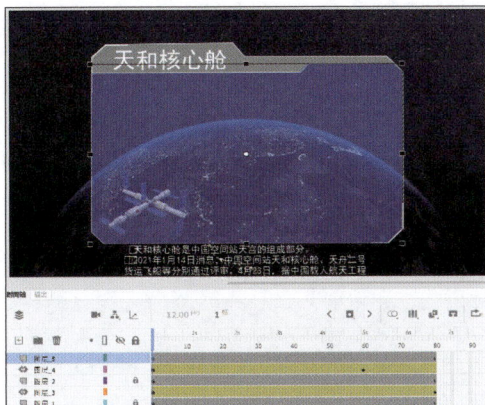

图 2-135　插入元件"蓝色蒙版"

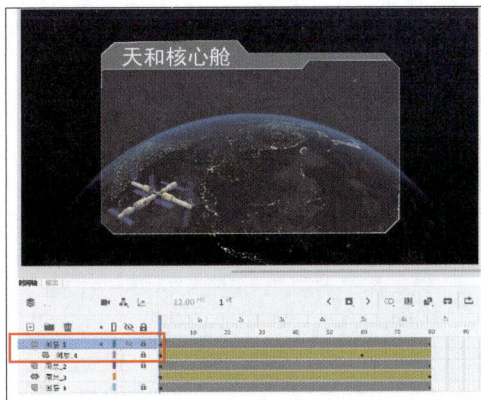

图 2-136　创建遮罩层

12. 使用 Animate 动画制作软件打开"综合实战 12 素材 .fla"文件，根据题目要求并参照样张（"样张"文字除外）制作二维动画，将结果另存为 donghua12.fla，同时导出影片 donghua12.swf。动画总长为 50 帧。

（1）设置文档的背景颜色为黑色；插入元件"Animate"，使其延续至第 50 帧。

（2）第 25 帧到 40 帧，使用元件"Animate"制作放大并逐渐消失动画。

提示：在第 40 帧，将"Animate"实例放大，并在"属性"面板中将 Alpha 值设置为 0。

（3）新建图层 2，将图层 1 的第 1 帧复制到第 1 帧，"Animate"实例在"属性"面板的"色彩效果"中将颜色设置为白色，删除 26 帧以后的内容。

（4）新建图层 3，第 1 帧到 25 帧，插入元件"扫光条"，使之从"animate"实例的左侧移动至右侧；并将之设置为遮罩层，此时图层 2 缩进显示。

（5）将文件另存为"donghua12.fla"，测试影片，导出 swf 格式动画，可以看到一束白光从文字上扫过，然后放大并逐渐消失的动画效果。

本章小结 >>>>

本章深入浅出地介绍了 Adobe Animate 这一强大动画创作工具的基础与进阶应用。从软件界面布局到各类绘制工具的灵活使用，再到关键帧动画、补间动画、传统补间动画、补间形状动画、传统运动引导动画、遮罩动画及骨骼动画等多种动画类型进行了详细讲解，逐步掌握 Animate 的核心功能。通过具体案例的实践操作，不仅可以学会如何制作生动的动画效果，还能深刻理解 Animate 软件背后所蕴含的动画原理与创作逻辑。此外，本章还简要介绍了 AS 脚本的编写与多媒体元素的整合技巧，为动画作品的交互性和丰富性提供了更多可能。总之，通过本章学习打开了一扇通往动画创作世界的大门，让我们能够运用 Animate 这一利器，尽情挥洒创意，创作出属于自己的精彩动画作品。

即练即测

第 3 章　网页设计与制作

学习目标

● 了解网页的基本概念、组成元素和制作步骤；

● 掌握网页属性的设置；

● 掌握利用表格布局页面；

● 掌握文字格式的设置；

● 理解 CSS 样式的定义和设置；

● 掌握超级链接的方法及其属性设置；

● 掌握音频、视频和 Flash 的插入方法及属性设置。

网页设计可以通过视觉呈现、交互体验和信息架构，打造高效、美观且用户友好的网络界面，帮助用户快速获取信息。优秀的网页设计能适应多终端设备，符合现代审美与功能需求，让内容更易被搜索引擎收录，从而扩大影响力。网页既是企业品牌形象的数字化门户，也是众多个人博主分享观点、作品的线上平台，网页制作已成为数字时代不可或缺的基础技术应用。

3.1　网页制作基础 »»»

正所谓磨刀不误砍柴工，在学习网页制作前应先了解网页的一些基本概念，只有掌握这些知识才能制作出既规范又美观的网页，为后面的学习打好基础。

3.1.1　网页基本概念

在网页制作的过程中经常会遇到一些网页特有的专业名词，例如，站点、导航条、超级链接、表单等，理解其具体含义是创建网页的前提。

1. 站点

站点指组织和管理所有与网页关联文档的方法，简单地说，站点就是一个文件夹，用于存放制作网页时所用到的所有文件和文件夹，其中包括主页、子网页，以及网页中可能会用到的图片、声音和视频，等等。

2. 导航条

导航条是网页设计中不可或缺的一个部分，它就如同一个网站的路标，如图 3-1 所示。浏览网站时，可以通过导航条从一个页面快速地跳转到另一个页面。

园林之城——苏州

景点	美食	人文	住宿

图 3-1　导航条

3. 超级链接

超级链接是网页中非常重要的元素，它是一种将文字或图像链接到相关页面上的方法。链接范围可以是同一站点内的页面，也可以是其他网站的页面。如果一个对象具有超级链接功能，浏览网页时，将鼠标指针移动到该对象上，鼠标指针会变成一个手形，单击该对象就能打开其链接的目标网页。

4. 表单

表单在网页中主要用来负责收集用户输入的信息，它使得网页具有较强的交互性。例如，网页中的注册、登录、留言、提交反馈等都可以通过表单来实现。

3.1.2　网页基本组成元素

网页包含了许多元素，内容丰富，引人入胜，其基本构成元素包括文本、图像、音频、视频等。

1. 文本

文本是最理想的网页信息载体与交流工具，网页中主要信息一般都以文本为主。为了能更加吸引访问者的注意，美化网页，网页中的文本样式多变，风格不一，例如文字的字体、字号、颜色等，可根据需要设置网页文本的格式。

2. 图像

图像拥有丰富的色彩，相较于文本，图像更具有直观性，可使网页更加生动和具有视觉冲击力。在网页中可以使用 JPEG、PNG、BMP、TIFF 和 GIF 等格式的图像文件，其中使用最广泛的是 JPEG 和 GIF 两种图像文件格式。

3. 音频

音频是多媒体网页重要的组成部分，用于网络的音频文件的格式种类有很多，常用的有 MP3、MIDI、WAV 等。

4. 视频

随着互联网的发展，带宽的增加，视频文件也越来越多地被应用到网页中，视频使得网页更具有动感效果，常见的视频文件格式有 MP4 和 FLV 等。

5. 动画

动画的加入可使页面更加生动。在网页中经常使用的动画格式为 GIF 和 Flash 两种。GIF 格式通常是小型动画，且在网页播放时不需要插件；大型或复杂的网页动画多数都使用 Flash 动画，值得注意的是，在浏览器中播放 Flash 动画需要安装 Flash 播放插件。

3.1.3　网页制作步骤

在动手制作网页之前，应先了解制作的顺序和步骤，并做一些准备工作。

1. 收集资料

在制作网页之前，需先明确页面的目标和需求，即确定要制作的网页主题、内容、功能，以及目标受众。在规划好这些之后，还需要收集和整理与网页内容相关的文字资料、图像、视频、动画素材等。

2. 创建站点

收集好资料后可以将相关文件都集中存放到一个文件夹里。站点就是管理资料的场所，站点对应着存放资料的那个文件夹。站点创建好后即可对其进行网页制作了。

3. 制作网页

网站是由多个页面链接而成。在制作网页时，需要注意网页的整体布局、导航条的设计、链接的设置、添加相应的网页元素等。

4. 网页预览和优化

在完成网页制作之后，需要对网页进行保存和预览，测试网页链接、音频、视频播放等功能是否能正常工作，一旦发现问题，应该及时解决，进而优化网页。

3.2 Dreamweaver 网页设计与制作 »»»

Dreamweaver 是由 Adobe 公司推出的一款专业网页设计软件，它支持多种网页语言编写，包括 HTML、CSS、JavaScript 等等，它拥有可视化编辑界面，能够帮助用户轻松快速地制作出高质量精美的网站，被广泛应用于网站的设计、开发和维护中。本章所有实例使用的是 Adobe Dreamweaver 2021 版。

3.2.1 工作界面

Dreamweaver 工作界面主要由菜单栏、文档工具栏、面板组、实时视图、属性面板和代码视图组成，如图 3-2 所示。

1. 菜单栏

菜单栏集合了 Dreamweaver 网页操作的大部分命令，通过选择不同的菜单命令可以进行文档及窗口的各种操作。

2. 文档工具栏

文档工具栏可用于在代码、拆分、实时、设计等各种视图之间快速切换，也可以使用"查看"菜单中的对应选项实现在各视图之间的切换。

3. 实时视图

在实时视图下，可以直接使用相应的菜单命令进行可视化的网页编辑。

4. 属性面板

属性面板用于查看和设置所选择对象的各种属性。例如，单击"页面属性"按钮，可以对页面的字体、字号、颜色和网页背景颜色等进行设置。

5. 代码视图

代码视图显示的是网页代码，可在该视图下对网页代码进行编辑。

6. 面板组

位于界面右侧的面板组是面板的集合，在默认情况下，Dreamweaver 提供了四个面板，它们分别是：文件面板、CC Libraries 面板、插入面板和 CSS 设计器面板，其中文件面板和插入面板较为常用，下面我们分别进行一下简单介绍。

文件面板用于查看和管理 Dreamweaver 站点中的文件和文件夹，检查它们是否与Dreamweaver 站点相关联，也可以执行文件或文件夹的打开、移动等操作。在文件面板中还可以访问本地磁盘中的全部文件。

插入面板提供了将各种网页元素，例如图像、表格、列表等插入网页时的快捷方式。当然，菜单栏中的"插入"菜单也可实现相应操作。

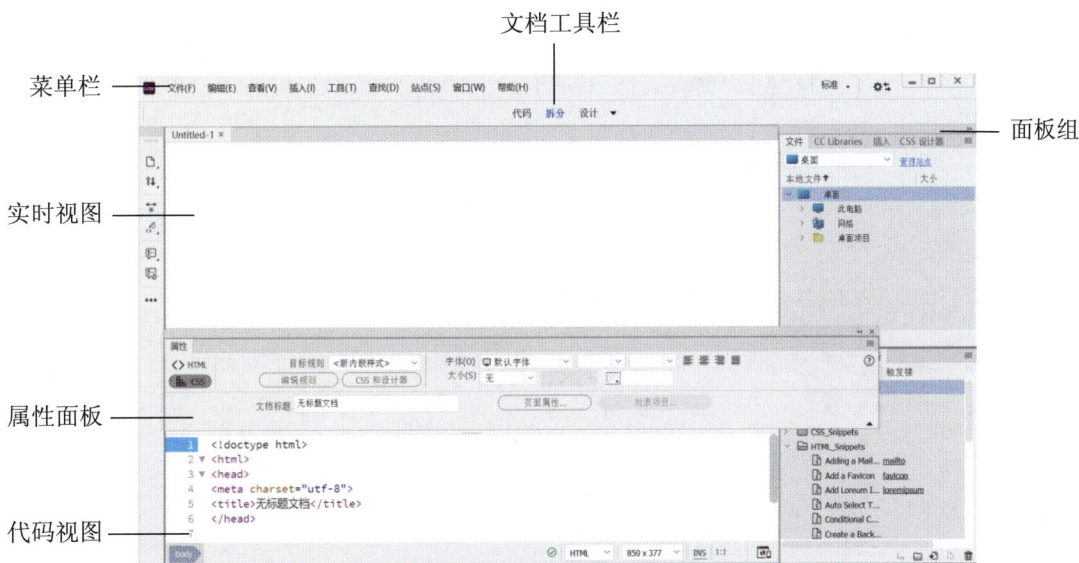

图 3-2　Dreamweaver 工作界面

3.2.2　创建与管理站点

实际上，用户完全可以在 Dreamweaver 中工作而无须定义站点。但是，创建站点有很多好处：首先，创建站点有助于防止断开的链接，即若用户移动或重命名文件，文件可在站点范围内得到自动更新；其次，定义站点可以帮助用户轻松地发布站点，提高工作效率。

1. 创建站点

Dreamweaver 中创建站点的方法有很多，可以通过"站点"菜单中的"新建站点"命令创建，也可以使用"站点"菜单中"管理站点"命令的"新建站点"按钮创建站点，还可以利用位于 Dreamweaver 界面右侧的文件面板创建。

【例 3-1】通过"站点"菜单中的"新建站点"命令创建一个名为 suzhou 的站点，对应本地站点文件夹为 citysz。

操作步骤如下。

（1）将提供的 citysz 文件夹复制到 C 盘 KS 文件夹下（若 C 盘下没有 KS 文件夹，可自行建立），如图 3-3 所示。

（2）启动 Dreamweaver，单击选择"站点"菜单中的"新建站点"命令，打开"站点设置对象"对话框。

（3）在"站点"选项卡的"站点名称："文本框中输入站点名称 suzhou；在"本地站点文件夹"文本框中输入：C:\KS\citysz\，也可单击文本框右侧的"浏览文件夹"按钮，在打开的"选择根文件夹"对话框中选择站点的存储位置，如图 3-4 所示，单击"保存"按钮完成站点的定义。

图 3-3　站点文件夹的建立

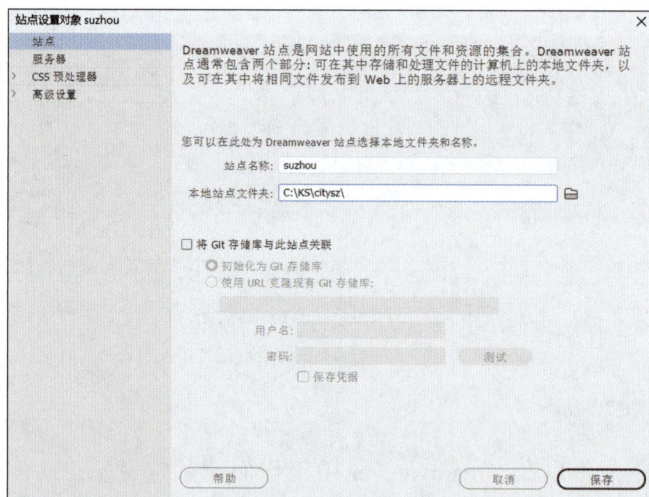

图 3-4　"站点设置对象"对话框

【例 3-2】通过文件面板创建一个名为 hainan 的站点，对应本地站点文件夹为 cityhn。

操作步骤如下。

（1）在 C 盘 KS 文件夹下新建一个名为 cityhn 的文件夹。

（2）启动 Dreamweaver，单击文件面板中的下拉列表按钮，选择"管理站点"选项，如图 3-5 所示。

（3）在打开的"管理站点"对话框中，单击右下角的"新建站点"按钮，再次打开"站点设置对象"对话框。

图 3-5　文件面板创建站点

（4）在"站点设置对象"对话框中，站点名称输入 hainan，"本地站点文件夹"文本框中输入：C:\KS\cityhn\。

2. 管理站点

在创建完站点后，还可以对站点进行多方面的有效管理，例如打开站点、删除站点等。

【例 3-3】将刚创建好的 hainan 站点的站点名称修改为 hainanprovince。

操作步骤如下。

（1）单击选择"站点"菜单中的"管理站点"命令，打开"管理站点"对话框，如图 3-6 所示。

（2）在"您的站点名称"列表中选择"hainan"列表项，单击左下角的"编辑当前选定的站点"按钮 🖉，即可打开"站点设置对象"对话框。

（3）在"站点设置对象"对话框中按照创建站点的方法对站点进行编辑，站点名称修改为 hainanprovince，如图 3-7 所示。

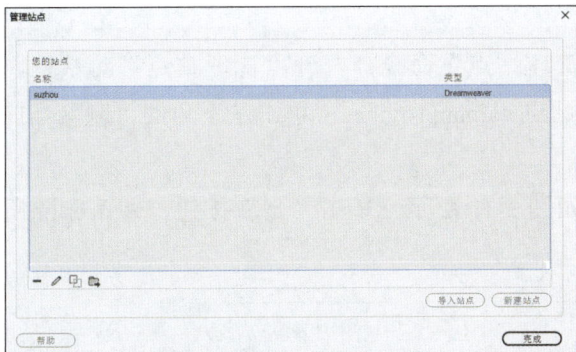

图 3-6　"管理站点"对话框

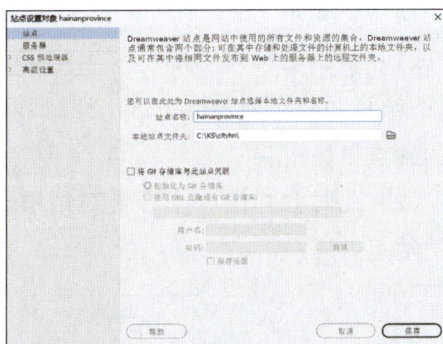

图 3-7　修改站点名称

【例 3-4】操作要求：为 hainanprovince 站点添加名为 images 的文件夹。

操作步骤如下。

（1）在文件面板中选择 hainanprovince 站点，单击鼠标右键，在弹出的快捷菜单中选择"新建文件夹"命令，如图 3-8 所示。

（2）站点根目录下会自动创建一个新的文件夹，默认名称为 untitled，输入文件夹名称 images，如图 3-9 所示。

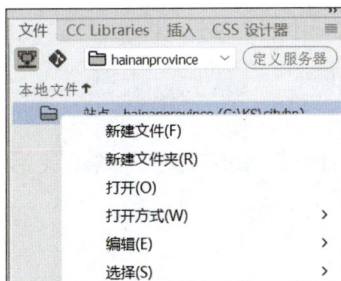

图 3-8　新建文件夹

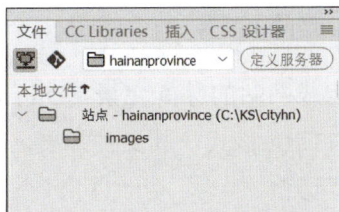

图 3-9　添加 images 文件夹

【例 3-5】删除 hainanprovince 站点下的 images 文件夹。

操作步骤如下。

（1）在文件面板 hainanprovince 站点中，选中需要删除的文件夹 images，单击鼠标右键，在弹出的快捷菜单中选择"编辑"中的"删除"命令，如图 3-10 所示。

（2）在弹出的"您确认要删除所选文件吗？"对话框中单击"是"按钮，即可将文件夹删除。

图 3-10　images 文件夹

【例 3-6】删除不需要操作的 hainanprovince 站点。

操作步骤如下。

（1）单击选择"站点"菜单中的"管理站点"命令，打开"管理站点"对话框，在"您的站点名称"列表框中选中要删除的站点 hainanprovince，单击左下角的"删除当前选定的站点"按钮 ━ 。

（2）此时会弹出一个警告对话框，如图 3-11 所示，单击"是"按钮，即可删除所选中的站点。

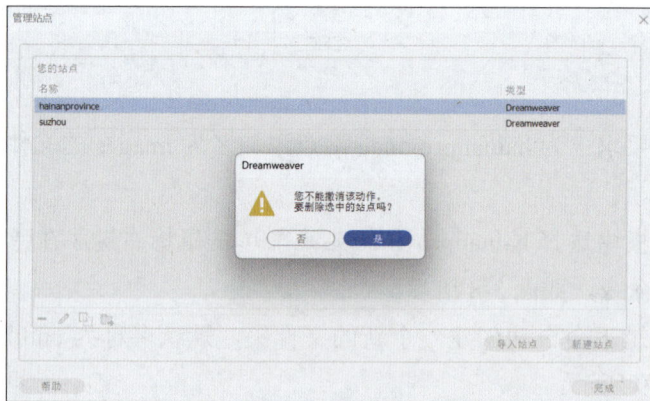

图 3-11　删除站点

3.2.3　网页基本操作

网页是构成网站的基本元素，Dreamweaver 为创建 Web 文档提供了灵活的编辑环境。网页通常是 HTML 格式，其文件扩展名为 html 或 htm 等。

1. 创建网页

制作网页的第一步就是创建空白网页文档，可通过"新建"菜单命令来实现。

【例 3-7】在 suzhou 站点中，创建一个空白网页文档。

操作步骤如下。

（1）在文件面板中选择【例 3-1】创建好的 suzhou 站点，单击选择"文件"菜单中的"新建"命令，打开"新建文档"对话框，如图 3-12 所示。

（2）左侧选择"新建文档"选项卡，在"文档类型"列表框中选择"HTML"选项，在"框架"中选择"无"选项卡。

（3）单击右下角"创建"按钮，即可创建一个空白网页文档。

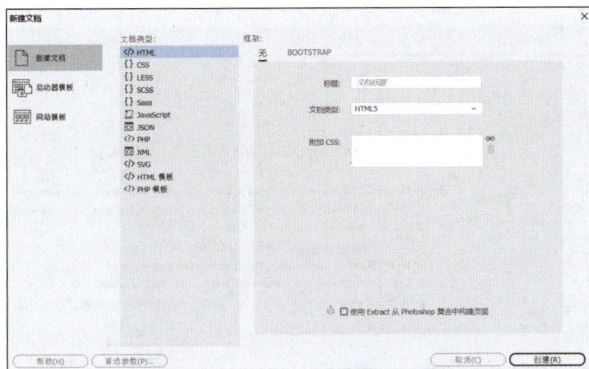

图 3-12　"新建文档"对话框

2. 页面属性设置

创建空白网页文档后，接下来可以对文档的页面属性进行设置，也就是对整个页面外观效果的设置，例如可以设置页面的外观、链接、标题等属性。

【例 3-8】将上一例创建的网页，文档标题设置为"苏州"。

操作步骤如下。

（1）属性面板设置方法：在属性面板的"文档标题"文本框中输入：苏州，如图 3-13 所示。

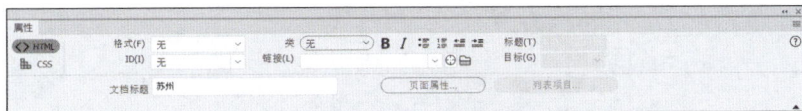

图 3-13　属性面板设置文档标题

（2）代码编写方法：<title> </title> 定义了网页的文档标题。在代码视图中，将 <title> 和 </title> 之间的默认文字"无标题文档"修改为"苏州"，如图 3-14 所示。

```
1   <!doctype html>
2 ▼ <html>
3 ▼ <head>
4     <meta charset="utf-8">
5 ▼ <title>苏州</title>
6   </head>
7
8   <body>
9   </body>
10  </html>
11
```

图 3-14　代码视图设置文档标题

【例 3-9】将【例 3-7】创建的空白网页的页面字体设置为宋体，字号设置为 16 像素。

操作步骤如下。

（1）单击属性面板中的"页面属性"按钮，打开"页面属性"对话框。

（2）在"分类"列表框中选择"外观 (CSS)"选项，在右侧的"页面字体"下拉列表中选择"管理字体"选项，如图 3-15 所示，打开"管理字体"对话框。

（3）选择"自定义字体堆栈"选项卡，在右下方的"可用字体："列表框中选择"宋体"，单击向左按钮 <<，即可将"宋体"添加到左侧"选择的字体："列表框中，单击"完成"按钮，如图 3-16 所示。

（4）在"页面属性"对话框中的"页面字体"下拉列表中选择"宋体"选项，在"大小"下拉列表中选择"16"选项，在后面的单位中选择 px，单击"确定"按钮，完成对页面字体和字号的设置。

图 3-15　管理字体

图 3-16　添加字体

3. 保存和预览网页

对网页文档进行了编辑或修改后，需将其保存，保存方法有直接保存和另存为两种方式。网页保存后，可通过预览功能在浏览器中查看网页的显示效果。

【例 3-10】将【例 3-7】创建的空白网页以 index 为文件名保存到网站的根文件夹中。

操作步骤如下。

（1）单击选择"文件"菜单中的"保存"命令，打开"另存为"对话框。

（2）在"文件名："文本框中输入：index，"保存类型："下拉列表中选择"All Documents"选项，单击"保存"按钮，如图 3-17 所示。

【例 3-11】在【例 3-7】创建的空白网页中输入文字：园林之城——苏州，在浏览器中预览网页效果。

操作步骤如下。

（1）在文件面板上对"index.html"选项双击鼠标左键，打开 index 网页。

（2）在网页实时视图中输入：园林之城——苏州。

（3）单击选择"文件"菜单中的"保存"命令，保存编辑过的网页。

（4）单击选择"文件"菜单中"实时预览"菜单项的"Internet Explorer"命令（也可选择其他浏览器），网页预览效果如图 3-18 所示。

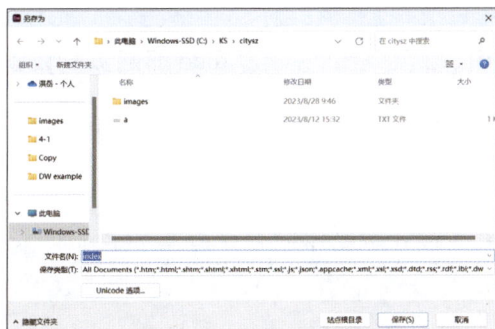

图 3-17　"另存为"对话框

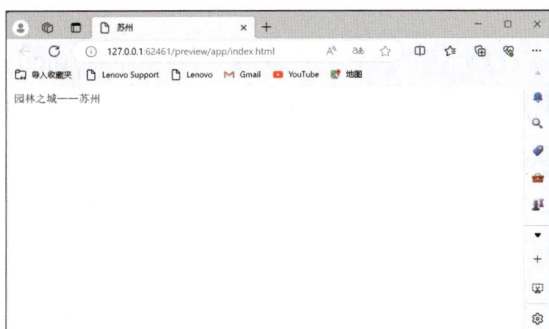

图 3-18　index 网页预览效果

3.3　表格布局网页 》》》》

页面布局是整个网页设计中最重要的一环，它决定了用户在进入网页后的第一印象。表格布局页面是一种最常用的布局方式，其特点是简单、容易上手、兼容性强。通过使用表格布局网页可以使页面在形式上既丰富多彩又有条理，在组织上井然有序而又不显单调。

3.3.1　插入表格

表格主要由行、列和单元格三个部分组成。使用表格不仅可以精确地定位文字、图像等网页元素在页面中的位置，还可以有序地排列相关数据，为网页设计带来了很大的方便。

【例 3-12】在【例 3-10】的 index 网页中，插入一个 6 行 3 列的表格，表格宽度为 75%，边框粗细、单元格边距和单元格间距都设置为 0。

操作步骤如下。

（1）将光标插入点定位到第一行文字"园林之城——苏州"的下方，单击选择"插入"菜单中的"Table"命令，打开"Table"对话框，如图 3-19 所示。

（2）在"行数："文本框中输入 6，"列："文本框中输入 3；在"表格宽度："文本框中输入 75，后面的单位下拉表中选择"百分比"选项。

（3）在"边框粗细："文本框中输入 0，"单元格边距："和"单元格间距："文本框中都输入 0。

边框粗细用于设置表格边框线的宽度，以像素为单位，若设置其值为 0，则在浏览网页时不显示表格边框线；

单元格边距用于设置单元格边框和里面内容之间的距离，单位为像素；

单元格间距用于设置相邻单元格之间的距离，单位也为像素。

（4）在"标题"选项中选择"无"，单击右下角的"确定"按钮，即可完成表格的创建。

【例 3-13】在【例 3-1】创建好的 suzhou 站点中，新建一个名称为 food 的网页，设置网页的文档标题为美食，在该网页中插入一个 4 行 2 列的表格，表格宽度为 75%，边框粗细和单元格边距都设置为 0，单元格间距设置为 2。

操作步骤如下。

（1）单击选择"文件"菜单中的"新建"命令，打开"新建"对话框，单击"创建"按钮。

（2）在属性面板的"文档标题"文本框中输入：美食。

（3）单击选择"插入"菜单中的"Table"命令，打开"Table"对话框，在"行数："文本框中输入 4，"列："文本框中输入 2，"表格宽度："文本框中输入 75，后面的单位下拉表中选择"百分比"选项。

（4）在"边框粗细："和"单元格边距："文本框中输入 0，在"单元格间距："文本框中都输入 2，单击"确定"按钮，完成 4 行 2 列表格的创建。

（5）单击选择"文件"菜单中的"保存"命令，在"文件名"文本框中输入：food，单击"保存"按钮，为 suzhou 站点添加了一个新的网页。

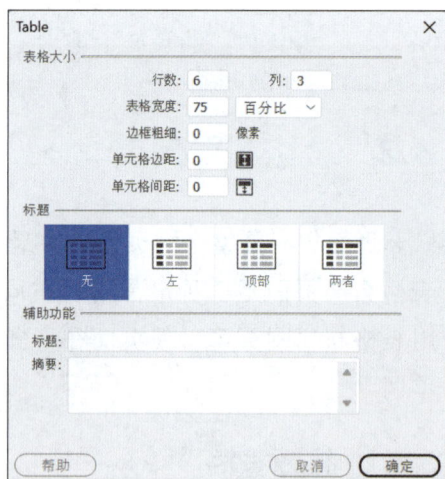

图 3-19 "Table"对话框

来回切换对比【例 3-12】和【例 3-13】中的表格，不难发现两个表格的宽度相同，food 网页中表格单元格之间的距离要比 index 网页中的要大一些。

3.3.2 添加或删除行或列

在用表格布局页面时，随着网页内容的不断加入，可能会出现插入表格的行数或列数不够用的情况，这时并不需要删除整个表格去重新建立新的表格。在制作网页过程中，若插入表格的行、列不够用或是行、列太多，则可根据实际情况进行插入或删除行、列的操作。

【例 3-14】在【例 3-13】表格最后一行的下方添加 3 行。

操作步骤如下。

（1）打开 food 网页，将光标插入点定位到表格最后一行的任意一个单元格中。

（2）单击鼠标右键，在弹出的快捷菜单中选择"表格"中的"插入行或列"命令，打开"插入行或列"对话框。

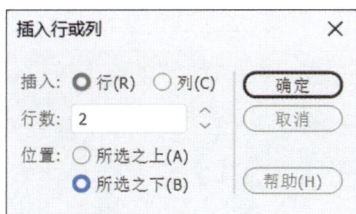

图 3-20　插入行

（3）在"插入行或列"对话框中，"插入："选择"行"单选按钮，"行数："输入 2（我们在此先添加 2 行），"位置："选择"所选之下"单选按钮，如图 3-20 所示，即可在表格最后一行的下方插入 2 行。

（4）将光标插入点定位到表格最后一行的最后一个单元格中（即第 6 行的第 2 个单元格），按下键盘的 Tab 键，完成第 3 行的插入。

【例 3-15】删除【例 3-14】表格的最后一行。

操作步骤如下。

（1）将光标插入点定位到表格最后一行的任意一个单元格中。

（2）单击鼠标右键，在弹出的快捷菜单中选择"表格"中的"删除行"命令，即可删除光标插入点所在的行（food 网页中的表格此时为 6 行 2 列）。

【例 3-16】为【例 3-12】表格添加 1 列。

操作步骤如下。

菜单设置方法：

（1）打开 index 网页，将光标插入点定位到表格最后一列的任意一个单元格中。

（2）单击鼠标右键，在弹出的快捷菜单中选择"表格"中的"插入列"命令，则会在光标插入点所在列的左方插入 1 列（index 网页中的表格此时为 6 行 4 列）。

代码编写方法：<table> </table> 定义了表格；

<tbody> </tbody>定义了表格主体内容；

<tr> </tr>定义了表格中的行；

<td> </td>定义了表格中的单元格；

原 6 行 3 列表格对应的代码如图 3-21 所示，其中：

```
<tr>
  <td> </td>
  <td> </td>
  <td> </td>
</tr>
```

代表了表格一行中的 3 个单元格。为表格添加 1 列，也就是为表格的每一行添加一个单元格，在每个 <tr> 和 </tr> 之间加入如下一行代码：<td> </td>，即可为表格添加 1 列，修改后的代码如图 3-22 所示。

图 3-21　【例 3-12】表格代码

图 3-22　表格添加 1 列修改代码

3.3.3　单元格的合并

在很多情况下，为了更好地对网页进行布局，在使用表格时常常需要把多个单元格合并为一个单元格，以适应布局的需要。

【例 3-17】将 food 网页中 6 行 2 列表格第 1 行的所有单元格合并为一个单元格，将第 4、5、6 行分别合并为一个单元格。

操作步骤如下。

（1）打开 food 网页，拖动鼠标左键选中表格第 1 行的所有单元格，单击鼠标右键，在弹出的快捷菜单中选择"表格"中的"合并单元格"命令，即可将第 1 行的 2 个单元格合并为一个单元格，如图 3-23 所示。

（2）第 4 行、第 5 行、第 6 行单元格的合并同上操作。

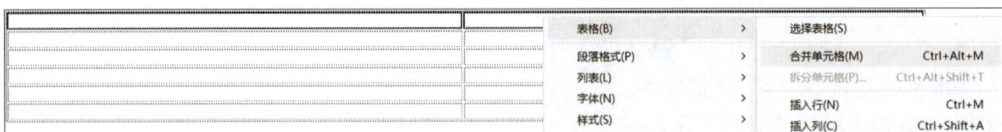

图 3-23　合并单元格

【例 3-18】编写代码实现如下操作，将 index 网页中 6 行 4 列表格的第 1 行所有单元格合并为一个单元格；第 2 行所有单元格合并为一个单元格；第 3 行的前两个单元格合并为一个单元格，后两个单元格合并为一个单元格；将第 4、5、6 行分别合并为一个单元格，如图 3-24 所示。

操作步骤如下。

（1）打开 index 网页，在代码视图中编写代码，colspan 定义了跨列数。

（2）将第 1 行的四个单元格合并为一个单元格，也就是让第 1 行的单元格跨 4 列，第 1 行的标记 <tr> 和 </tr> 之间的代码应修改为：<td colspan="4"> </td>，第 2 行单元格的合并同理。

（3）第 3 行的前两个单元格合并为一个单元格，后两个单元格合并为一个单元格，就是让第 3 行的两个单元格各跨 2 列，第 3 行的标记 <tr> 和 </tr> 之间的代码应修改为：

```
<td colspan="2"> </td>
<td colspan="2"> </td>
```

（4）第 4 行、第 5 行、第 6 行单元格的合并同步骤（2），修改后的代码如图 3-25 所示。

既然能将单元格合并在一起，相对应地，也能将单元格进行拆分。当表格中某个区域的单元格不够使用时，可将单元格拆分成多个单元格。拆分单元格的操作方法是：将光标插入点定位到要拆分的单元格中，单击鼠标右键，在弹出的快捷菜单中选择"表格"中的"拆分单元格"命令，在打开的"拆分单元格"对话框中设置需要拆分的行数或列数即可。由于拆分单元格与合并单元格的操作方法相似，在此不再举例。

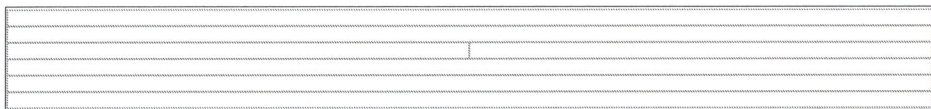

图 3-24　index 网页合并后的表格

```
 9 ▼ <table width="75%" border="0" cellspacing="0" cellpadding="0">
10 ▼   <tbody>
11 ▼     <tr>
12         <td colspan="4"> </td>
13       </tr>
14 ▼     <tr>
15         <td colspan="4"> </td>
16       </tr>
17 ▼     <tr>
18         <td colspan="2"> </td>
19         <td colspan="2"> </td>
20       </tr>
21 ▼     <tr>
22         <td colspan="4"> </td>
23       </tr>
24 ▼     <tr>
25         <td colspan="4"> </td>
26       </tr>
27 ▼     <tr>
28         <td colspan="4"> </td>
29       </tr>
30     </tbody>
31   </table>
```

图 3-25　合并单元格修改代码

3.3.4　设置表格属性

为了使创建的表格更加美观，可以通过属性面板对表格的属性进行设置。表格属性主要包括完整表格的属性和表格中单元格的属性两种。

1. 设置整个表格属性

选中整个表格后，可通过属性面板设置表格的宽度、对齐方式、边框线的粗细等。

【例 3-19】在【例 3-18】的基础上，将 index 网页中表格的对齐方式设置为居中对齐。操作步骤如下。

（1）属性面板设置方法：打开 index 网页，拖动鼠标左键选中整个表格，在表格的属性面板中，"Align"下拉列表中选择"居中对齐"选项，如图 3-26 所示。

（2）代码编写方法：align 定义了对象的对齐方式，其中 left 表示左对齐，right 表示右对齐，center 表示居中对齐。在 <table> 标记中加入如下代码：align="center"，修改后的代码如图 3-26 所示。

图 3-26　表格居中对齐

【例 3-20】在【例 3-17】的基础上，将 food 网页中合并的 6 行 2 列表格的对齐方式设置为居中对齐，表格宽度调整为 57%，单元格之间的距离调整为 4。

操作步骤如下。

（1）属性面板设置方法：打开 food 网页，拖动鼠标左键选中整个表格。在表格的属性面板中，"Align"下拉列表中选择"居中对齐"选项，在"宽"文本框中输入 57，"CellSpace"文本框中输入 4，如图 3-27 所示。

（2）代码编写方法：width 定义了对象的宽度，cellspacing 定义了表格的单元格间距。在 <table> 标记中，将 width="75%" 修改为 width="57%"，cellspacing="2" 修改为 cellspacing="4"，并加入如下代码：align="center"，修改后的代码如图 3-27 所示。

图 3-27　调整表格宽度、单元格间距、居中对齐

2. 设置单元格属性

除了可以设置整个表格的属性外，在 Dreamweaver 中还可以对表格的行、列或单元格的宽度、高度和背景颜色等属性进行设置。

【例 3-21】在【例 3-19】的基础上，将 index 网页中表格第 2 行的背景颜色设置为 #D2C7C7，第 3 行的背景颜色设置为 #E5DCDC。【视频 3-1】

操作步骤如下。

视频 3-1

（1）打开 index 网页，属性面板设置第 2 行的背景颜色，设置方法如下：光标插入点定位到表格的第 2 行，在属性面板中的"背景颜色"文本框中输入 #D2C7C7。

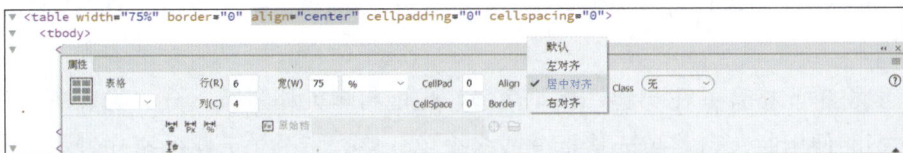

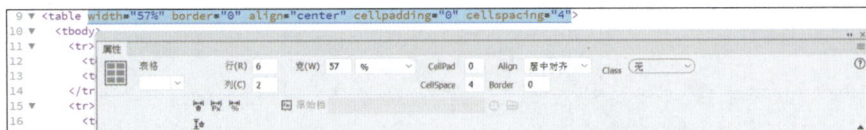

（2）编写代码设置第 3 行的背景颜色，其中 bgcolor 定义了对象的背景颜色，在表格第 3 行的两个 <td> 标记里分别加入如下代码：bgcolor="#E5DCDC"，如图 3-28 所示。

图 3-28　代码设置表格第 3 行背景颜色

【例 3-22】在【例 3-20】的基础上，将 food 网页中表格的第 1 行的高度设置为 54 像素，背景颜色设置为 #8BC7D4，第 2 行的背景颜色设置为 #C0EDE3，第 3 行的背景颜色设置为 #BFDCF0。

操作步骤如下。

（1）打开 food 网页，在代码视图中编写代码，设置第 1 行的高度和背景颜色，其中 height 定义了对象的高度。在表格第 1 行的 <td> 标记里加入如下代码：height="54" bgcolor="#8BC7D4"，如图 3-29 所示。

（2）属性面板设置第 2 行的背景颜色，设置方法如下：拖动鼠标左键选中表格的第 2 行，在属性面板中的"背景颜色"文本框中输入 #C0EDE3，第 3 行背景颜色的设置方法同理，表格效果如图 3-30 所示。

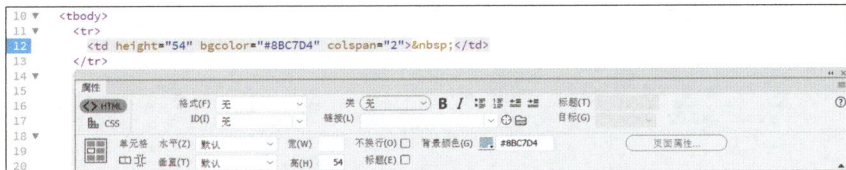

图 3-29　代码设置表格第 1 行高度和背景颜色

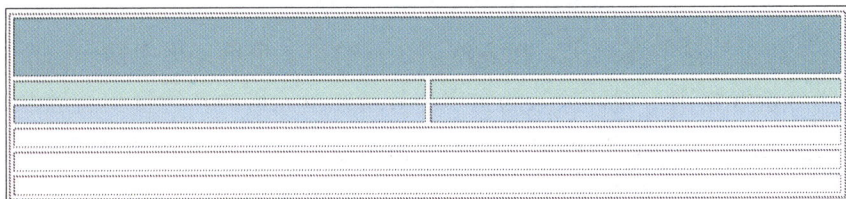

图 3-30　设置单元格属性后 food 网页表格效果

3.3.5　表格嵌套

表格嵌套是为了达到特殊的效果而在表格的某个单元格里再插入一个表格。页面的外部需要一个总表格来控制总体布局，然而内部排版的细节如果也通过总表格来实现，就容易引起行高或列宽的冲突，给网页的制作带来困难，同时还会加大浏览器分析页面的难度。用表格布局页面时，应该用总表格负责整体排版，由嵌套表格负责细节性版面设计。通过嵌套表格，利用表格的背景颜色、边框粗细、单元格边距和单元格间距等属性可以得到漂亮的边框效果，提升网页制作的精美度。

【例 3-23】在【例 3-21】的基础上，在 index 网页表格的第 2 行中插入一个 1 行 4 列的嵌套表格，表格宽度为 99%，边框粗细为 0，单元格边距为 3，单元格间距为 7；设置表格的对齐方式为居中对齐，表格的背景颜色设置为 #BAACAC，导航条的设计效果如图 3-31 所示。【视频 3-2】

视频 3-2

操作步骤如下。

（1）打开 index 网页，光标插入点定位到表格的第 2 行，单击选择"插入"菜单中的"Table"命令。

（2）在打开的"Table"对话框中，"行数："文本框中输入 1，"列："文本框中输入 4，"表格宽度："文本框中输入 99，单位下拉列表选择"百分比"，"单元格边距："文本框中输入 3，"单元格间距："文本框中输入 7，单击"确定"按钮。

（3）光标插入点定位到嵌套表格的任意一个单元格中，单击鼠标右键，在弹出的快捷菜单中选择"表格"中的"选择表格"命令，选中整个嵌套表格，在嵌套表格的属性面板中，"Align"下拉列表中选择"居中对齐"选项。

（4）拖动鼠标左键选中嵌套表格的 4 个单元格，在属性面板中的"背景颜色"文本框中输入 #BAACAC，如图 3-32 所示。

图 3-31　index 网页导航条

图 3-32　嵌套表格单元格属性面板

【例 3-24】在上一例的基础上，在表格第 3 行的第 2 个单元格中插入一个 1 行 1 列的嵌套表格（该嵌套表格用于保证输入的文字与其所在单元格的左边框和右边框都保持一定的间距），表格宽度为 90%，边框粗细、单元格边距和单元格间距都设置为 0，表格的对齐方式设置为居中对齐；在总表格的第 4 行换一个段落，插入一个 1 行 2 列的嵌套表格（该嵌套表格用于对项目列表进行排版），表格宽度为 90%，边框粗细、单元格边距和单元格间距都设置为 0，表格的对齐方式设置为居中对齐。【视频 3-3】

视频 3-3

操作步骤如下。

（1）将光标插入点定位到表格第 3 行的第 2 个单元格中，单击选择"插入"菜单中的

"Table"命令。

（2）在打开的"Table"对话框中，"行数："文本框中输入 1，"列："文本框中输入 1，"表格宽度："文本框中输入 90，单位下拉列表选择"百分比"，在"边框粗细：""单元格边距："和"单元格间距："文本框中都输入 0，单击"确定"按钮。

（3）在嵌套表格属性面板的"Align"下拉列表中选择"居中对齐"选项。

（4）将光标插入点定位到表格的第 4 行中，按下键盘的回车键换段落，单击选择"插入"菜单中的"Table"命令，在打开的"Table"对话框中，"行数："文本框中输入 1，"列："文本框中输入 2，"表格宽度："文本框中输入 90，单位下拉列表选择"百分比"，在"边框粗细：""单元格边距："和"单元格间距："文本框中都输入 0，单击"确定"按钮，在属性面板的"Align"下拉列表中选择"居中对齐"选项，即可完成对 index 网页文字版面的设计，如图 3-33 所示。

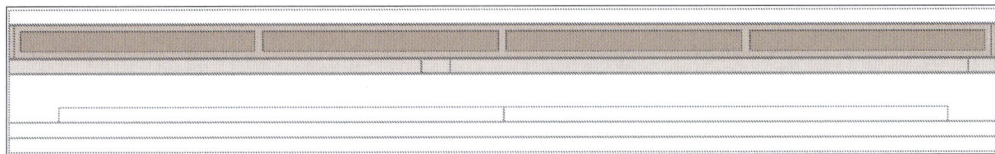

图 3-33　index 网页文字版面设计

【例 3-25】在【例 3-22】的基础上，在表格第 2 行和第 3 行的第 2 个单元格中分别插入一个 1 行 1 列的嵌套表格（该嵌套表格用于保证输入的文字与其所在单元格的左边框和右边框都保持一定的间距），表格宽度为 85%，边框粗细、单元格边距和单元格间距都设置为 0，表格的对齐方式设置为居中对齐。

操作步骤如下。

（1）打开 food 网页，光标插入点定位到表格第 2 行的第 2 个单元格中，单击选择"插入"菜单中的"Table"命令。

（2）在打开的"Table"对话框中，"行数："文本框中输入 1，"列："文本框中输入 1，"表格宽度："文本框中输入 85，单位下拉列表选择"百分比"，在"边框粗细：""单元格边距："和"单元格间距："文本框中都输入 0，单击"确定"按钮，在嵌套表格属性面板的"Align"下拉列表中选择"居中对齐"选项。

（3）在第 3 行的第 2 个单元格中插入嵌套表格的方法同第 2 行的操作方法相同，不再赘述。

3.3.6　添加简单的文字和图像内容

浏览网页时，通过文字获取网页信息是最直接的方式，加之图像，可使网页图文并茂，更加形象生动。

【例 3-26】在【例 3-24】的基础上，将 index 网页中的第 1 行文字（园林之城——苏州）移动到表格的第 1 行里，在第 2 行嵌套表格的 4 个单元格里依次输入：景点、美食、人文和住宿，在表格第 3 行的第 1 个单元格里插入名称为 gate 的图像（位置在：C:\KS\

citysz\images），在表格第 4 行嵌套表格的上方输入文字："苏州著名园林："，网页显示效果如图 3-34 所示。【视频 3-4】

视频 3-4

操作步骤如下。

（1）打开 index 网页，拖动鼠标左键选中第 1 行文字，利用鼠标左键拖动选中的文字，移动至表格的第 1 行中。

（2）将光标插入点定位到总表格第 2 行的嵌套表格中，依次输入：景点、美食、人文和住宿。

（3）将光标插入点定位到表格第 3 行的第 1 个单元格中，单击选择"插入"菜单中的"image"命令。

（4）在打开的"选择图像源文件"对话框中，双击鼠标左键打开 images 文件夹，选中 gate 图像，单击"确定"按钮，如图 3-35 所示，即可将图像插入相应的单元格中。

（5）光标插入点定位到第 4 行嵌套表格的上方，输入文字"苏州著名园林："。

图 3-34　index 网页添加文字和图像效果

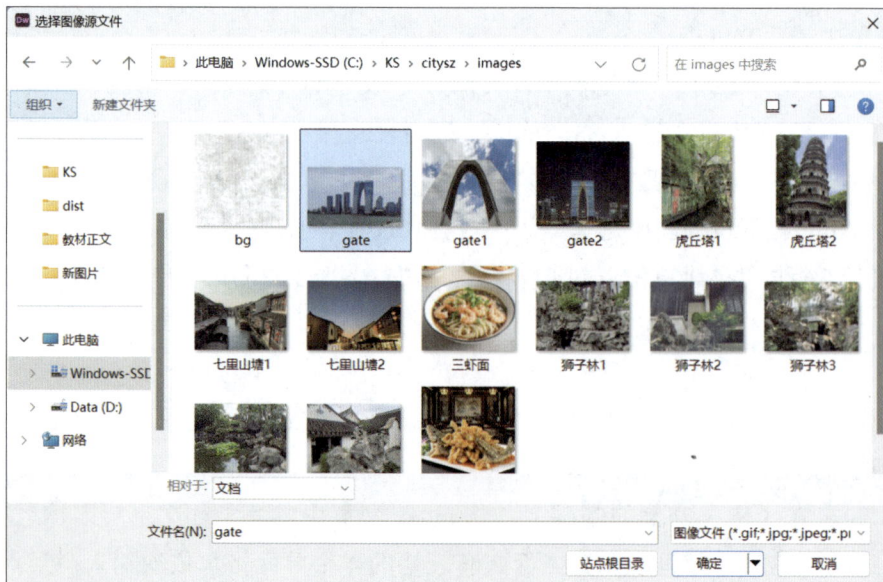

图 3-35　"选择图像源文件"对话框

【例 3-27】在【例 3-25】的基础上，在表格的第 1 行里输入文字：苏州味道，在第 2 行的第 1 个单元格中插入名称为松鼠桂鱼的图像（位置在：C:\KS\citysz\images），将 b.txt 中的第 1 段文字内容复制到表格第 2 行第 2 个单元格的嵌套表格中；在第 3 行的第 1 个单元格中插入名称为三虾面的图像，将 b.txt 中的第 2 段文字内容复制到表格第 3 行第 2 个单元格的嵌套表格中，网页显示效果如图 3-36 所示。

操作步骤如下。

（1）打开 suzhou 站点下的 food 网页，将光标插入点定位到表格的第 1 行中，输入：苏州味道。

（2）将光标插入点定位到表格第 2 行的第 1 个单元格中，单击选择"插入"菜单中的"image"命令，在打开的"选择图像源文件"对话框中，选择松鼠桂鱼图像，单击"确定"按钮。

（3）在文件面板中打开 b.txt，复制里面的第 1 段文字，切换到 food 网页，将文字粘贴到表格第 2 行第 2 个单元格的嵌套表格中。

（4）第 3 行图像和文字的添加方法同步骤（2）和（3）。

图 3-36　food 网页添加文字和图像

3.4　文本丰富网页内容 》》》》

在网页设计中，文本是指在网页上呈现的文字内容。不管网页内容如何丰富，文本自始至终都是网页中最基本的元素，在网页设计中起着非常重要的作用。文本不仅可以传达网页信息，还能影响用户的阅读体验和网页的整体视觉效果，因此，合理地运用文本和文本格式对于网页设计来说是至关重要的。

3.4.1 设置文本格式

在网页中插入文字后，用户可以根据自己的需要对文字进行设置，主要包括字体、字体样式、文字大小和文字颜色等，下面提供 4 种设置文本格式的方法。

1. 属性面板设置文本格式

属性面板分为 HTML 面板和 CSS 面板，对网页中的文本进行字体、字号和颜色等格式的设置可以通过 CSS 属性面板来实现。

【例 3-28】在【例 3-26】的基础上，对表格第 1 行网页标题的格式设置如下："园林之城"的字体设置为隶书，字号为 29px，"苏州"的字体设置为华文新魏，字号为 36px，网页显示效果如图 3-37 所示。【视频 3-5】

操作步骤如下。

（1）打开 suzhou 站点下的 index 网页，拖动鼠标左键选中表格第 1 行文字"园林之城"。

（2）单击属性面板左侧的"CSS"按钮 CSS ，切换到 CSS 属性面板。

（3）在"字体"下拉列表框中选择"隶书"（若没有该字体，可通过"管理字体"选项添加，方法参考【例 3-9】），在"大小"文本框中输入：29，后面单位下拉列表中选择"px"选项，如图 3-38 所示。

（4）第 1 行标题文字"苏州"的字体和字号设置方法同步骤（2）和（3）。

图 3-37　index 网页标题格式

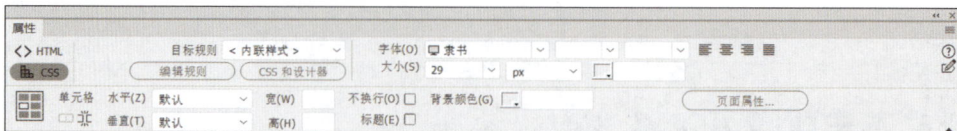

图 3-38　CSS 属性面板

2. CSS 设计器设置文本格式

在 3.2.1 节介绍过，Dreamweaver 界面的右侧有个面板组，除了文件面板以外，面板组中的 CSS 设计器面板也很常用，可以通过 CSS 设计器来定义 CSS 规则及相关属性。

【例 3-29】在上例的基础上，将表格第 2 行所在导航条的文本字体设置为黑体，字号

为 19px，文本对齐方式设置为居中对齐，网页显示效果如图 3-39 所示。【视频 3-6】

图 3-39　index 网页导航条文本格式

操作步骤如下。

（1）单击面板组中的"CSS 设计器"选项卡，打开 CSS 设计器面板。

（2）在 CSS 设计器面板中，单击"选择器"左侧的"+"号添加选择器，在选择器列表中，定义选择器的名称".bt"，如图 3-40 所示。

（3）单击 CSS 设计器下方的"属性"，为选择器".bt"设置相关属性，其中 font-family 定义了字体名称，font-size 定义了字号大小，text-align 定义了文本对象的对齐方式。

视频 3-6

（4）在选择器".bt"的属性列表里，左侧文本框中输入属性名称，右侧文本框中输入设置的值，也就是第 1 个添加属性文本框中输入：font-family，右侧添加值文本框中输入：黑体；第 2 个添加属性文本框中输入：font-size，右侧添加值文本框中输入：19px；第 3 个添加属性文本框中输入：text-align，右侧添加值文本框中输入：center，属性设置如图 3-41 所示。

图 3-40　CSS 设计器定义选择器

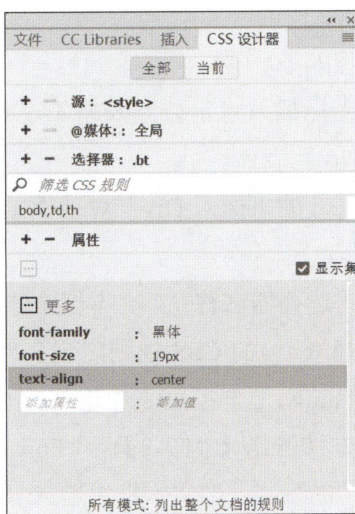

图 3-41　CSS 设计器设置属性

（5）对导航条中的文本应用 CSS 规则".bt"，方法如下：拖动鼠标左键选中导航条中"景点"两个字，属性面板切换到 CSS 属性面板，在"目标规则"下拉列表中选择"bt"

选项，即可对景点两个字应用定义好的 CSS 规则，如图 3-42 所示。

（6）依次对"美食""人文""住宿"应用 CSS 规则".bt"，方法同步骤（5）。

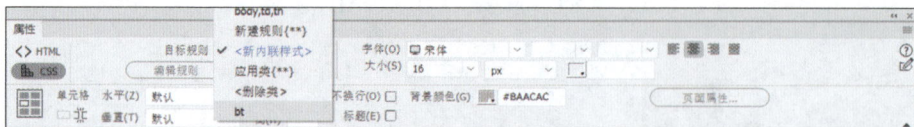

图 3-42　应用 CSS 规则

3. Div 区域加新建 CSS 规则设置文本格式

所谓 Div 区域就是用于放置文本、图像、视频等网页元素的容器，在插入 Div 区域过程中，可以新建 CSS 规则，并设置相关属性。

【例 3-30】在上例的基础上，将站点文件夹中的 a.txt 中的文字内容复制到表格第 3 行第 2 个单元格的嵌套表格中，该文本字体设置为仿宋，字号为 19px，字体颜色设置为 #3E2324，网页显示效果如图 3-43 所示。【视频 3-7】

视频 3-7

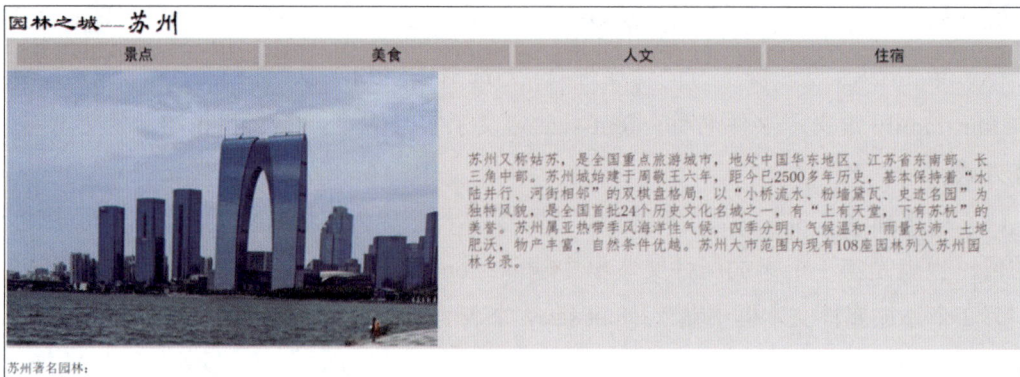

图 3-43　index 网页设置正文字体格式

操作步骤如下。

（1）将光标插入点定位到表格第 3 行第 2 个单元格的嵌套表格中，单击选择"插入"菜单中的"Div"命令。

（2）在打开的"插入 Div"对话框中，单击"新建 CSS 规则"按钮，打开"新建 CSS 规则"对话框。

（3）在"选择器名称："文本框中输入".zw"，如图 3-44 所示，单击"确定"按钮。

（4）打开".zw 的 CSS 规则定义"对话框，左侧"分类"列表中选择"类型"选项，右侧"Font-family:"下拉列表中选择"仿宋"选项（若没有该字体，可通过"管理字体"选项添加，方法参考【例 3-9】），"Font-size:"文本框中输入：19，后面单位列表中选择"px"选项，在"color:"文本框中输入 #3E2324，如图 3-45 所示，单击"确定"按钮。

（5）删除页面 Div 区域默认显示文字"此处显示 class zw 的内容"，双击打开文件面板 suzhou 站点下的"a.txt"文件，将里面的所有文字复制粘贴到 index 页面的 Div 区域中，即可设置页面正文相应的格式。

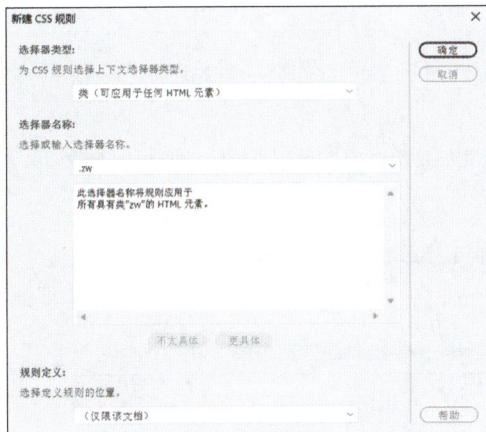

图 3-44　定义选择器名称　　　　　　图 3-45　设置属性

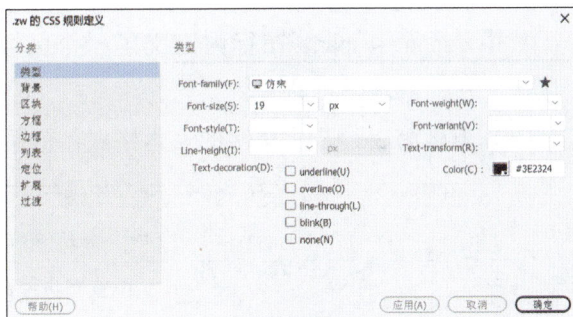

4. 编写代码设置文本格式

我们也可以通过在代码视图中编写代码来设置文本格式，其中 font-family 定义了文本的字体名称，font-size 定义了字号大小，font-style 定义了字体样式（例如 italic 为斜体样式），color 定义了字体颜色。

【例 3-31】在【例 3-27】的基础上，将表格第 1 行所在的网页标题"苏州味道"的字体设置为隶书，字号为 36px，字体样式为斜体；表格第 2 行右侧开头文字"松鼠桂鱼"和第 3 行开头文字"三虾面"的字体设置为隶书，字号为 22px，字体颜色设置为 #0E33EF，网页显示效果如图 3-46 所示。

图 3-46　food 网页设置文本格式

操作步骤如下。

（1）打开 food 网页，在代码视图中找到表格第 1 行的代码（也就是 <tbody> 中的第 1 对 <tr> 和 </tr>）。

（2）在单元格标记 <td> 里加入如下代码，如图 3-47 所示：

```
style="font-family:'隶书'; font-size: 36px; font-style: italic;"
```

（3）找到表格第 2 行文字所在的代码，将代码中的"松鼠桂鱼"修改为如下代码，如

图 3-48 所示：

```
<span style="font-family: '隶书'; font-size: 22px; color:#0E33EF">
松鼠桂鱼</span>
```

其中 <span></span> 在行内定义了一个区域，也就是一行内可以被 <span> 划分成多个区域，从而实现某种特定效果。

（4）表格第 3 行开头文字的文本格式，代码编写方法同步骤（3）。

```
 9 ▼ <table width="57%" border="0" align="center" cellpadding="0" cellspacing="4">
10 ▼   <tbody>
11 ▼     <tr>
12 ▼       <td height="54" colspan="2" bgcolor="#8BC7D4" style="font-family: '隶书'; font-size: 36px; font-style: italic;">苏州味道</td>
13         </tr>
```

图 3-47　设置网页标题文本格式代码

```
18 ▼     <tr>
19 ▼       <td><span style="font-family: '隶书'; font-size: 22px; color:#0E33EF">松鼠桂鱼</span>又名松鼠鳜鱼，为苏帮菜中色香味兼具的代表之
           作。"中国菜"正式发布时，"松鼠鳜鱼"被评为江苏十大经典名菜。这道菜色泽艳丽，独特的造型，金黄的色泽，外酥内嫩的鱼肉搭配酸甜美味的酱汁，尝上一口就
           让人欲罢不能吃起来外脆里嫩、酸甜可口。</td>
20         </tr>
```

图 3-48　设置第 2 行开头文字格式代码

注：若此例题代码书写有困难的同学，可采用上面的三种方法来设置文本格式。

3.4.2　插入不换行空格

我们都知道在 word 等文字编辑软件中添加空格，只需按下键盘上的空格键（Space 键）即可，而在 Dreamweaver 默认设置下，输入法为半角状态，无论按多少次空格键都只会出现一个空格，这是因为 Dreamweaver 中的文档格式都是以 HTML 编码形式存在的，而 HTML 文档只允许字符之间包含一个空格。当然，如果将输入法切换到全角状态下，每按下一次空格键即可为在文本中添加一个空格。下面介绍三种在 Dreamweaver 文本中插入不换行空格的方法。

1. 菜单命令或快捷键插入

可以通过"插入"菜单下"HTML"子菜单中的"不换行空格"命令插入一个空格，需要插入多个空格可连续选择相同的菜单命令。也可通过按下键盘的 Ctrl+Shift+Space 组合键实现空格的插入，每按下一次该组合键可插入一个空格。

【例 3-32】在【例 3-30】的基础上，通过菜单命令实现在 index 网页第 3 行文本的段前插入 4 个不换行空格，网页显示效果如图 3-49。

操作步骤如下。

（1）打开 index 网页，将光标插入点定位到要插入空格的位置，即表格第 3 行右侧文字前。

（2）单击选择"插入"菜单下"HTML"子菜单中的"不换行空格"命令，如图 3-50所示，即可在文本前插入一个空格。

（3）按下键盘的 Ctrl+Shift+Space 组合键，即可在文本前插入第 2 个空格。

（4）其余 2 个空格方法同步骤（2）或（3）。

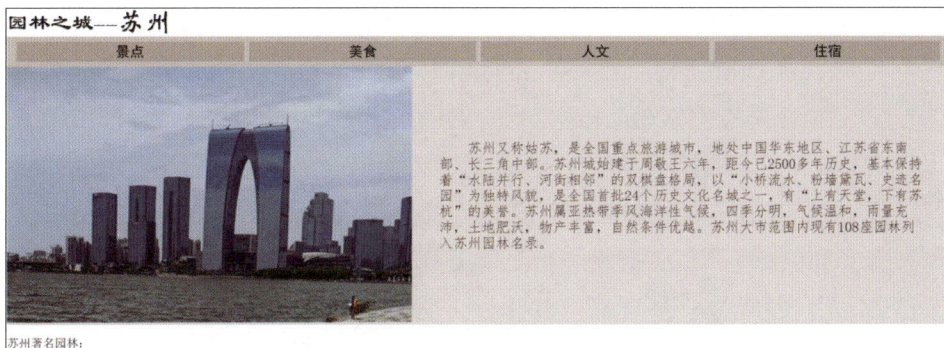

图 3-49　在 index 网页文本插入空格

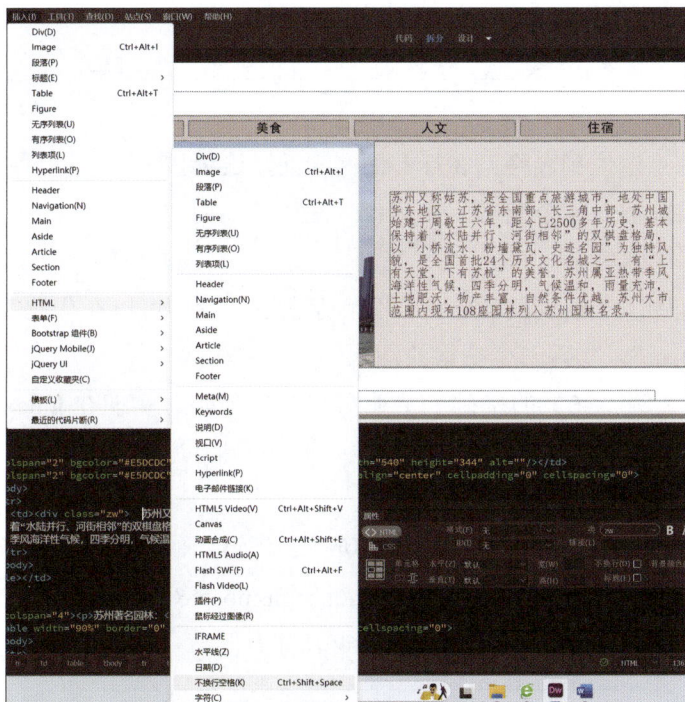

图 3-50　不换行空格菜单命令

2. 设置首选项参数

刚刚上文中提到，在 Dreamweaver 默认设置下，无论按多少次空格键都只会出现一个空格，实际上我们可以通过对首选项参数进行设置来解决这一问题。

【例 3-33】在【例 3-30】的基础上，通过对首选项进行设置，实现在 index 网页第 3 行文本的段前插入 4 个不换行空格。【视频 3-8】

操作步骤如下。

（1）单击选择"编辑"菜单中的"首选项"命令。

（2）在打开的"首选项"对话框中，左侧"分类"列表中选择"常规"选项，右侧单击选中"允许多个连续的空格"复选框，单击"应用"按钮，单击"关闭"按钮，"首选项"对话框的设置如图 3-51 所示。

视频 3-8

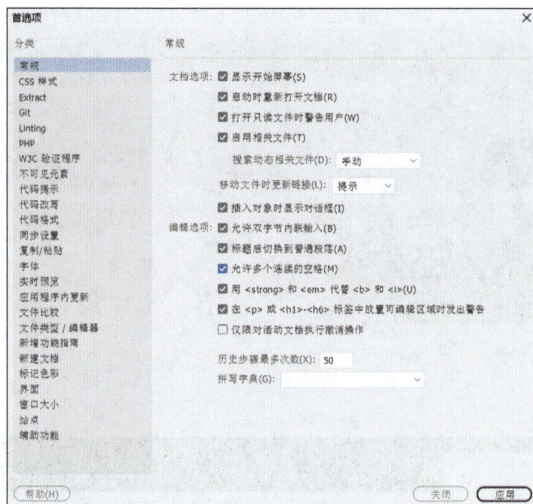

图 3-51　设置首选项

（3）光标插入点定位到表格第 3 行右侧文字前，连续按下 4 次键盘中的空格键，即可在第 3 行文本的段前插入 4 个空格。

3. 编写代码

在 HTML 编码中，" "定义了不换行空格，我们可以在代码视图要插入空格的文本前输入" "，实现一个空格的插入。

【例 3-34】在【例 3-30】的基础上，编写相应的代码，实现在 index 网页第 3 行文本的段前插入 4 个不换行空格。

操作步骤如下。

（1）在代码视图中找到表格第 3 行文本所在的代码。

（2）光标插入点定位到文本前，输入：   ，即可在第 3 行文本的段前插入 4 个不换行空格，代码如图 3-52 所示。

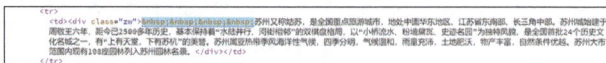

图 3-52　编写代码插入空格

3.4.3　文本换行与分段

在 Dreamweaver 中输入文本时不会自动换行，如果需要换行，可在键盘上按下 Shift+Enter 组合键手动执行。要对文本内容进行分段，可直接按下 Enter 键，即可形成一个段落。换行与分段在网页显示效果的区别是换行行间距小，分段行间距大，其显示效果区别如图 3-53 所示。

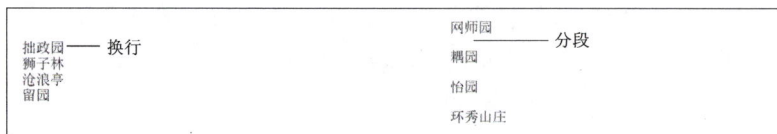

图 3-53　文本的换行与分段

【例 3-35】在【例 3-34】的基础上，在 index 网页表格第 4 行嵌套表格的第 1 个单元格中依次换行输入：拙政园、狮子林、沧浪亭和留园；第 2 个单元格中依次换行输入：网师园、耦园、怡园和环秀山庄，网页显示效果如图 3-54 所示。【视频 3-9】

操作步骤如下。

（1）将光标插入点定位到第 4 行嵌套表格的第 1 个单元格中，输入：拙政园。

（2）按下键盘的 Shift+Enter 组合键，换行输入：狮子林，以此类推。

（3）第 2 个单元格内容的换行输入方法同步骤（2），不再赘述。

图 3-54　index 网页文本换行

【例 3-36】在【例 3-31】的基础上，在 food 网页表格的第 4 行中依次分段落输入："苏州其他美食：""响油鳝糊""桂花鸡头米""赤豆圆子""苏州糕团"，网页显示效果如图 3-55 所示。

图 3-55　food 网页文本分段

操作步骤如下。

（1）打开 food 网页，将光标插入点定位到表格的第 4 行中，输入：苏州其他美食。

（2）按下键盘的 Enter 键，分段输入：响油鳝糊、桂花鸡头米，以此类推。

131

3.4.4　创建列表

列表是指将具有相似特性或某种顺序的文本进行有规则的排列。Dreamweaver 中常用的列表有无序列表和有序列表两种。列表是网页的重要组成元素之一，常被应用在条款或列举等类型的文本中，利用列表的方式进行罗列可使内容更加直观。

1. 无序列表

无序列表又称为项目列表，列表前面一般用项目符号作为前导符，可通过插入菜单或属性面板来创建无序列表。

【例 3-37】在【例 3-32】的基础上，在 index 网页表格第 4 行嵌套表格的第 1 个单元格中创建无序列表：拙政园、狮子林、沧浪亭和留园；第 2 个单元格中创建无序列表：网师园、耦园、怡园和环秀山庄，网页显示效果如图 3-56 所示。【视频 3-10】

视频 3-10

操作步骤如下。

（1）打开 index 网页，将光标插入点定位到需要创建无序列表的位置，也就是第 4 行嵌套表格的第 1 个单元格里，单击 HTML 属性面板中的"无序列表"按钮，输入：拙政园。

（2）按下键盘的 Enter 键，下一行将自动出现项目前导符，输入：狮子林，以此类推，完成第 1 个单元格无序列表的创建。

（3）光标插入点定位到嵌套表格的第 2 个单元格中，单击选择"插入"菜单中的"无序列表"命令。

（4）输入：网师园，按下键盘的 Enter 键，下一行将自动出现项目前导符，输入：耦园，以此类推，即可完成第 2 个单元格无序列表的创建。

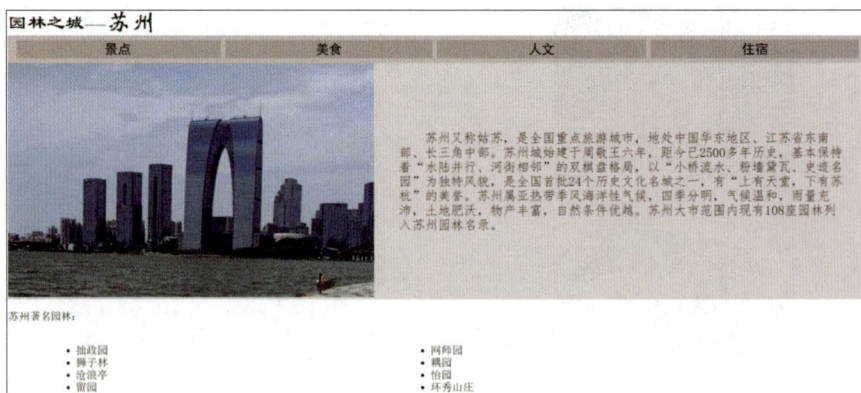

图 3-56　index 网页创建无序列表

【例 3-38】（选做）将上例创建好的无序列表的前导符设置为空心圆，无序列表显示效果如图 3-57 所示。

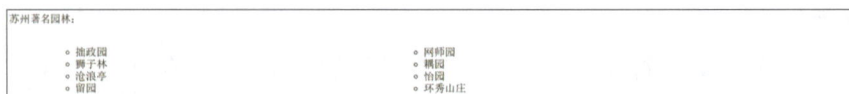

图 3-57　无序列表前导符设置为空心圆

操作步骤如下。

（1）在代码视图中找到无序列表相应代码，如图 3-58 所示。

其中，<ul> 是 unordered list 的缩写，定义了无序列表，<ul> 标记里常用的属性为 type，type 属性值主要有：disc（默认，实心圆），circle（空心圆），square（实心正方形），none（取消前缀）；<li> 是 list item 的缩写，定义了列表的每一项。值得注意的是，<ul> 一般和 <li> 配合使用，不会单独出现。

（2）在 <ul> 标记里加入 type 属性值的设定，即在 <ul> 标记里加入如下代码：type=”circle”，即可将无序列表的前导符设置为空心圆，编写后的代码如图 3-59 所示。

```
<tr>
  <td><ul>
    <li>拙政园</li>
    <li>狮子林</li>
    <li>沧浪亭</li>
    <li>留园</li>
  </ul></td>
  <td><ul>
    <li>网师园</li>
    <li>耦园</li>
    <li>怡园</li>
    <li>环秀山庄</li>
  </ul></td>
</tr>
```

图 3-58　无序列表代码

```
<tr>
  <td><ul type="circle">
    <li>拙政园</li>
    <li>狮子林</li>
    <li>沧浪亭</li>
    <li>留园</li>
  </ul></td>
  <td><ul type="circle">
    <li>网师园</li>
    <li>耦园</li>
    <li>怡园</li>
    <li>环秀山庄</li>
  </ul></td>
</tr>
```

图 3-59　设置前导符代码

2. 有序列表

有序列表又称为编号列表，通常在文本的前面采用阿拉伯数字作为编号符号，编号符号也可设置为英文字母或罗马数字等符号。

【例 3-39】在【例 3-36】的基础上，为 food 网页表格第 4 行输入的 4 项美食创建有序列表，网页显示效果如图 3-60 所示。

图 3-60　food 网页创建有序列表

操作步骤如下。

（1）打开 food 网页，拖动鼠标左键选中表格第 4 行的后 4 项文本，单击属性面板中的"编号列表"按钮 ，即可完成第 4 行有序列表的创建。

【例 3-40】（选做）将上例创建好的有序列表的编号符号设置为大写的罗马数字，有序列表显示效果如图 3-61 所示。

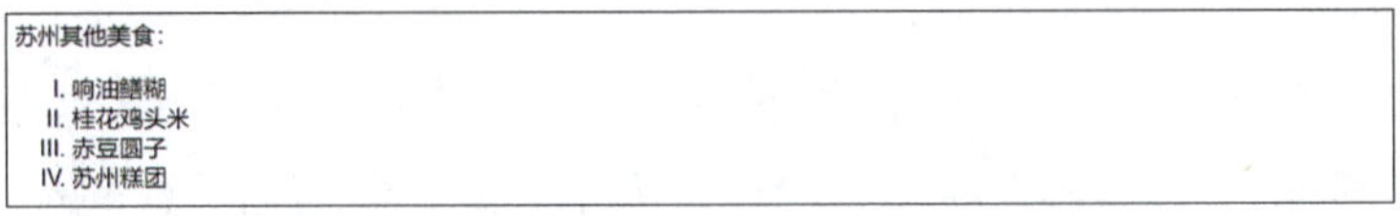

图 3-61　有序列表编号符号设置为大写罗马数字

操作步骤如下。

（1）在代码视图中找到有序列表相应代码，如图 3-62 所示。

其中，<ol> 是 order list 的缩写，定义了有序列表，<ol> 标记里常用的属性为 type，type 属性值主要有：1（默认，阿拉伯数字）、a（小写字母）、A（大写字母）、i（小写罗马数字）、I（大写罗马数字）。

（2）在 <ol> 标记里加入 type 属性值的设定，即在 <ol> 标记里加入如下代码：type="I"，即可将有序列表的编号符号设置为大写的罗马数字，编写后的代码如图 3-63 所示。

图 3-62　有序列表代码

图 3-63　设置编号符号代码

3.4.5　插入水平线

水平线在网页中有着特殊的意义，通过水平线可以将不同功能的文档内容分隔开，使页面更加整齐明了，更具有层次感。

1. 插入水平线

水平线对于组织页面信息很有用，可以通过"插入"菜单下"HTML"子菜单中的"水平线"命令插入水平线。

【例 3-41】在【例 3-37】的基础上，在 index 网页表格第 5 行的单元格中插入一条水平线，网页显示效果如图 3-64 所示。【视频 3-11】

操作步骤如下。

（1）打开 index 网页，光标插入点定位到表格第 5 行的单元格中。

视频 3-11

（2）单击选择"插入"菜单下"HTML"子菜单中的"水平线"命令，即可完成水平

线的插入。

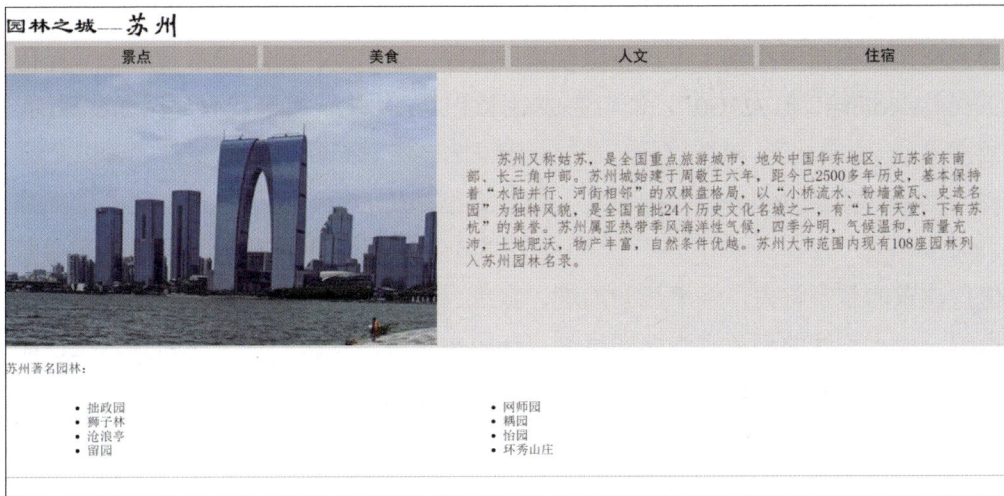

图 3-64　index 网页插入水平线

2. 编辑水平线

插入水平线后还可以对它进一步编辑，例如调整水平线的高度、宽度、对齐方式和颜色等。

【例 3-42】在【例 3-39】的基础上，在 food 网页表格第 5 行的单元格中插入一条水平线，水平线的对齐方式设置为居中对齐，高度设置为 3，颜色为 #1725C0，网页显示效果如图 3-65 所示。

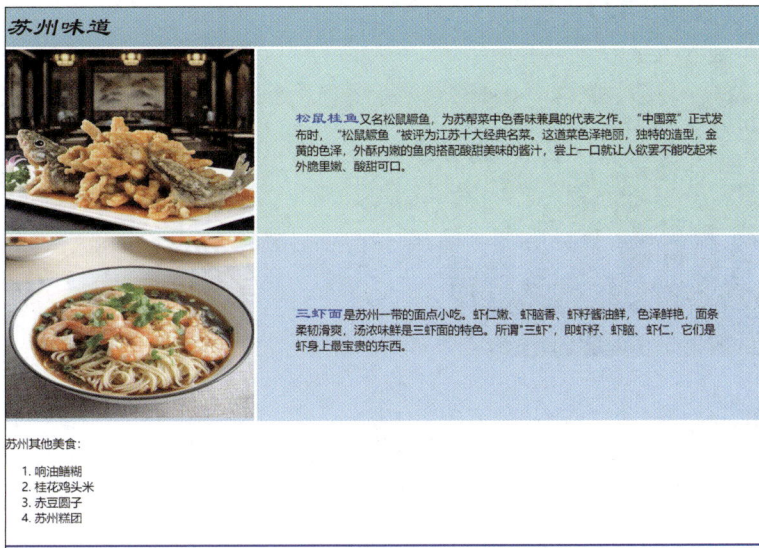

图 3-65　food 网页编辑水平线

操作步骤如下。

（1）打开 food 网页，将光标插入点定位到表格第 5 行的单元格中，单击选择"插入"菜单下"HTML"子菜单中的"水平线"命令，即可插入一条水平线。

（2）单击鼠标左键选中插入的水平线，在属性面板的"对齐方式"下拉列表中选择"居中对齐"选项，在"高"文本框中输入：3。

（3）在代码视图中找到水平线相应代码，其中 <hr> 定义了水平线，在 <hr> 标记中加入如下代码：color="#1725C0"，即可完成对水平线的编辑，编写代码如图 3-66 所示。

```
43 ▼        <tr>
44            <td colspan="2"><hr align="center" size="3" color="#1725C0"></td>
45          </tr>
```

图 3-66　编辑水平线代码

值得注意的是，首先，水平线的高度、宽度、对齐方式属性可以利用水平线的属性面板来设置，而水平线的颜色则需要通过编写代码来修改。其次，水平线的颜色在设计视图中显现不出来，需要在网页预览模式下才能看出其颜色的变化。

3.4.6　插入特殊字符

在编辑网页文本的过程中经常会遇到无法通过键盘输入一些特殊字符的情况，例如，页面中常使用的版权符号、商标符号、注册商标符号等。Dreamweaver 将这些网页常用的特殊符号集成到了其"插入"菜单中。

【例 3-43】在【例 3-41】的基础上，在 index 网页表格的第 6 行单元格里插入一个 footer 区域，并新建 CSS 规则 .ft，设置字体为 Cambria，字号为 10px，字体颜色为黑色，文本的对齐方式为水平居中对齐；在 footer 区域里输入如下内容：Copyright©2023 BS. All Rights Reserved，网页显示效果如图 3-67 所示。【视频 3-12】

视频 3-12

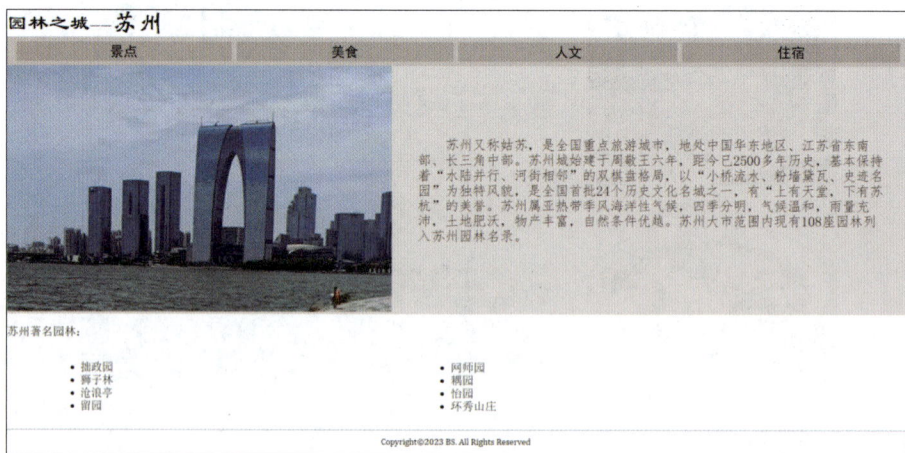

图 3-67　index 网页中插入版权符号

操作步骤如下。

（1）打开 index 网页，将光标插入点定位到表格第 6 行的单元格中，单击选择"插入"菜单中的"Footer"命令。

（2）在打开的"插入 Footer"对话框中，单击"新建 CSS 规则"按钮。

（3）在"新建 CSS 规则"对话框中的"选择器名称"文本框中输入：.ft，单击"确定"按钮。

（4）在打开的".ft 的 CSS 规则定义"对话框中，"分类"列表中选择"类型"选项，在右侧"Font-family:"下拉列表中选择"Cambria"选项，"Font-size:"下拉列表中选择"10"选项，后面的单位下拉列表中选择"px"选项；在"color:"文本框中输入：#000000，属性设置对话框如图 3-68 所示。

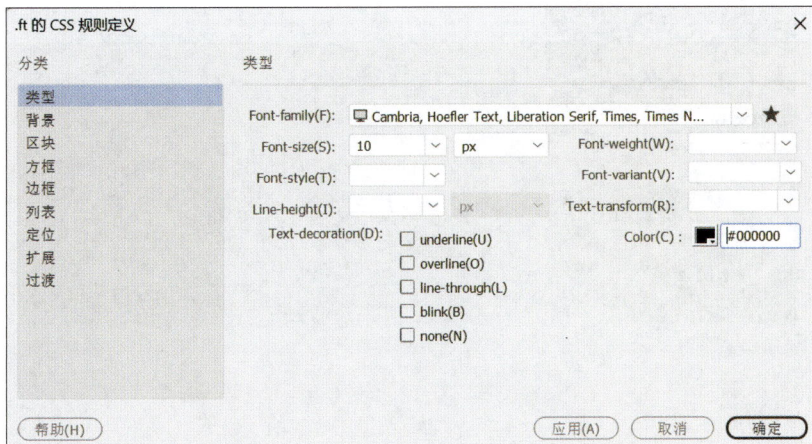

图 3-68　定义页脚 CSS 规则

（5）在"分类"列表中选择"区块"选项，在右侧"Text-align:"下拉列表中选择"center"选项，单击"确定"按钮，即可完成对 footer 区域的创建。

（6）删除表格第 6 行中 footer 区域的默认文本"此处显示 class ft 的内容"，输入：Copyright。

（7）单击选择"插入"菜单中"HTML"菜单项"字符"子菜单中的"版权 (C)"命令，继续输入：2023 BS. All Rights Reserved，即可完成 index 网页的页脚设置。

【例 3-44】在【例 3-42】的基础上，在 food 网页表格的第 6 行单元格里输入：版权所有 ©，字体设置为仿宋体，字号为 10px，文本的对齐方式为水平居中对齐。

操作步骤如下。

（1）打开 food 网页，光标插入点定位到表格第 6 行的单元格中，单击属性面板中的"CSS"按钮，切换到 CSS 属性面板。

（2）在"水平"下拉列表中选择"居中对齐"选项，在"字体"下拉列表中选择"仿宋"，"大小"下拉列表中选择"10"，后面的单位下拉列表选择"px"。

（3）在表格第 6 行的单元格中输入：版权所有，单击选择"插入"菜单中"HTML"菜单项"字符"子菜单中的"版权 (C)"命令。

3.4.7　插入日期

有时需要在某些页面中插入当前的日期，若手动输入会比较麻烦，Dreamweaver 为用户提供了在网页文档中插入当前日期或时间的方法。

【例 3-45】在上例的基础上，在表格第 6 行文本的后面插入当前日期，日期的格式为：****-**-**（年 - 月 - 日），并把日期设置为储存时可以自动更新，在日期后面输入：BS.，整个 food 网页的最终显示效果如图 3-69 所示。

图 3-69　food 网页最终显示效果

操作步骤如下。

（1）将光标插入点定位到表格第 6 行文本的最后面（即版权符号的后面），单击选择"插入"菜单下"HTML"子菜单中的"日期"命令。

（2）在打开的"插入日期"对话框中，"星期格式："下拉列表中选择"[不要星期]"选项，"日期格式："列表中选择"1974-03-07"选项。

（3）在"时间格式："下拉列表中选择"[不要时间]"选项，单击选中"储存时自动更新"复选框，单击"确定"按钮，即可完成日期的插入，日期对话框的设置如图 3-70 所示。

图 3-70　插入日期对话框

（4）在日期后继续输入：BS.，即可完成 food 网页的页脚设置。

3.5　图像与多媒体网页元素 》》》

在设计网页的过程中，单纯的文本无法表现出更形象、更具视觉冲击力的效果。美化网页最简单、最直接的方法就是在网页上添加图像，除了图像之外还有各种各样的其他多媒体元素，如声音、动画、视频等。图像或多媒体是对文本的解释和说明，在网页适当的位置上放置一些图像或多媒体，不仅可以使网页的文本内容更加容易阅读，而且使得网页的内容更加丰富多彩、形象生动，为网页增色不少。

3.5.1　设置图像属性

在 Dreamweaver 网页文档插入图像后，可以通过属性面板来设置图像的宽度、高度等属性。

【例 3-46】在 suzhou 站点下，创建一个名为 shizilin 的空白网页文档，文档标题设置为园林，在网页中插入一个 7 行 1 列的表格，表格宽度设置为 75%，边框粗细为 0，单元格边距为 0，单元格间距为 14，设置表格的对齐方式为居中对齐，将表格的第 4 行拆分为 4 列单元格；表格第 1 行中输入：园林介绍，字体设置为微软雅黑，字号为 30px；表格第 2 行里的内容为 c.txt 文件中的文字叙述，字体设置为华文楷体，字号为 20px，设置段前插入 4 个不换行空格；表格第 3 行中输入：美图欣赏（文本的格式设置与第 1 行的相同）；第 4 行的前 3 个单元格中分别插入名称为狮子林 1、狮子林 2 和狮子林 3 的图像，图像的宽度设置为 300px，设置图像的高度与宽度同比例缩放。【视频 3-13】

视频 3-13

操作步骤如下。

（1）在文件面板中打开 suzhou 站点，单击选择"文件"菜单中的"新建"命令，创建一个新建 HTML 文档。

（2）在属性面板的"文档标题"文本框中输入：园林。

（3）光标插入点定位到网页的设计视图中，单击选择"插入"菜单下的"Table"命令，打开"Table"对话框，在"行数："和"列："文本框中分别输入：7 和 1，表格宽度设置为 75%，在"边框粗细：""单元格边距："和"单元格间距："文本框中分别输入：0、0 和 14，单击"确定"按钮。

（4）选中整个表格，在属性面板的"Align"下拉列表中选择"居中对齐"选项。

（5）将光标插入点定位到表格的第 4 行中，单击鼠标右键，在弹出的快捷菜单中选择"表格"中的"拆分单元格"命令，打开"拆分单元格"对话框，在"把单元格拆分成："单选按钮组中选择"列"，"列数："文本框中输入：4，单击"确定"按钮，"拆分单元格"对话框的设置如图 3-71 所示。

（6）光标插入点定位到表格的第 1 行，输入：园林介绍，拖动鼠标左键选中第 1 行内的文本，在 CSS 属性面板中，设置字体为微软雅黑，字号为 30px。

（7）在文件面板中，打开 suzhou 站点下的 c.txt 文本文件，将文件里的所有文字内容复制粘贴到表格的第 2 行中，选中第 2 行的文本，在 CSS 属性面板中，设置其字体为华文楷体，字号为 20px；将光标插入点定位到文本的前面，按下键盘的 Ctrl+Shift+Space 组合键 4 次，即可在段前插入 4 个不换行空格。

（8）光标插入点定位到表格的第 3 行，输入：美图欣赏，文本格式的设置同步骤（6）。

（9）光标插入点定位到表格第 4 行的第 1 个单元格中，单击选择"插入"菜单中的"image"命令，在打开的"选择图像源文件"对话框中选择"狮子林 1"图像，单击"确定"按钮，即可将该图像插入相应的单元格中。

（10）单击鼠标左键选中图像狮子林 1，在属性面板的"宽"文本框中输入：300，后面的单位列表框中选择"px"，单击"切换尺寸约束"按钮 🔓，使其变为锁住状态 🔒，即可将图像的高度设置为与图像的宽度同比例缩放，图像属性面板的设置如图 3-72 所示。

（11）表格第 4 行的第 2 个单元格和第 3 个单元格中图像的插入和属性的设置同步骤（9）和（10）。

（12）单击选择"文件"菜单中的"保存"命令，在打开的"另存为"对话框中的"文件名："文本框中输入：shizilin，单击"保存"按钮。

图 3-71 "拆分单元格"对话框

图 3-72 图像属性面板

【例 3-47】在 suzhou 站点下，创建一个名为 renwen 的空白网页文档，文档标题设置为人文特色，在网页中插入一个 3 行 3 列的表格，表格宽度设置为 75%，边框粗细为 0，单元格边距为 0，单元格间距为 4，表格的对齐方式设置为居中对齐；将表格第 2 行的所有单元格和第 3 行的所有单元格分别合并为一个单元格；在表格第 1 行的第 1 个单元格中插入名称为七里山塘 1 的图像，将图像的宽度设置为 400px，高度为 234px；在表格第 1 行的第 2 个单元格中插入一个 1 行 1 列的嵌套表格，表格宽度为 90%，边框粗细、单元格边距和间距都为 0，设置该嵌套表格的对齐方式为居中对齐；在嵌套表格中输入：水乡文化——七里山塘，将标题文字"水乡文化"的字体设置为隶书，字号为 24px，"七里山塘"的字体设置为隶书，字号为 30px；将 d.txt 文件里的文字内容复制粘贴到标题文字下方，段前插入 4 个不换行空格；在表格第 1 行的第 3 个单元格中插入名称为七里山塘 2 的图像，图像的宽度设置为 400px，高度为 234px，将表格第 1 行的背景颜色设置为 #BFE2F0；在表格的第 2 行中插入一条水平线，网页显示效果如图 3-73 所示。

操作步骤如下。

（1）在文件面板中打开 suzhou 站点，单击选择"文件"菜单中的"新建"命令，创建一个新建 HTML 文档，在属性面板的"文档标题"文本框中输入：人文特色。

（2）光标插入点定位到网页的设计视图中，单击选择"插入"菜单下的"Table"命令，插入一个 3 行 3 列的表格，其中表格宽度为 75%，边框粗细为 0，单元格边距为 0，单元格间距为 4，在属性面板中将表格设置为居中对齐。

（3）选中表格第 2 行的所有单元格，右键单击选择"表格"中的"合并单元格"命令，即可完成第 2 行单元格的合并，表格第 3 行单元格的合并同理。

（4）光标插入点定位到表格第 1 行的第 1 个单元格中，单击选择"插入"菜单中的"image"命令，插入名称为七里山塘 1 的图像。

（5）单击鼠标左键选中图像七里山塘 1，在属性面板的"宽"文本框中输入：400，后面的单位列表框中选择"px"，单击"切换尺寸约束"按钮 🔒，使其变为未锁住状态 🔓，在"高"文本框中输入：234。

（6）光标插入点定位到表格第 1 行的第 2 个单元格中，单击选择"插入"菜单下的"Table"命令，插入一个 1 行 1 列的嵌套表格，其中表格宽度为 90%，边框粗细、单元格边距和间距都为 0，在属性面板中将嵌套表格设置为居中对齐。

（7）光标插入点定位到嵌套表格中，输入：水乡文化——七里山塘，在属性面板中设置相应的文本格式，按下键盘的 Enter 键，将站点下 d.txt 文件里的文字复制粘贴到标题下方，光标插入点定位到文本段前，在键盘上按下 4 次 Ctrl+Shift+Space 组合键。

（8）表格第 1 行的第 3 个单元格中图像的插入和属性的设置同步骤（4）和（5）。

（9）选中表格的第 1 行，在属性面板中的"背景颜色"文本框中输入：#BFE2F0。

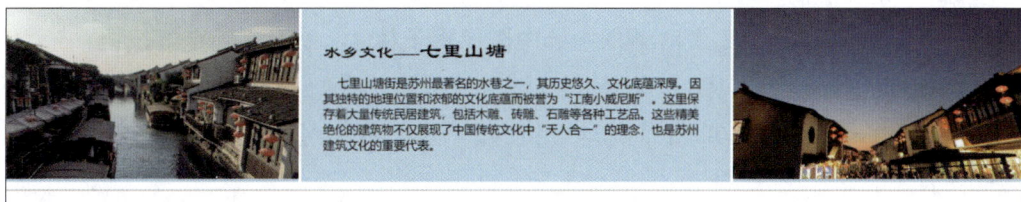

图 3-73　设置图像的高度和宽度

3.5.2　创建鼠标经过图像

鼠标经过图像是指在浏览器中预览网页时，当鼠标指针经过一幅图像时，图像的显示会变为另一幅图像。鼠标经过图像是由原始图像和鼠标经过图像两部分组成的，当鼠标指针移动到原始图像上时，将会显示鼠标经过图像，鼠标指针移出图像时则又再次显示原始图像。

【例 3-48】在【例 3-46】的基础上，在 shizilin 网页中表格第 4 行的第 4 个单元格中创建一个鼠标经过图像，原始图像为狮子林 4，鼠标经过图像为狮子林 5，鼠标经过前和经过后的网页显示效果分别如图 3-74 和 3-75 所示。【视频 3-14】

视频 3-14

园林介绍

狮子林始建于元代至正二年，是中国古典私家园林建筑的代表之一，属于苏州四大名园之一。狮子林是世界文化遗产、国家4A级旅游景区，位于苏州城内东北部，园内内石峰林立，多状似狮子，故名"狮子林"。狮子林以假山著称，其假山是中国园林大规模假山的仅存者，具有重要的历史价值和艺术价值，山占地面积约0.15公顷。狮子林假山群峰起伏，气势雄浑，奇峰怪石，玲珑剔透。假山群共有九条路线，21个洞口，巧夺天工。

美图欣赏

图 3-74　鼠标经过前网页显示效果

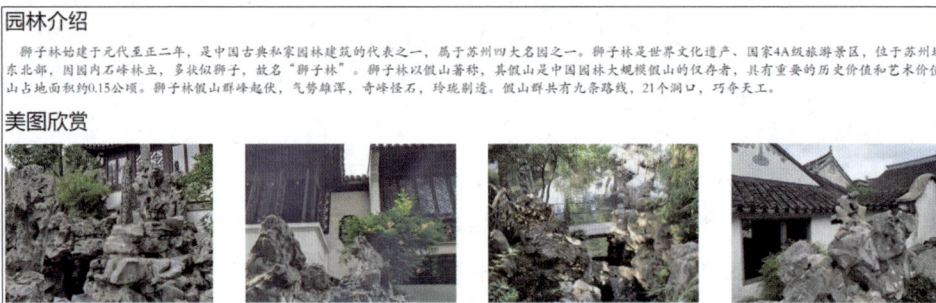

园林介绍

狮子林始建于元代至正二年，是中国古典私家园林建筑的代表之一，属于苏州四大名园之一。狮子林是世界文化遗产、国家4A级旅游景区，位于苏州城内东北部，园内内石峰林立，多状似狮子，故名"狮子林"。狮子林以假山著称，其假山是中国园林大规模假山的仅存者，具有重要的历史价值和艺术价值，山占地面积约0.15公顷。狮子林假山群峰起伏，气势雄浑，奇峰怪石，玲珑剔透。假山群共有九条路线，21个洞口，巧夺天工。

美图欣赏

图 3-75　鼠标经过后网页显示效果

操作步骤如下。

（1）打开 shizilin 网页，将光标插入点定位到表格第 4 行的第 4 个单元格中，选择"插入"菜单下"HTML"子菜单中的"鼠标经过图像"命令。

（2）在打开的"插入鼠标经过图像"对话框中，单击"原始图像："右侧的"浏览"按钮，在打开的"原始图像："对话框中选中图像狮子林 4，单击"确定"按钮。

（3）单击"鼠标经过图像："右侧的"浏览"按钮，在打开的"鼠标经过图像："对话框中选中图像狮子林 5，单击"确定"按钮，"插入鼠标经过图像"对话框的设置如图 3-76 所示。

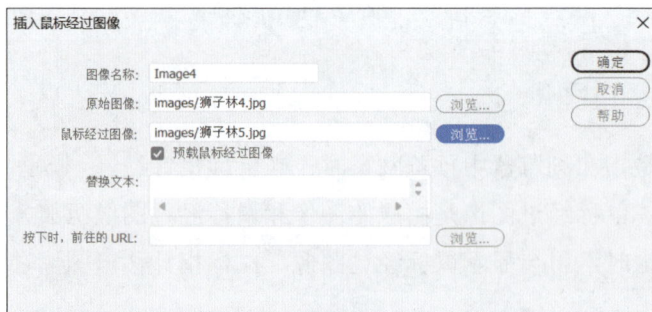

图 3-76　"插入鼠标经过图像"对话框

3.5.3　设置网页背景图像

在 Dreamweaver 中，默认的网页背景颜色是白色的，可以通过属性面板中的"页面属性"对话框调整网页的背景颜色，或是为网页添加一个背景图像，使得页面呈现出的效果更加美观。

【例 3-49】在上例的基础上，将 shizilin 网页的背景颜色设置为 #EBEBEB，网页显示效果如图 3-77 所示。【视频 3-15】

操作步骤如下。

（1）将光标插入点定位到 shizilin 网页的空白处，单击属性面板中的"页面属性"按钮。

（2）在打开的"页面属性"对话框中，"分类"列表中选择"外观 (CSS)"选项，右侧的"背景颜色："文本框中输入：#EBEBEB，单击"确定"按钮，即可改变网页的背景颜色。

图 3-77　设置网页背景颜色

【例 3-50】在【例 3-47】的基础上，为 renwen 网页添加一个名为 bg 的背景图像，网页显示效果如图 3-78 所示。

操作步骤如下。

（1）打开 renwen 网页，将光标插入点定位到网页的空白处，单击属性面板中的"页面属性"按钮。

（2）在打开的"页面属性"对话框中，单击"背景图像："文本框后面的"浏览"按钮。

（3）在打开的"选择图像源文件"对话框中选中 images 文件夹下的名称为 bg 的图像，单击"确定"按钮。

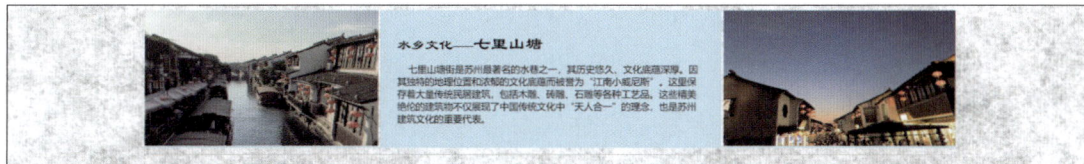

图 3-78　添加网页背景图像

3.5.4　插入 Flash 动画

Flash 动画与视频相比，其优势在于文件格式小，缓冲时间短，且网上传输速度快，但在浏览器中播放 Flash 动画时需要安装 Flash 播放插件。我们可以利用上面所学的 Animate 软件制作 Flash 动画（以 swf 影片格式导出），并将其放置于站点文件夹下的名为 flash 的文件夹中。

【例 3-51】在上例的基础上，将表格第 3 行的背景颜色设置为 #DADCDE，并在其水平居中的位置上插入一个名为苏州人文，可循环自动播放的 Flash 动画，renwen 网页的最终显示效果如图 3-79 所示。

操作步骤如下。

（1）单击鼠标左键选中表格的第 3 行，在属性面板中的"背景颜色"文本框中输入：#DADCDE，在"水平"下拉列表中选择"居中对齐"选项。

（2）将光标插入点定位到表格的第 3 行中，单击选择"插入"菜单下"HTML"子菜单中的"Flash SWF"命令。

（3）在打开的"选择 SWF"对话框中，选中 flash 文件夹中的"苏州人文"Flash 动画，单击"确定"按钮。

（4）在打开的"对象标签辅助功能属性"对话框中，单击"取消"按钮，即可在表格相应位置中插入一个 Flash 动画。

（5）单击鼠标左键选中插入的 Flash 动画，在属性面板中选中"循环"和"自动播放"复选框，完成 Flash 动画的设置。

图 3-79　renwen 网页最终显示效果

3.5.5　插入 HTML5 音频

在网页加载时自动播放背景音乐，不仅可以很好地吸引访问者的注意力，还可通过选择合适的音乐类型和曲风，为网站增添不同的动感和氛围。我们可以将准备好的音频文件（常用格式为 mp3）放置于站点文件夹下的名为 sound 的文件夹中。

【例 3-52】在上例的基础上，为 renwen 网页添加一个可循环自动播放，名为潇湘夜雨的 mp3 音乐。

操作步骤如下。

（1）将光标插入点定位到网页的最前方（表格外），单击选择"插入"菜单下"HTML"子菜单中的"HTML5 Audio"命令，即在网页的最前方插入了一个音频播放器 。

（2）单击鼠标左键选中音频播放器，在属性面板中，单击"源"文本框后面的"浏览"按钮。

（3）在打开的"选择音频"对话框中选中 sound 文件夹下，名为潇湘夜雨的 mp3 音频文件，单击"确定"按钮。

（4）在音频播放器的属性面板中，单击鼠标左键取消"Controls"复选框的选中状态，选中"Autoplay"和"Loop"复选框，音频播放器属性面板的设置如图 3-80 所示。

图 3-80　音频播放器属性面板

值得注意的是，在网页设计界面并不能听到声音，需要在页面的浏览模式下才能听到网页的背景音乐。

3.5.6　插入 HTML5 视频

通常情况下，视频的传播效果要比图片或者是文字更具有魅力。我们可以将日常中录制的视频插入网页中，常见的视频格式有 MP4、AVI、WMV、FLV 等，其中 MP4 是最常用的一种格式，将准备好的视频文件放置于站点文件夹下的名为 video 的文件夹中。

【例 3-53】在【例 3-49】的基础上，在 shizilin 网页表格的第 5 中输入：好看视频，字体设置为微软雅黑，字号为 30px；在表格的第 6 行中插入一个名为 .sp 的 Div 区域，定义文本的对齐方式为居中对齐，在该 Div 区域中插入一个可循环自动播放，名为狮子林的视频，设置视频的宽度为 500，高度为 300，网页的显示效果如图 3-81 所示。【视频 3-16】

视频 3-16

操作步骤如下。

（1）打开 shizilin 网页，将光标插入点定位到表格的第 5 行中，输入：好看视频，单击鼠标左键选中文本，在 CSS 属性面板中设置相应的文本格式。

（2）光标插入点定位到表格的第 6 行中，单击选择"插入"菜单下的"Div"命令，在打开的"插入 Div"对话框中单击"新建 CSS 规则"按钮。

（3）在打开的"新建 CSS 规则"对话框中，"选择器名称"文本框中输入：.sp，单击"确定"按钮，在打开的".sp 的 CSS 规则定义"对话框中，"分类"列表中选择"区块"选项，右侧的"Text-align:"下拉列表中选择"center"选项，单击"确定"按钮，完成Div 格式的定义。

（4）在表格第 6 行，删除 Div 区域中的默认文字，单击选择"插入"菜单下

"HTML"子菜单中的"HTML5 Video"命令。

（5）单击鼠标左键选中网页设计视图中的视频播放器，在属性面板中，单击"源"文本框后面的"浏览"按钮，选择 video 文件夹下的名为狮子林的视频。

（6）在属性面板中的"W"文本框中输入：500，"H"文本框中输入：300。

（7）鼠标左键单击选中"Controls""AutoPlay"和"Loop"复选框，视频属性面板的设置如图 3-82 所示。

图 3-81　插入视频

图 3-82　视频播放器属性面板

3.6　网页超级链接 ▶▶▶

超级链接是网页中极为重要的组成元素，它是各个页面之间的桥梁，它使网站中众多的页面构成一个有机的整体，使访问者能够在各个页面之间跳转，可以说没有超级链接功能的网页是不完整的。

3.6.1　文本链接

文本链接是最为常见的一种链接方式。文本链接是指一段字或一句话中包含了可点击的链接，单击链接可以打开一个新网页或其他目标对象。文本链接通常带有特殊样式，如蓝色、带下划线，从而使它们更容易被识别。

【例 3-54】在【例 3-43】的基础上，将主页 index 导航条上的文本：景点、美食和人文分别链接到 shizilin 网页、food 网页和 renwen 网页上，要求在浏览器单击链接时，总在

一个新打开的窗口中载入目标文档。【视频 3-17】

操作步骤如下。

（1）打开 index 网页，拖动鼠标左键选中导航条上的文字：景点，在
HTML 属性面板中，单击"链接"文本框后面的"浏览"按钮▣。

视频 3-17

（2）在打开的"选择文件"对话框中选中名为 shizilin 的网页，单击"确定"按钮。

（3）在属性面板中的"目标"下拉列表中选择"_blank"，文本链接属性面板的设置
如图 3-83 所示。

（4）导航条上的美食和人文的链接方法同步骤（1）到（3）。

图 3-83　文本链接属性面板的设置

3.6.2　图像链接

同文本一样，在网页制作的时候，常常也会给网页上的某些图像或图像的一部分添加
一个超级链接，图像链接分为一般链接和热点链接。

1. 一般链接

与文本链接的创建方法相似，图像的一般链接也是通过属性面板上的"链接"文本框
设置的。

【例 3-55】在上例的基础上，将表格第 3 行第 1 个单元格中的图片链接
到 suzhou 站点下名为 gate 的网页，要求在浏览器单击图像链接时，总在一
个新打开的窗口中载入目标文档。【视频 3-18】

视频 3-18

操作步骤如下。

（1）单击鼠标左键选中表格第 3 行第 1 个单元格中的图片，在其属性面板中，在"链
接"文本框后面的"指向文件"按钮⊕上按住鼠标左键，并将其拖动指向到站点窗口中的
目标文件"gate.html"上，如图 3-84 所示。

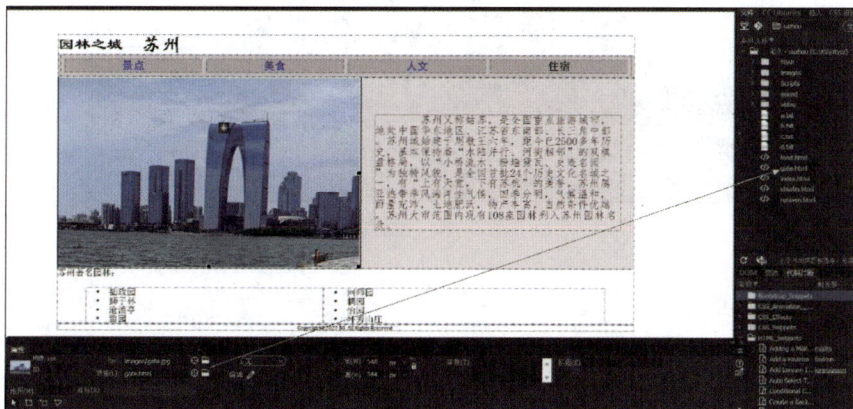

图 3-84　使用"指向文件"按钮创建图像的一般链接

（2）在属性面板中的"目标"下拉列表中选择"_blank"，即可完成图像一般链接的创建。

2. 热点链接

在网页中，不仅可以单击整幅图像跳转到链接文档，也可以单击图像中的不同区域而跳转到不同的网页文档。图像热点是标记，通过该标记可以在一幅图像中设定链接区域（又称为热点），这样当用户将鼠标移动到指定的链接区域单击时，就会自动跳转到预先设定好的页面。

【例 3-56】在【例 3-54】的基础上，将表格第 3 行左侧图片的拱门部分设置为热点，链接到 suzhou 站点下名为 gate 的网页，要求在浏览器单击图像热点时，总在一个新打开的窗口中载入目标文档。【视频 3-19】

视频 3-19

操作步骤如下。

（1）单击鼠标左键选中表格第 3 行第 1 个单元格中的图片，在属性面板上单击"矩形热点工具"按钮 ⌐。

（2）在设计视图中，拖动鼠标左键选中表格第 3 行左侧图片中的拱门部分，如图 3-85 所示。

（3）在其属性面板中，在"链接"后面的"指向文件"按钮上按住鼠标左键，并将其拖动指向到站点窗口中的目标文件"gate.html"上。

（4）在属性面板中的"目标"下拉列表中选择"_blank"，即可完成图像热点链接的创建。

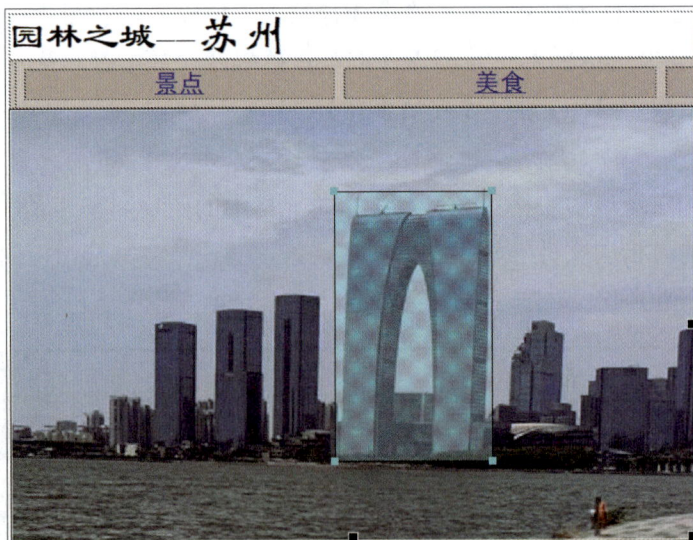

图 3-85　设置图像热点

3.6.3　外部链接

创建外部链接是指将网页中的文本或图像，与站点外的文档，或与 Internet 上的网站相链接。

【例 3-57】在上例的基础上，将表格第 4 行的第 1 段文本：苏州著名园林，链接到苏州园林旅游网官方网站，其网址为：https://web.lotsmall.cn/index?m_id=1939，要求在浏览器单击链接时，总在一个新打开的窗口中载入目标网站。【视频 3-20】

操作步骤如下。

（1）拖动鼠标左键选中表格第 4 行的第 1 段文本：苏州著名园林。

（2）在属性面板中的"链接"文本框中输入：https://web.lotsmall.cn/index?m_id=1939。

（3）在"目标"下拉列表中选择"_blank"，即可完成外部链接的创建。

3.6.4　电子邮件链接

当网页访问者单击电子邮件链接时，可以立即打开浏览器默认的 E-mail 处理程序，收件人的邮件地址由电子邮件链接中指定的地址自动更新，无须访问者自己输入。

【例 3-58】在【例 3-53】的基础上，在 shizilin 网页表格的第 7 行中插入一个名为 .el 的 footer 区域，定义字体为仿宋，字号为 12px，文本的对齐方式为居中对齐，在 footer 中输入：版权所有 ©2023，换行输入：联系我们，将文字"联系我们"链接电子邮箱：abc@163.com，shizilin 网页的最终显示效果如图 3-86 所示。【视频 3-21】

图 3-86　shizilin 网页的最终显示效果

操作步骤如下。

（1）打开 shizilin 网页，将光标插入点定位到表格的第 7 行中，单击选择"插入"菜单中的"Footer"命令。

（2）在打开的"插入 Footer"对话框中单击"新建 CSS 规则"按钮。

（3）在打开的"新建 CSS 规则"对话框中，"选择器名称："文本框中输入：.el，单击"确定"按钮。

（4）".el 的 CSS 规则定义"对话框中"类型"的设置如图 3-87 所示。

（5）在"分类"列表中选择"区块"选项，在右侧"Text-align："下拉列表中选择"center"选项，单击"确定"按钮。

（6）在设计视图中，删除 footer 区域中的默认文字，输入：版权所有 ©2023（其中版权符号 © 是通过"插入"菜单中的"版权符号"命令插入的），按下键盘的 Shift+Enter 组合键换行输入：联系我们。

（7）拖动鼠标左键选中文字：联系我们，单击选择"插入"菜单中的"Hyperlink"命令。

（8）在打开的"Hyperlink"对话框中，"链接："文本框中输入如下邮箱地址：mailto: abc@163.com，单击"确定"按钮，即可完成电子邮件链接的创建，"Hyperlink"对话框的设置如图 3-88 所示。

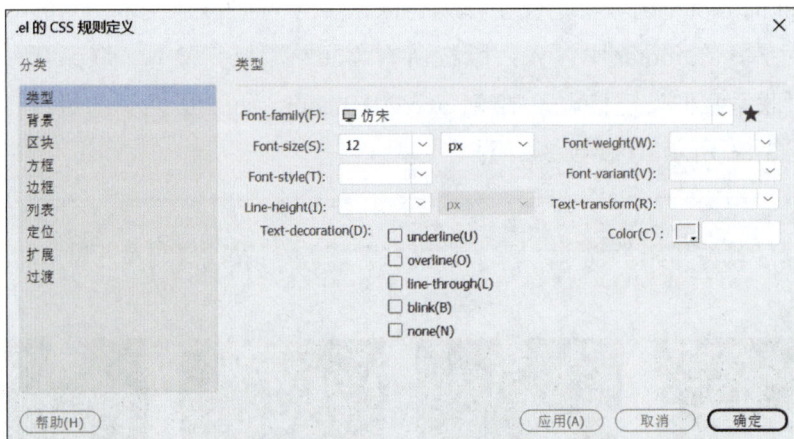

图 3-87　定义页脚的 CSS 规则

图 3-88　"Hyperlink"对话框

3.7　网页表单 >>>>

在网页中，表单是采集用户信息，实现用户与网站服务器之间信息传递的有效方式，它被常应用于用户注册、登录、投票等功能，是吸引用户的重要工具。

3.7.1　创建表单

表单通常由多个表单对象组成，如单选按钮、复选框、文本区域、按钮等，换句话说，表单就是一个用于存放表单对象的容器，它还负责将表单对象的值提交给服务器端的某个程序。要创建表单，首先要插入表单区域，所有的表单对象都要放置于表单区域内才能实现其各自作用。

【例 3-59】在 suzhou 站点下创建一个名为 zhusu 的空白网页文档，文档标题设置为酒店预订，网页的背景颜色设置为 #F5F5F5，在网页中插入一个 2 行 1 列的表格，表格宽度设置为 540 像素，边框粗细、单元格边距、单元格间距都为 0，设置表格的对齐方式为居中对齐；表格的第 1 行中输入：酒店预订，设置字体为黑体，字号为 24px，文本的对齐方式为水平居中对齐；在表格的第 2 行创建一个表单。【视频 3-22】

视频 3-22

操作步骤如下。

（1）在文件面板中打开 suzhou 站点，单击选择"文件"菜单中的"新建"命令，新建一个空白 HTML 文档。

（2）在属性面板的"文档标题"文本框中输入：酒店预订。

（3）单击属性面板中的"页面属性"按钮，在"背景颜色"对话框中输入：#F5F5F5。

（4）光标插入点定位到网页的设计视图中，单击选择"插入"菜单下的"Table"命令，创建一个 2 行 1 列，表格宽度为 540 像素，边框粗细、单元格边距、单元格间距都为 0 的表格。

（5）在属性面板中的"Align"下拉列表中选择"居中对齐"选项。

（6）光标插入点定位到表格的第 1 行中，输入：酒店预订，拖动鼠标左键选中文本，在 CSS 属性面板上设置文本的字体为黑体，字号为 24px，"水平"下拉列表中选择"居中对齐"选项。

（7）将光标插入点定位到表格的第 2 行中，单击选择"插入"菜单下"表单"子菜单中的"表单"命令，即可创建出一个表单，表单区域的设计界面如图 3-89 所示。

（8）单击选择"文件"菜单中的"保存"命令，在"文件名"文本框中输入：zhusu，单击"保存"按钮。

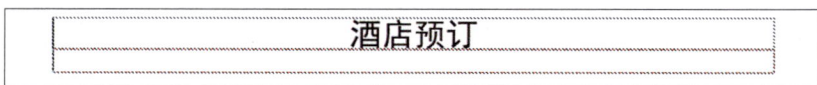

酒店预订

图 3-89　表单区域设计界面

3.7.2 添加表单对象

表单对象是允许用户输入数据的机制，当访问者将信息输入表单并单击提交按钮时，信息将被发送至网站的服务器，服务器端的脚本或应用程序将对这些数据进行处理。常用的表单对象主要包括：文本、文本区域、选择、文件、单选按钮、复选框和按钮等。

【例 3-60】在上例的基础上，在表单区域中插入一个 11 行 2 列的表格，表格宽度为 95%，边框粗细为 2，单元格边距和间距都为 0，设置表格的对齐方式为居中对齐；将表格第 1 列的宽度设置为 130，高度为 40，将表格的最后 1 行（即第 11 行）的所有单元格合并为一个单元格，表格各单元格里的文本内容和添加的表单对象如图 3-90 所示，各表单对象的属性设置如表 3-1 所示；将主页 index 导航条中的文本"住宿"链接到 zhusu 网页上，要求在浏览器单击链接时，总在一个新打开的窗口中载入目标文档，整个主页的最终效果如图 3-91 所示。【视频 3-23】

操作步骤如下。

（1）光标插入点定位到表单区域中，单击选择"插入"菜单下的"Table"命令，在表单区域中创建一个 11 行 2 列，宽度为 95%，边框粗细为 2，单元格边距和间距都为 0 的嵌套表格，在属性面板中的"Align"下拉列表中选择"居中对齐"选项。

（2）拖动鼠标左键选中嵌套表格的第 1 列，在 HTML 属性面板中，"宽"文本框中输入：130，"高"文本框中输入：40。

（3）拖动鼠标左键选中嵌套表格第 11 行的 2 个单元格，单击鼠标右键，在弹出的快捷菜单中选择"表格"菜单项中的"合并单元格"命令。

（4）在嵌套表格前 10 行的第 1 列单元格中分别输入："酒店名称：""入住日期：""离店日期：""预定房间数：""入住人数：""房型：""所需设备：""联系人姓名：""联系电话："和"备注："。

（5）光标插入点定位到嵌套表格第 1 行的第 2 个单元格中，单击选择"插入"菜单下"表单"子菜单中的"选择"命令，删除"选择"表单对象前的默认文字"Select:"。

（6）单击鼠标左键选中"选择"表单对象，在属性面板中的"Name"文本框中输入：select1，单击选中"Required"复选框（表示该项为必填项目）；单击"列表值"按钮，在打开的"列表值"对话框中输入如图 3-92 所示的"项目标签"和"值"（单击对话框左上角的加号按钮＋添加列表项），单击"确定"按钮，即可完成"选择"表单对象列表项的添加；在属性面板的"Selected"列表框中选择"苏州金鸡湖酒店"（表示"选择"表单对象的默认显示选项为"苏州金鸡湖酒店"）。

（7）光标插入点定位到嵌套表格第 2 行的第 2 个单元格中，单击选择"插入"菜单下"表单"子菜单中的"文本"命令，删除"文本"表单对象前的默认文字"Text Field:"；单击鼠标左键选中"文本"表单对象，在属性面板上，"Name"文本框中输入：textfield1，单击选中"Required"复选框，在"Max Length"文本框中输入：20；在"文本"表单对象后输入相应文本：（格式为：1974-05-17）。

（8）嵌套表格第 3 行"文本"表单对象的插入与属性设置方法同步骤（7）。

（9）将光标插入点定位到嵌套表格第 4 行的第 2 个单元格中，按照步骤（5）的方法通过菜单命令插入"选择"表单对象，并删除前面显示的默认文字，按照步骤（6）的方法设置"Name""Required""列表值"和"Selected"属性，其中"列表值"属性的设置如图 3-93 所示。

（10）在嵌套表格第 5 行第 2 个单元格中插入一个"文本"表单对象，在属性面板的"size"文本框中输入：4，在"Name"文本框中输入：textfield3，在"文本"表单对象后输入相应文本：人。

（11）嵌套表格第 6 行"选择"表单对象的插入和属性设置方法同步骤（5）和（6），"列表值"属性的设置如图 3-94 所示。

（12）光标插入点定位到嵌套表格第 7 行的第 2 个单元格中，单击选择"插入"菜单下"表单"子菜单中的"复选框"命令，删除"复选框"表单对象后面的默认文字"Checkbox"，输入：无线网，单击鼠标左键选中"复选框"表单对象，在属性面板中的"Name"文本框中输入：checkbox1，按照同样的方法插入和设置其余三个"复选框"表单对象。

（13）嵌套表格第 8 行和第 9 行"文本"表单对象的插入与属性设置方法同步骤（7）。

（14）将光标插入点定位到嵌套表格第 10 行的第 2 个单元格中，单击选择"插入"菜单下"表单"子菜单中的"文本区域"命令，删除"文本区域"表单对象前面的默认文字"Text Area:"，单击鼠标左键选中"文本区域"表单对象，在属性面板中的"Rows"文本框中输入：7，"Cols"文本框中输入：40。

（15）光标插入点定位到嵌套表格的第 11 行中，在属性面板的"水平"下拉列表中选择"居中对齐"，单击选择"插入"菜单下"表单"子菜单中的"提交按钮"命令，用同样的方法插入"重置按钮"，即可完成整个表单的创建。

（16）打开主页 index，拖动鼠标左键选中导航条中的文字：住宿，属性面板中，在"链接"文本框后面的"指向文件"按钮上按住鼠标左键，并将其拖动指向到站点窗口中的目标文件"zhusu.html"上，即可完成主页的制作。

图 3-90　酒店预订表单

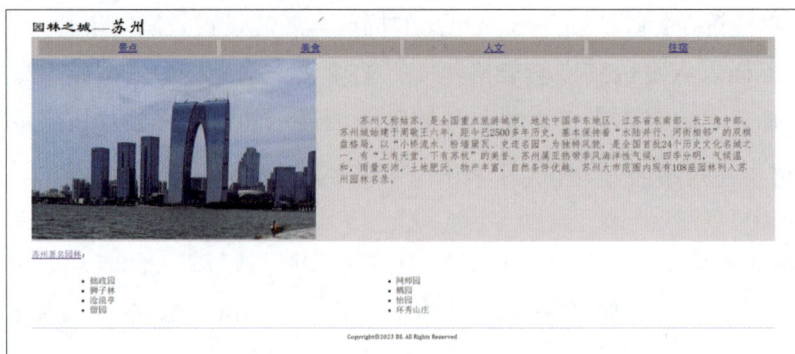

图 3-91　主页 index 最终显示效果

表 3-1　表单对象属性设置表

表单对象左侧标题	表单对象	属性名称	属性值
酒店名称	选择	Name	select1
		Required	选中
		列表值	苏州希尔顿酒店 苏州金鸡湖酒店 苏州漫点艺术酒店 苏州洲际酒店
		Selected	苏州金鸡湖酒店
入住和离店日期	文本	Name	textfield1、textfield2
		Required	选中
		Max Length	20
预订房间数	选择	Name	select2
		Required	选中
		列表值	1 间 2 间 3 间 4 间
		Selected	1 间
入住人数	文本	Name	textfield3
		size	4
房型	选择	Name	Select3
		Required	选中
		列表值	标准间 豪华间 商务间 主题房
		Selected	标准间
所需设备	复选框	Name	checkbox1、checkbox2、checkbox3、checkbox4

续表

表单对象左侧标题	表单对象	属性名称	属性值
联系人姓名	文本	Name	textfield4
		Required	选中
		Max Length	30
联系电话	文本	Name	textfield5
		Required	选中
		Max Length	25
备注	文本区域	Rows	7
		Cols	40

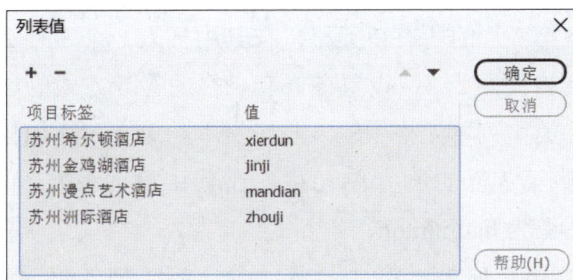

图 3-92　"选择"表单对象 select1 的"列表值"属性设置

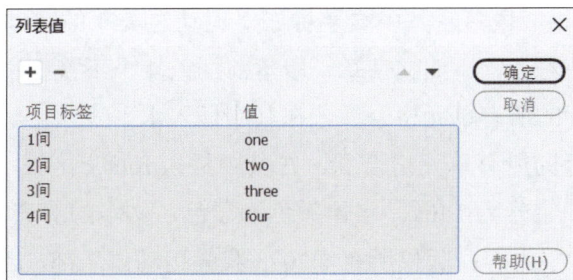

图 3-93　"选择"表单对象 select2 的"列表值"属性设置

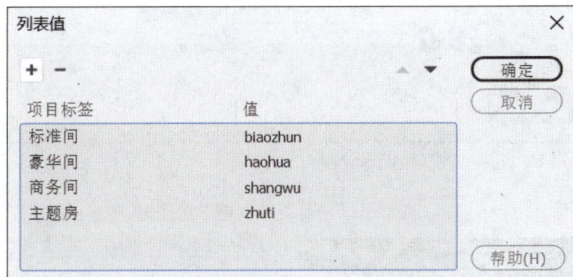

图 3-94　"选择"表单对象 select3 的"列表值"属性设置

综合实践 >>>>

1. 利用 wy1 文件夹的素材，按以下要求制作或编辑运动资讯类网页，网页效果如

图 3-95 所示，结果保存在原文件夹下。

（1）打开主页 index.html，设置文档标题为"运动无止境"，设置表格宽度为 940 像素，对齐方式为居中对齐，设置网页背景色为 #A4C1F6；合并表格第 1 行的所有单元格，在其中插入名为 sport 的图像。

（2）将表格第 2 行的所有单元格合并，在其中插入水平线，设置水平线的对齐方式为居中对齐，高度为 7，颜色为 #676767。

（3）设置表格第 1 列的宽度为 50%，在表格第 3 行第 1 列单元格中插入一个 3 行 4 列的嵌套表格，设置表格宽度为 95%，单元格间距为 10，设置该嵌套表格的对齐方式为居中对齐；在嵌套表格第 1 行的 4 个单元格中输入如图 3-95 所示的相应文字；将文字"联系我们"链接电子邮箱：abc@163.com。

（4）合并嵌套表格第 2 行的所有单元格，在其中插入一个 3 行 2 列的嵌套表格，设置表格宽度为 90%，单元格间距为 3，设置该嵌套表格的对齐方式为居中对齐，表格第 1 列的宽度为 20%，在表格第 1 列单元格中输入相应文本，第 2 列添加相应的表单对象。

（5）合并嵌套表格第 3 行的所有单元格，在其中插入鼠标经过图像，原始图像为 basketball，鼠标经过图像为 badminton。

（6）在表格第 3 行第 2 列单元格中插入一个 1 行 1 列的嵌套表格，设置表格宽度为 95%，对齐方式为居中对齐，在其中插入文本文件 a.txt 中的内容，字体颜色设置为 #993300；将文字分成相应段落，其中文字标题"运动之美"的字体大小设置为 24px，设置对齐方式为水平居中对齐，下面文字每一段落前插入 4 个不换行空格。

（7）将表格第 4 行的所有单元格合并，在其中插入水平线。

（8）将表格第 5 行的所有单元格合并，在其中插入 footer 区域，并新建 CSS 规则 .ft，设置字体为微软雅黑，字号为 14px，字体颜色为黑色，文本的对齐方式为水平居中对齐；在 footer 区域里输入如下内容：版权所有 ©2023 我爱运动俱乐部。

图 3-95　运动资讯网页显示效果

2. 利用 wy2 文件夹的素材，按以下要求制作或编辑旅游资讯类网页，网页效果如图 3-96 所示，结果保存在原文件夹下。

（1）打开主页 index.html，设置文档标题为"海南大氧吧"，设置表格中的单元格间距为 10，为网页添加一个名为 bg 的背景图像，合并表格第 1 行的所有单元格，在其中插入名为 logo 的图像，设置图像高度为 184px。

（2）合并表格第 2 行的所有单元格，在其中插入一个 1 行 4 列的嵌套表格，设置表格宽度为 90%，单元格边距和间距为 0，设置该嵌套表格的对齐方式为居中对齐；在嵌套表格的 4 个单元格中输入如图 3-96 所示的相应文字，文字对齐方式设置为居中对齐，将文字"官网"链接到 https://en.hainan.gov.cn/hainan/，目标为 _blank。

（3）将表格第 3 行第 1 列单元格的宽度设置为 50%，在其中插入一个 Div 区域，新建 CSS 规则 .hn，设置字体为华文新魏，字号为 20px，颜色为 #173EE9；在该区域中插入 a.txt 文件中相应的文字，并按图 3-96 为文字设置无序列表。

（4）在表格第 3 行第 2 列单元格中插入图片 ocean，设置图像宽度为 374px，高度为 244px；给图像添加链接，使其链接到网页 wzz，目标为 _blank。

（5）在表格第 4 行第 1 列单元格中插入 Div 区域，新建 CSS 规则 .vd，设置水平对齐方式为居中对齐，在该区域中插入名为 hainan 的 mp4 视频，设置影片宽度为 374px，高度为 240px，并将影片设置为自动播放。

（6）设置表格第 4 行第 2 列单元格的背景颜色为 #44B5F4，如图 3-96 所示在该单元格中输入相应文字，以及插入单选按钮组、"提交"和"重置"表单对象，其中单选按钮组布局使用表格方式建立，默认选项为"蜈支洲岛"选项。

（7）在表格下方插入 2 行，合并表格第 5 行的所有单元格，在其中插入一条水平线，设置水平线高度为 4，颜色为蓝色。

（8）合并表格第 6 行的所有单元格，居中显示版权所有 © 当前日期。

图 3-96　海南网页显示效果

3. 利用 wy3 文件夹的素材，按以下要求制作或编辑美食资讯类网页，网页效果如图 3-97 所示，结果保存在原文件夹下。

（1）打开主页 index.html，设置文档标题为"江南美食"，合并表格第 1 行的所有单元格，在其中插入名为 logo 的图像。

（2）合并表格第 2 行的所有单元格，设置其高度为 30px，背景颜色为 #F08421；在其中插入一个 1 行 7 列的嵌套表格，设置表格宽度为 95%，单元格边距和间距为 0，该嵌套表格的对齐方式设置为居中对齐；在嵌套表格的 7 个单元格中输入如图 3-97 所示的相应文字，文字字体设置为华文新魏，字号为 20px，颜色为白色，对齐方式为水平居中对齐。

（3）表格第 3 行第 1 列的宽度设置为 25%，在其中插入一个 5 行 1 列的嵌套表格，表格宽度为 90%，单元格间距为 10，对齐方式设置为居中对齐；在嵌套表格的第 1 行输入图 3-97 所示的相应文字，第 2 行插入图片 ljxr，图像宽度设置为 200px，高度为 150px，给图片上的文字创建矩形热点，使其链接到网页 xr，目标为 _blank；第 3-5 行插入对应的表单对象，其中"用户名："下方文本表单对象的最大字符个数设置为 20，并可自动获取焦点。

（4）在表格第 3 行第 2 列单元格中插入一个 2 行 3 列的嵌套表格，表格宽度为 95%，单元格间距为 10，对齐方式设置为居中对齐；在该嵌套表格中依次插入如图 3-97 所示的对应图片，换行输入相应文字，图像宽度设置为 200px，高度为 150px，设置图片和文字的对齐方式为水平居中对齐。

（5）合并表格第 4 行的所有单元格，在其中插入一条水平线，设置水平宽度为 900px。

（6）合并表格第 5 行的所有单元格，在其中插入 footer 区域，并新建 CSS 规则 .ftm，设置字体为微软雅黑，字号为 12px，加粗，字体颜色为 rgba(140,140,140,1)，文本的对齐方式为水平居中对齐；在 footer 区域里输入：Copyright©，换行输入：Contact Us:18912345678。

图 3-97　美食网页显示效果

本章小结 >>>

　　Dreamweaver 功能强大，操作界面友好，它已经成为网页制作的首选软件之一。本章介绍了 Dreamweaver 的工作界面，重点介绍了如何利用 Dreamweaver 进行页面设置、表格排版、插入多媒体、插入表单等内容，同时还引入了 HTML 语言和 CSS 样式以供学习参考。

即练即测

第 4 章　AI 辅助设计

学习目标

- 系统掌握 AI 闪绘、亦心 AI、剪映 AI 辅助设计、AI 辅助网页设计等工具的核心功能与操作方法，熟悉各工具适用场景及优势，能够根据不同设计需求快速选择合适的 AI 工具。
- 熟练运用 AI 工具完成图像创作、文案生成、视频剪辑、网页搭建等任务，如通过 AI 闪绘生成适配不同场景的图像；利用剪映 AI 完成短视频从图文成片到智能配音、动画设计的全流程制作；借助 HeyBoss 一键生成定制化网站，并运用 AI 辅助代码编写与错误查找，提升设计效率与质量。
- 针对电商、教育、自媒体等行业特点，能够运用 AI 工具设计个性化解决方案，推动 AI 技术在实际业务场景中的创新应用，提升个人在数字化设计领域的竞争力。

随着人工智能（artificial intelligence，AI）技术的快速发展，AI 技术已深度渗透到数字媒体创作的各个环节，从智能图像生成到算法视频剪辑，从语音合成到虚拟角色创作，人工智能正在重塑数字内容的生产方式。这种变革不仅体现在效率的飞跃式提升，更开创了人机协同的全新创作范式，其影响必将深刻改变数字媒体产业的生态格局。

本章以技术赋能创意为核心编写理念，重点介绍 AI 技术在图像生成、视频和动画创作以及网站开发等领域应用案例，涵盖 AI 绘画、智能视频处理、虚拟数字人、AIGC 内容创作等创新应用内容，帮助学习者熟悉 AI 媒体工具的应用技巧，掌握人机协作的创作方法。

开发工具选用业内主流数字媒体创作平台，包括专业图像处理软件悟空图像，AI 辅助设计工具 DeepSeek、豆包，即梦、智能视频剪辑平台剪映，一站式网页设计解决方案 HeyBoss 等，构建了完整的数字内容创作技术矩阵。

4.1　AI 提示词 »»»

AI 提示词是用户与人工智能系统进行交互时输入的文本内容，用于向模型传达特定的任务、问题或主题，引导模型生成相应的回答或输出。有效的 AI 生成提示词可通过结构化组合提升生成精准度，以文生图为例，通常包含以下要素：

[主体描述]+[风格 / 媒介]+[构图 / 镜头]+[光照 / 色彩]+[细节修饰]+[参数指令]，其核心要素如下：

主体描述：明确画面核心对象及其动作、特征，如"布偶猫慵懒地趴在复古木质窗台上"；

风格 / 媒介：指定艺术表现形式，如"吉卜力动画风格"、"赛博朋克插画"或"水彩手绘"等；

构图 / 镜头：设定画面视角与布局，例如"低角度仰拍"、"三分构图"、"特写镜头”等；

　　光照 / 色彩：描述光影氛围与色调，如"暖金色夕阳逆光"、"冷调蓝紫色渐变"等；

　　细节修饰：强调画面质感与效果，如"毛发丝缕分明"、"背景虚化"、"金属光泽反光"等；

　　参数指令：补充技术参数，如"--ar 16:9"（长宽比）等。

　　示例对比：

　　普通指令：单纯一个提示词"一只猫"，由于缺乏细节与风格描述，生成的图像随机性很高，可控性差。对比优化指令："一只布偶猫趴在窗台上，阳光照射毛发，吉卜力动画风格，柔焦背景，8K 细节——长宽比 16:9"，通过这种多维度细化描述，可以显著提升生成图像的可控性与艺术表现力。提示词优化前后生成的图片效果对比如图 4-1 和图 4-2 所示。

图 4-1　简易提示词生成图片效果展示图

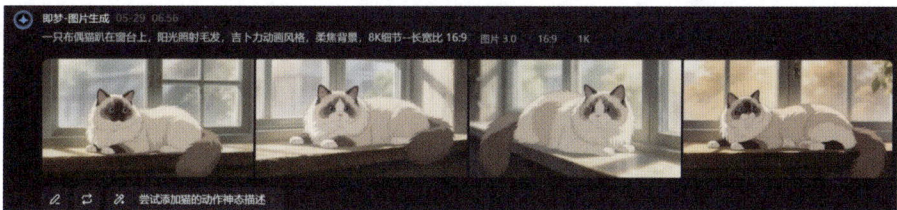

图 4-2　优化后提示词生成图片效果展示图

　　还可以借助大模型辅助工具对提示词进行优化完善，能够挖掘出更多翔实细节，进而获取更为优质的图片呈现效果。

4.2　即梦 AI 辅助设计 >>>>

　　即梦是剪映旗下一款功能强大的一站式 AI 创意创作平台，用户可以通过简单的文字、图片或模板生成高质量图像、视频及音乐，适用于社交媒体、电商推广、个人创作等场景。

　　即梦的官网地址为：https://jimeng.jianying.com/ai-tool/home。打开该网址，可以看到它有图片生成、智能画布、视频生成、故事创作、音乐生成、对口型、动作模仿等 AIGC（artificial intelligence generated content，人工智能生成内容）功能，如图 4-3 所示。用户生成的图片、视频等资料均位于"资产"栏目下。

图 4-3　即梦首页

单击首页右上角的"登录"按钮，进入登录页面。即梦有抖音 APP 扫码授权和手机验证码授权 2 种登录方式。登录后即梦 AI 平台会赠送用户一定的积分，可用于抵扣使用 AI 生成图片、视频、音乐所需支付的积分。

4.2.1　AI 图片生成

在图像生成方面，即梦 AI 表现十分出色。在文生图功能下，用户仅需输入想达到的效果提示词，比如"静谧的森林中，阳光透过树叶缝隙洒下，一只小鹿在溪边饮水"，就能生成对应的精美图片。其图生图功能则可对现有图片进行创意改造，比如自定义保留人物形象特征，将原本在城市街道背景下的人物，替换到梦幻的星空背景中；或是实现风格转换，把一张普通写实照片转化为具有凡·高油画风格的艺术作品；还可以对人物姿势等进行调整，满足从日常图片处理到专业艺术创作等各种场景需求。

案例

【例 4-1】使用 DeepSeek 和即梦生成吉卜力风格的猫咪趴在窗台上的插画图片。【视频 4-1】

操作步骤如下。

（1）登录 DeepSeek 官网：https://www.deepseek.com/，单击"开始对话"按钮，进入会话页面。

视频 4-1

（2）输入"请帮我写：一只布偶猫趴在窗台上，阳光照射毛发，吉卜力动画风格，柔焦背景，8K 细节 -- 长宽比 16:9 的提示词"，DeepSeek 返回结果如图 4-4 所示。

（3）登录进入即梦首页，单击左侧导航的"图片生成"按钮，进入图片生成页面。

（4）将 DeepSeek 生成的提示词复制粘贴在文字区块，按自己的需求进行修改，选择图片比例为 16:9，单击左下角的"立即生成"按钮，如图 4-5 所示。

（5）生成结果如图 4-6 所示。可以单击左下角的"重新编辑"、"重新生成"和"与 DeepSeek 一起创作"按钮进一步进行编辑。

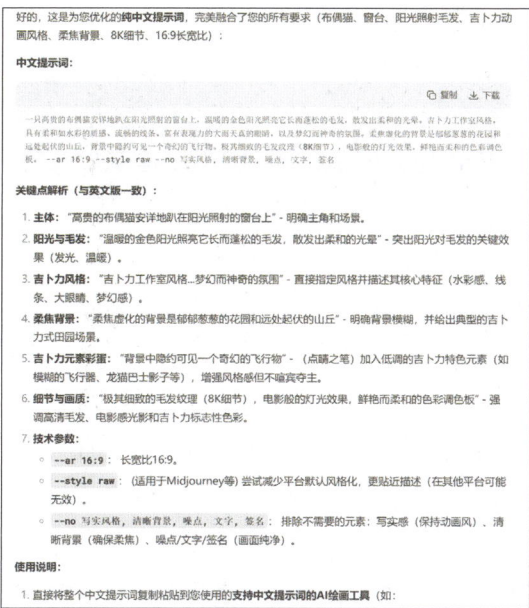

图 4-4　吉卜力风格的猫咪趴在窗台上插画创作提示词

图 4-5　图片生成设置

图 4-6　图片生成结果

（6）单击某一张满意的照片，进入如图 4-7 所示的高清图片页面，可以单击右上角的"下载"、"收藏"、"发布"或者右下角的"生成视频"、"去画布进行编辑"等按钮进一步操作。

图 4-7　高清图片页面

（7）单击"下载"按钮，将图片保存为"4-1.jpeg"文件。

4.2.2 AI 视频生成

视频生成是即梦 AI 的一大亮点。用户输入简单文案或上传图片，即可生成连贯、流畅、风格多样的短视频。例如输入"宇航员在宇宙中漫步，周围是璀璨的星系"，即梦 AI 能迅速生成相应视频，且动效自然。

即梦嵌入 DeepSeek 大模型后，在文本生视频方面具有了更强大的功能，能够帮助润色视频创作的输入提示词。在进行视频生成前，用户输入的文字描述可能较为模糊、简略，比如"做个科幻视频"，而 DeepSeek 大模型基于强大的语言理解与生成能力，可对这类原始指令进行智能分析与优化，将其扩展为更精准、更丰富的提示词，像"制作一个充满未来感的科幻视频，画面中要有造型奇特的宇宙飞船在璀璨星云间穿梭，飞船表面闪烁着蓝紫色的能量光芒，背景搭配宏大的外星城市，霓虹灯光交织，同时添加紧张刺激的电子音效"，从而引导 AI 生成工具输出画面更精美、细节更丰富、更贴合用户预期的高质量视频。

案例

【例 4-2】使用即梦的图片生视频功能生成吉卜力风格布偶猫小视频。【视频 4-2】

操作步骤如下。

（1）单击"视频生成"按钮，进入视频生成页面。

（2）上传一张图片，如上一例中的吉卜力风格布偶猫图片，输入提示词"将吉卜力动画风格布偶猫趴在窗台上的图片转换为短视频，阳光柔和地照射在猫咪蓬松的毛发上，背景虚化带柔焦效果，画面温暖治愈，带有轻微的风吹动毛发和窗帘的动态感，整体色调柔和，充满童话氛围。镜头运动：轻微推近或平移，展现猫咪慵懒的姿态。特效：阳光粒子效果、飘动的浮尘增强氛围。"，如图 4-8 所示。

视频 4-2

图 4-8 视频生成设置

（3）单击左下角的"生成视频"按钮，非会员可以生成 5s 的视频。单击生成的视频，进入视频高清页面。单击页面右上角的"下载"、"收藏"、"发布"或者右下角的"对口型"、"AI 音效"、"重新编辑"、"再次生成"等按钮进一步操作，如图 4-9 所示。

（4）单击"下载"按钮，将视频保存为"4-2.mp4"文件。

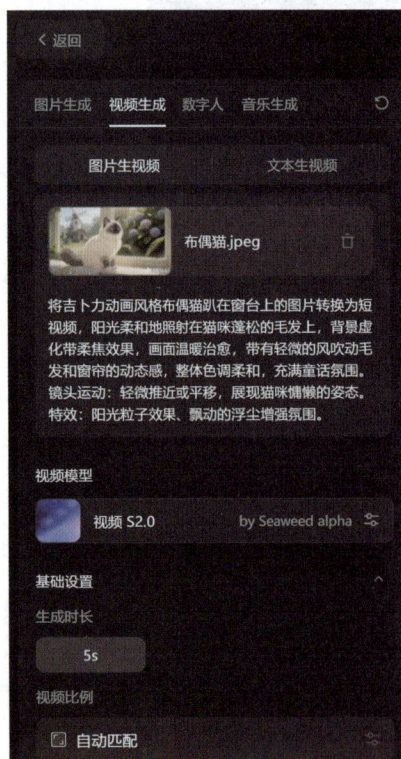

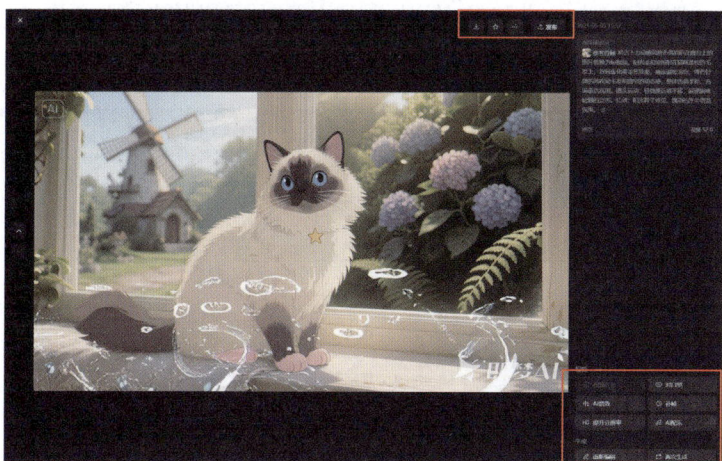

图 4-9　高清视频页面

案例

【例 4-3】使用即梦的文本生视频功能生成一段自然风光的短视频。【视频 4-3】

操作步骤如下。

（1）单击"视频生成"按钮，切换至文本生视频页面，如图 4-10 所示。可以看到此页面嵌入了 DeepSeek 大模型，用户可以直接与模型对话。

（2）单击"Deepseek-R1"按钮，进入对话模式，只需输入简单的文本描述，比如"生成一段关于自然风光的视频，要有山川、河流和飞鸟"，DeepSeek 大模型就能理解用户需求，并据此自动生成符合要求的精准视频提示词，如图 4-11 所示。

图 4-10　文本生视频页面

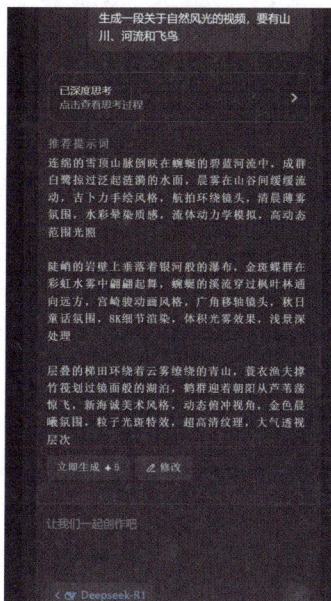

图 4-11　DeepSeek 生成提示词

（3）可单击"修改"按钮进行修改提示词，设置视频比例，如 16:9，单击"立即生成"按钮可生成 5s 的短视频，其结果如图 4-12 所示。

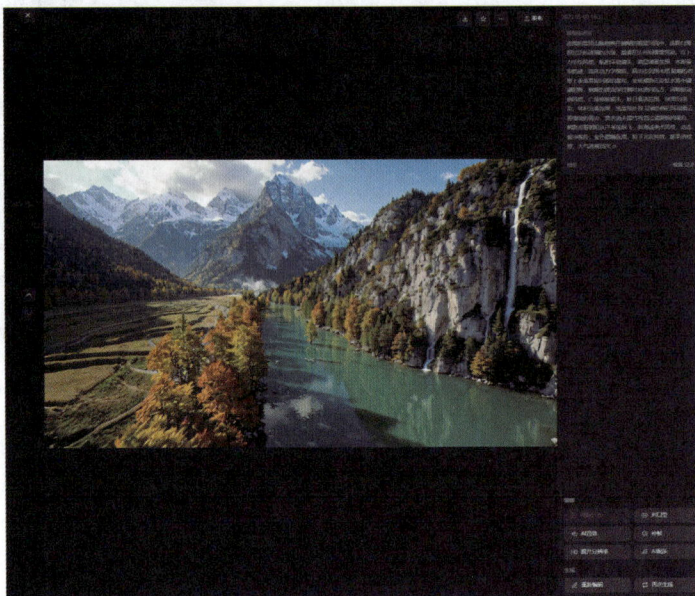

图 4-12　自然风光的短视频

（4）单击"下载"按钮，将视频保存为"4-3.mp4"文件。

需要提示的是，即梦平台对非会员用户有一定限制，单次仅可生成 5 秒的短视频片段。如需制作较长的视频内容，用户可通过多次生成片段的方式逐步积累素材。为保证视频风格和人物形象的一致性，建议在每次生成时上传参考图片或视频素材作为依据。待各视频片段生成完毕后，可借助剪映等专业视频制作工具，对素材进行剪辑拼接、特效添加、音效优化等操作，完成一部完整的视频作品。

4.2.3　数字人功能

即梦的数字人功能允许用户为视频中的人物配音并精准匹配口型，提供多种音色选择，还支持用户上传自己的配音，让角色更加生动真实。

数字人功能还推出了动作模仿模式，用户仅需上传一张人物图片和一段参考视频，即可智能生成动态视频，精准复现参考视频中人物的动作神态。该功能不仅能高度还原图像中人物的各种肢体动作，在人脸表情控制方面更是表现卓越，可细腻呈现微表情变化，实现情绪的一比一还原，大幅提升生成视频的生动性与真实感。为方便用户使用，即梦官方不仅提供了多个动作模板，同时支持用户上传本地文件进行个性化创作。

案例

【例 4-4】使用即梦的对口型功能生成一段数字人教学的视频。【视频 4-4】

视频 4-4

166

操作步骤如下。

（1）单击【数字人】|【对口型】，切换至对口型页面。

（2）上传一张角色照片，选择"标准"生成效果，输入文本朗读的文字，如"今天我们正式开启数字媒体 AI 辅助设计课程的学习。本模块将重点探讨基于文本生成图像和文本生成视频两大核心技术，通过理论与实践相结合的方式，帮助大家掌握前沿 AI 设计工具的应用方法。"，选择朗读音色和音色速度，也可以单击"上传本地配音"按钮上传音频文件来作为参考模型，如图 4-13 所示。

（3）单击左下角的"立即生成"按钮生成视频，平台会自动生成口型动作，并生成数字人讲话的视频。其结果如图 4-14 所示。

图 4-13　对口型页面设置

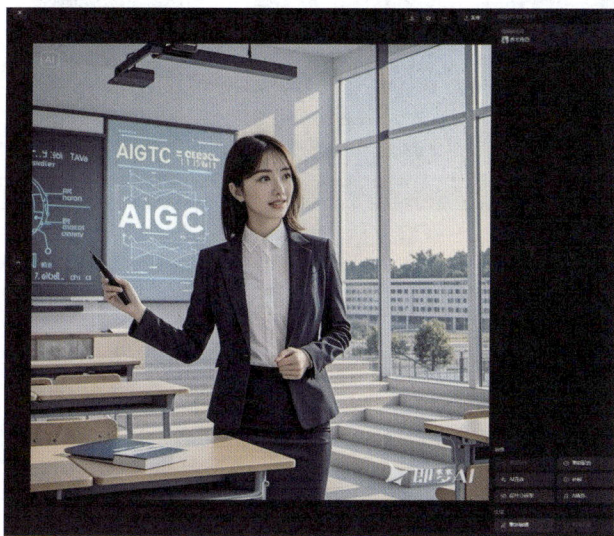

图 4-14　对口型视频生成

（4）单击"下载"按钮，将视频保存为"4-4.mp4"文件。

案例

【例 4-5】使用即梦的动作模仿功能生成一段数字人跳舞的视频。【视频 4-5】

操作步骤如下。

（1）单击【数字人】|【动作模仿】，切换至动作模仿页面。

视频 4-5

（2）上传一张角色照片，选择"来自 @ 青墨 qm"预设模板，也可以上传本地的一段参考视频作为模板，如图 4-15 所示。

（3）单击左下角的"立即生成"按钮生成视频，即可智能生成动态视频，精准复现参考视频中人物的动作神态，其结果如图 4-16 所示。

图 4-15　动作模仿页面设置

图 4-16　动作模仿视频生成结果

（4）单击"下载"按钮，将视频保存为"4-5.mp4"文件。

4.2.4　AI 音乐生成

即梦的音乐生成功能可以让用户轻松创作人声歌曲和纯音乐 2 种类型。

在母亲节等特殊节日里，我们可以亲手写下一段真挚的歌词，再借助 DeepSeek 等 AI 大模型的润色能力，赋予文字更动人的韵律。然后挑选一款喜欢的旋律风格，利用即梦的【音乐生成】|【人声歌曲】功能，创作一首独一无二的原创歌曲。这份充满心意的音乐礼物，将成为你送给亲人最温暖的节日惊喜。

1. 人声歌曲

支持一键生词、一键润色，歌词限制在 480 个字以内。用户可选择民谣、流行、摇滚、国风等曲风，以及快乐、活力、emo 等心情，还能选择男声或女声的音色。

2. 纯音乐：用户通过输入提示词描述想要的音乐效果，例如适合春游的欢快音乐、适合某个广告的音乐等，最多支持 150 个字。风格包括舞曲、电子、管弦乐、爵士、嘻哈等，生成时长最多 60 秒。

目前系统给用户提供 3 次免费生成音乐的权限，用完后每次需要花费 10 积分来生成音乐。用户每天登录即梦 AI 平台就会获赠送一定的积分。

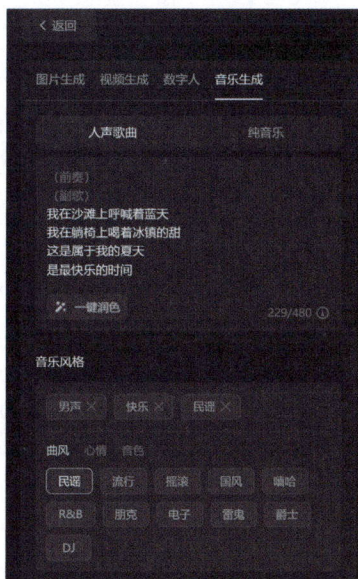

图 4-17　人声歌曲页面设置

案例

【例 4-6】使用即梦的人声歌曲功能生成一段民谣。【视频 4-6】

操作步骤如下。

（1）单击【音乐生成】|【人声歌曲】，切换至人声歌曲生成页面。

（2）选择喜欢的曲风、心情和音色，输入歌词或者单击"一键润色"按钮 AIGC 歌词，如图 4-17 所示。

（3）单击左下角的"立即生成"按钮生成歌曲，其结果如图 4-18 所示。

（4）单击"下载"按钮，将歌曲保存为"4-6.wav"文件。

视频 4-6

图 4-18　音乐生成结果界面

在此提醒，若即梦的音乐生成功能出现无法使用的情况，也可选择其他音乐生成平台或工具作为替代，例如 Suno。该平台面向所有用户免费开放试玩权限，当前每人每日可获得 50 积分；只需输入文本提示，就能生成最长 2 分钟的歌曲，不仅曲风丰富多样，中文歌曲的生成效果也十分出色。此外，Suno 的操作流程也极为便捷，在其官网首页输入提示词后，点击"创作"按钮即可启动生成。其官网地址为：https://www.suno.cn/home。

4.3　悟空图像 AI 辅助设计 》》》》

悟空图像是由北京亦心科技有限公司开发的一款专业 PC 端的图像处理软件。它将 AI 技术与传统图像处理能力相融合，支持 50 亿像素级超大图片处理，适用于平面设计、广告制作、摄影后期、电商视觉等多个领域。其 AI 功能十分突出，支持以文生图、以图生图、线稿上色等功能，还能实现一键抠图、智能擦除、美颜、拼图、局部修改、概念创作等快捷操作。比如，利用智能抠图，能精准识别并分离主体与背景，即便是发丝等细节也能处理到位。借助 AI 闪绘，可将草图快速转化为精美的设计图。

在常规图像处理方面，悟空图像同样表现出色。它支持 PSD、PNG、JPG、PDF、TIFF 等多达 50 种常见格式，还能无损编辑 RAW 格式图片，保留原始细节与色彩。软件自带海量素材库，内容涵盖海报、动图、设计模板、图片等多方面素材，并提供商用素材授权服务；搭配丰富的创意模板，包括海报、贺卡、宣传画册等；此外还有 100 多种画笔及多样笔刷参数自定义选项，为创作提供充足资源与工具。

操作上，悟空图像界面简洁直观，全新设计让新手也能迅速上手。它还双向兼容 PSD 文件格式，适应用户在 Photoshop 中的操作习惯，能实现与 Photoshop 的无缝衔接。

悟空图像的基础功能，如常规图像处理可免费使用，而部分 AI 功能需开通会员方可体验。刮开本书封底激活码，即可领取会员时长，解锁 AI 创作等高级功能（详见附录 2）。

4.3.1　悟空图像界面

打开亦心科技官网：https://www.photosir.com/，进入官网页面，下载悟空图像软件并安装。

运行悟空图像软件，进入登录界面。登录有手机验证登录和密码登录两种方式。

1. 悟空图像首页界面

悟空图像软件界面包括新建文件区域、快捷应用区域、天宫素材展示、个人设置等区域，如图 4-19 所示。

图 4-19　悟空图像首页界面

2. 悟空图像操作界面

操作界面包括标题栏、菜单栏、工具栏和属性栏，如图 4-20 所示。菜单栏可进行新建文件、打开文件、保存文件、另存文件、打印、对齐、调整画布、裁剪等常规操作。

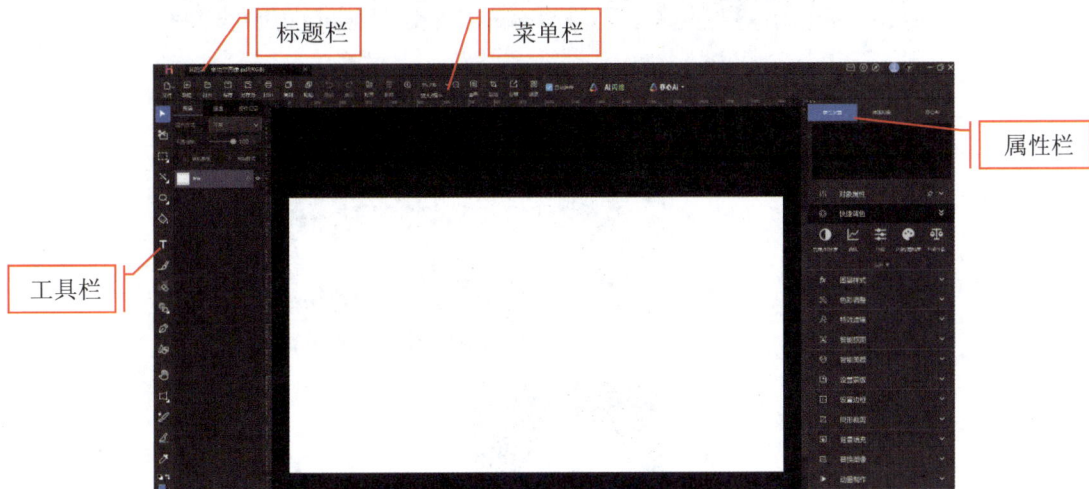

图 4-20 悟空图像操作界面

3. 悟空图像帮助页面

打开悟空图像，单击菜单【帮助】|【悟空用户指南】命令，如图 4-21 所示，可以打开 https://aigc.photosir.cn/#/home/prompt 网址，进入如图 4-22 所示悟空图像的帮助页面。

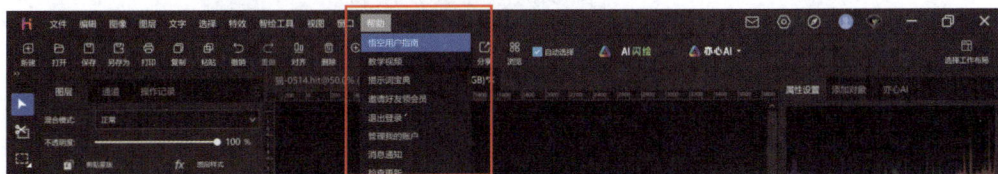

图 4-21 悟空图像"帮助"菜单

图 4-22 悟空图像帮助页面

单击"快速上手"按钮，打开 https://help.photosir.cn/home.html 网址，进入悟空图像用户指南页面，如图 4-23 所示，有通俗易懂、内容翔实的教程。

图 4-23　悟空图像用户指南页面

单击左上角的"教学视频"，可以打开 https://www.photosir.com/#/VideoTutorial 网址，进入亦心科技官网在线教程页面，如图 4-24 所示，里面有丰富的图文教程和视频教程。

图 4-24　亦心科技官网在线教程页面

4.3.2　提示词宝典

悟空图像自带的提示词宝典是一个智能辅助工具，主要用于帮助用户快速生成高质量的 AI 绘画提示词，学习优秀案例的提示词结构，帮助新手优化描述逻辑，提升生成图像的精准度和艺术效果，简化 AI 创作流程。

打开悟空图像，单击菜单【帮助】|【提示词宝典】命令，可以打开 https://aigc. photosir.cn/#/home/prompt 网址，进入亦心 AI 的提示词宝典页面，如图 4-25 所示。

图 4-25　亦心 AI 提示词宝典页面

提示词宝典提供了孙悟空、服装设计、书籍插画、汽车外观、潮玩盲盒、人像美图等几十种类别，支持便捷搜索与个性化扩充。它在简化 AI 创作流程的同时也可激发创意、助力精准表达。

案例

【例 4-7】使用提示词宝典制作同款潮玩盲盒。【视频 4-7】

操作步骤如下。

（1）新建一个文件，单击菜单【帮助】|【提示词宝典】命令，进入亦心 AI 的提示词宝典页面。

视频 4-7

（2）在左侧的导航中选择"潮玩盲盒"，在右侧找到"Prompt 描述指南优化·乐队盲盒"，如图 4-26 所示。

图 4-26　乐队盲盒页面

（3）单击"做同款"按钮，进入生成页面，单击左下角的"开始生成"按钮，会生成 4 张图片，如图 4-27 所示。

图 4-27 盲盒生成页面

（4）选中喜欢的图片下载保存，后续可以生成 3D 图像进行打印。

（5）单击【文件】|【保存】命令，打开保存对话框，将文件保存为"4-7.jpeg"。

4.3.3 智能抠图

悟空图像的智能抠图功能依托先进的深度学习算法，其操作流程极为简便，可以一键抠图，精准分离主体与背景。在抠图精度上，它有着发丝级的出色表现，无论是人物、动物纤细的毛发，还是商品、植物等物体边缘复杂的细节，都能清晰、准确地抠取，为后续图像合成、创意设计提供高品质素材。完成抠图后，用户还能进一步精细调整，比如更改背景颜色，将普通背景替换成创意背景；实现创意合成，比如将人物无缝嵌入梦幻的风景背景中等。

这一功能有着广泛的应用场景，在电商领域，能迅速抠取产品图片，适配不同平台背景要求，提升商品展示效果；在广告创意方面，助力设计师将各种元素精准抠取、巧妙合成，打造吸睛广告画面；在摄影后期处理时，可轻松去除照片中干扰主体的杂物与背景，让作品更具专业质感；教育工作者在制作多媒体课件时，也能快速抠图，组合图像元素制作教学示意图。

案例

【例 4-8】使用悟空图像的智能抠图功能，删除布偶猫图片的背景。【视频 4-8】

操作步骤如下。

（1）登录悟空图像，进入首页界面。单击左上角的"新建文件"按钮，进入新建文件设置页面，如图 4-28 所示。输入标题、设置尺寸、背景颜色等，单击"创建"按钮进入编辑界面。

视频 4-8

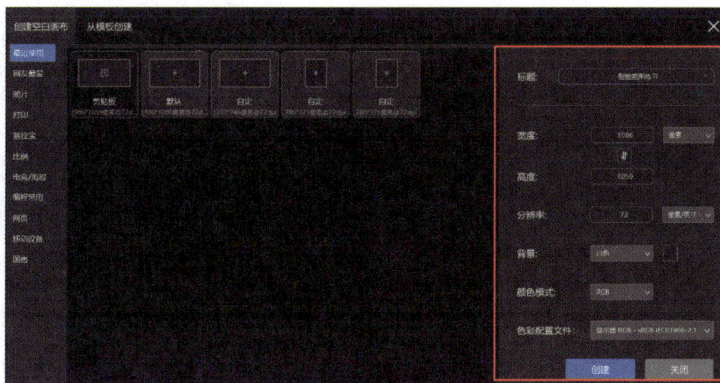

图 4-28　新建文件设置页面

图 4-29　"添加对象"面板

（2）单击右侧"属性栏"的"添加对象"，再单击"打开文件添加图片"按钮，如图 4-29 所示。

（3）打开素材图片"布偶猫 .jpeg"，此时素材图片处于选中状态，切换至"属性设置"选项卡，展开"同形裁切"区域，单击"同形裁切"按钮，可以按照对象外接矩形大小裁切画面，如图 4-30 所示。

（4）展开"智能抠图"区域，单击"在线抠图"按钮，能够精准去除背景，实现干净利落的抠图效果，如图 4-31 所示。

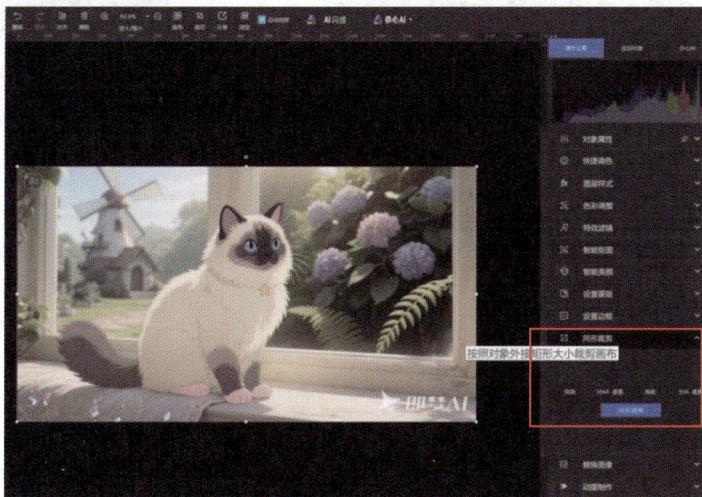

图 4-30　"同形裁切"后效果

（5）完成抠图后，还可以对其进行深度优化：如替换背景色彩，单击右侧"属性栏"区域的"添加对象"按钮，打开"添加对象"面板，如图 4-32 所示，添加悟空图像自带的贴纸、3D 对象、幻影、边框、文字、动画等对象。也可以输入关键字，在线搜索找到自己喜欢的元素添加到作品中，让作品焕发全新魅力。

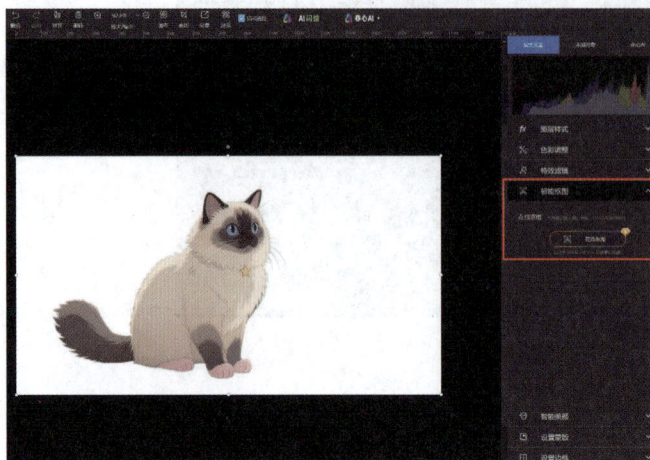

图 4-31　抠图后的效果

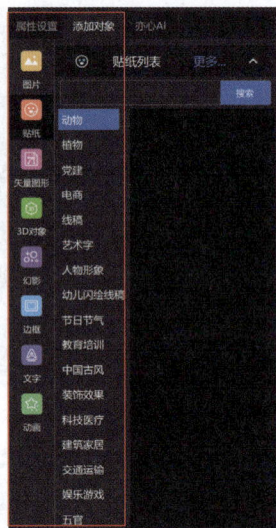

图 4-32　"添加对象"面板

（6）如果对图片满意想印刷出图，可以将之转为高清图。单击菜单【智绘工具】|【超分辨率】命令，如图 4-33 所示，打开如图 4-34 所示的"超分辨率"对话框，可以调高放大倍数，最多可支持 4 倍放大，获得印刷级的高清图像。

图 4-33　超"分辨率"命令

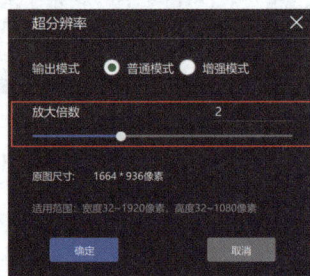

图 4-34　"超分辨率"对话框

（7）单击【文件】|【保存】命令，打开保存对话框，将文件保存为"4-8.hit"，如图 4-35 所示。hit 是悟空图像的源文件格式，支持分层。如果想对接 Photoshop 软件，也可以将文件保存为 PSD 格式。

案例

【例 4-9】使用悟空图像的主体蒙版方法，删除布偶猫图片的背景。【视频 4-9】

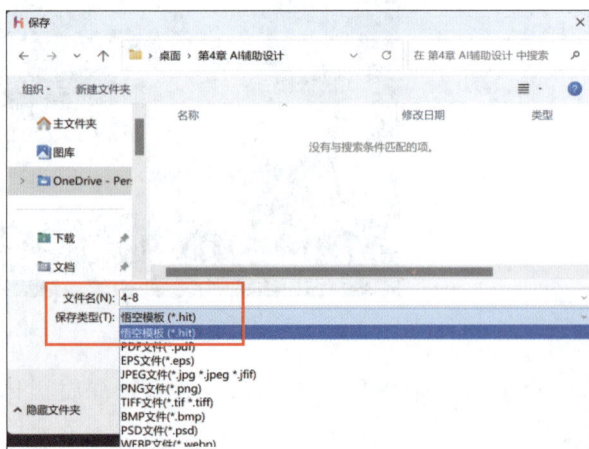

图 4-35　悟空图像保存格式

上一案例也可以使蒙版的方法进行抠图，方便进一步编辑。

操作步骤如下。

（1）打开原始素材或者添加素材图片，单击"图层"面板左下角"添加图层蒙版"，在弹出的菜单中选择"主体蒙版"命令，如图 4-36 所示，可以得到同样的抠图效果。

（2）抠图完成后，可以在"图层"面板中看到在原来的图层新增加了黑白 2 色的蒙版图层，如图 4-37 所示。

图 4-36　"主体蒙版"命令

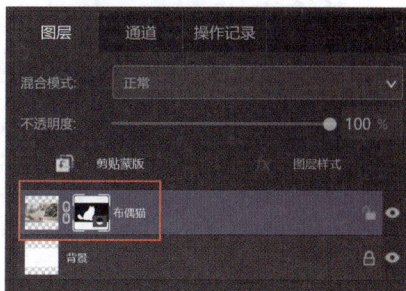

图 4-37　"图层"面板

（3）双击蒙版图标，可以打开、编辑蒙版，如图 4-38 所示。与 Photoshop 中的设计一致，蒙版图层里黑色意味着隐藏，白色则代表可见。可以根据需要进一步编辑。

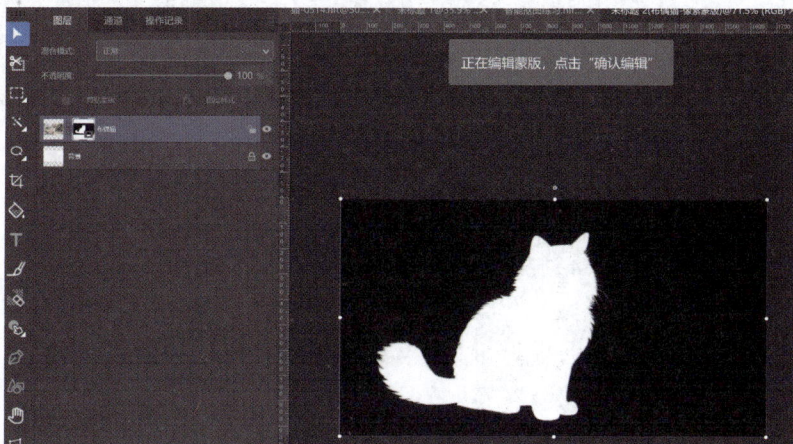

图 4-38　编辑蒙版状态

图 4-39　将蒙版图层变为普通图层

（4）单击键盘上的 ESC 键，退出蒙版编辑，恢复到正常状态。

（5）选中蒙版图层，按住鼠标左键拖拽蒙版，就能将它转换为普通图层，如图 4-39 所示，这样后续就能更灵活地进行各种编辑操作。

（6）将布偶猫图层删除。

（7）切换到"添加对象"面板，单击【贴纸】|【节日气氛】|【红色背景春节】，将之添加进画面，

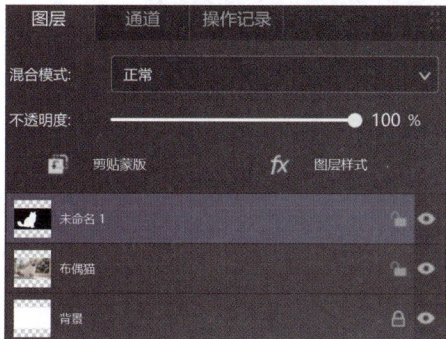

并适当放大，使之覆盖整个猫咪区域，如图 4-40 所示。

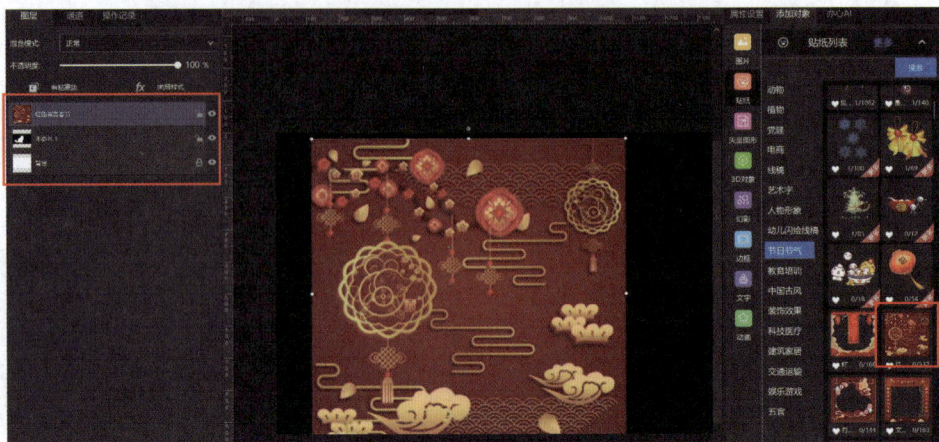

图 4-40 添加剪纸"红色背景春节"

（8）用鼠标将猫咪图层拖至"红色背景春节"图层之上，创建了剪贴蒙版，即可为猫咪披上喜庆的节日新装，如图 4-41 所示。

图 4-41 为猫咪披上节日新装

（9）单击【文件】|【另存为】命令，将文件保存为"4-9.hit"。

4.3.4 智能美颜

悟空图像的智能美颜功能十分强大且便捷，主要包括以下内容：

1. 一键美颜

可对人物照片进行快速美容美颜，能一键智能美肤、智能瘦脸和人像美颜，轻松完成图片美颜效果，让普通照片秒变精致。

2. 脸型调整

提供 8 种脸型供用户选择，可根据需求对人像图片的脸型进行调整，以达到理想的面部轮廓效果。

3. 自动上妆

共有 7 种妆容可供选择，实现一键上妆，帮助用户轻松打造不同风格的妆容，无须担心妆容问题。

案例

【例 4-10】使用悟空图像的智能美颜功能将普通照片变为精致照。【视频 4-10】

操作步骤如下。

（1）使用悟空图像打开一张未处理的原始照片。

视频 4-10

（2）选中图片，单击菜单【智绘工具】|【智能美颜】命令，打开"智能养颜"对话框，如图 4-42 所示，可智能调整肌肤状态、重塑脸部轮廓，并为照片一键赋予精致妆容。

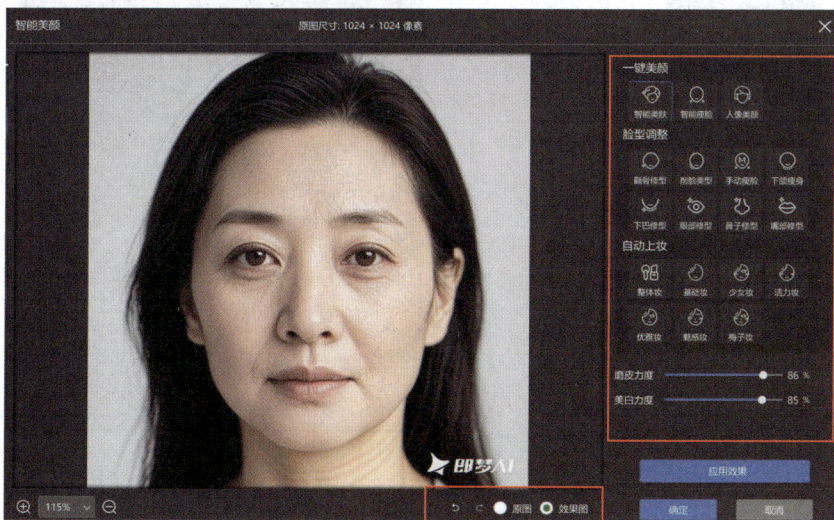

图 4-42　"智能养颜"对话框

（3）单击预览区域右下角的"原图""效果图"对比查看美颜前后的效果，如图 4-43、4-44 所示，满意后单击"应用效果"按钮完成操作。

图 4-43　素颜照片效果

图 4-44"智能养颜"后效果

（4）单击【文件】|【另存为】命令，将文件保存为"4-10.jpg"

案例

【例 4-11】使用悟空图像的指压画笔功能为广告模特照片祛斑。【视频 4-11】

操作步骤如下。

（1）使用悟空图像打开"祛斑素材 .jpg"图片。

视频 4-11

（2）单击图片选中对象，在左侧工具栏中的选中"调整画笔"，如图 4-45 所示，再在右侧的"属性"设置的画笔类型中选择"指压画笔"图标，调整画笔到合适大小（本例中画笔大小为 8），如图 4-46 所示。

图 4-45 "调整画笔"工具

图 4-46 "指压"画笔类型

（3）鼠标左键来回擦拭照片中斑点部位，即可消除斑点。不好祛除的细微斑点可将图片放大后再鼠标点回"指压画笔"重复上述操作，达到自己理想的祛斑效果为止。

祛斑前、后对比如图 4-47 和 4-48 所示。

图 4-47 原始照片

图 4-48 祛斑后照片

（4）单击【文件】|【保存】命令，将文件保存为"4-11.jpg"。

4.3.5　AI 闪绘

AI 闪绘最大的亮点是其国内首创的图像生成 AI 实时渲染技术。以往创作者在进行数字绘画时，往往要经历绘制草图、等待渲染、反复修改的漫长流程，灵感常常在等待中消磨殆尽。而 AI 闪绘打破了这一困境，它将数字绘画与高速 AI 大模型深度融合，实现了边手绘边实时渲染。当创作者在画布上随意涂鸦时，只需数秒，AI 闪绘就能实时捕捉画布变化，将简单的草图瞬间转换为具有丰富细节和质感的设计作品，无须漫长等待，创意即刻呈现。

例如，想要绘制一个奇幻场景，脑海中刚浮现出大致轮廓，在画布上寥寥几笔勾勒出山峰、河流的草图，AI 闪绘便能迅速将其渲染成一幅云雾缭绕、流水潺潺的绝美奇幻风景，每一笔的绘制都能立刻看到效果反馈，让创作过程如同行云流水般顺畅。

AI 闪绘支持多种风格自由切换，涵盖现代创意、童趣幻想、东方文化、大典艺术、多元创作、设计辅助、汽车设计、建筑草图等丰富类型，充分满足不同领域创作者的多样需求。无论是平面设计中追求的时尚潮流风，电商场景里吸引眼球的商品展示风，还是建筑设计中的写实逼真风，抑或是饱含文化底蕴的国风国潮风，都能一键切换，轻松实现。

以国风创作领域为例，AI 闪绘专门设有"东方文化"区，其中包含国风水彩、水墨丹青、中国神兽、国潮插画等特色风格。创作者只需选择相应风格，配合如瀑布、高山、流水、祥云等提示词，就能生成极具东方韵味的作品，为传统文化在数字艺术领域的创新表达提供了有力支持。

创作过程中，对局部细节的精准修改和保持整体特征至关重要。AI 闪绘的局部修改功能，让创作者可以轻松聚焦于画面中的某个区域进行调整，而不影响其他部分。比如绘制一幅人物画，若对人物面部表情不满意，使用局部修改功能，在面部区域进行笔触涂抹，AI 闪绘就能智能识别并对该区域重新渲染，优化表情细节。

同时，"保持特征"功能更是一大亮点。当对图像进行风格转换或局部调整时，该功能能使图像的关键特征得以保留。比如将一幅现代风格的城市建筑草图转换为复古风格时，建筑的轮廓、结构等特征依然清晰可辨，只是在色彩、材质等方面呈现出复古质感，使作品既拥有新风格的魅力，又不失原本的核心元素。

对于创意灵感匮乏或初次接触数字绘画的创作者，AI 闪绘提供了大量的模板应用和提示词宝典。创作者无须绞尽脑汁构思复杂的提示词，只需输入想要的内容或上传参考图，选择合适的风格模型，AI 闪绘便能依据丰富的模板数据和智能算法，快速呈现出令人满意的画面。比如绘制一幅宣传美食主题的插画，在提示词宝典中输入"美味蛋糕"，选择"增强写实"风格，再参考相关模板的构图，即使是没有绘画基础的小白，也能快速生成一幅精致的蛋糕插画。

案例

【**例 4-12**】使用悟空图像的 AI 闪绘功能为布偶猫添加草地、野花、蝴蝶等元素。【视频 4-12】

操作步骤如下。

（1）新建一个文件，白色背景。

（2）在界面右侧的功能面板区域，切换到"添加对象"选项卡，点击"图片"按钮后，再单击"打开文件添加图片"按钮，将去除背景的布偶猫图片添加至画布。此时，图片"布偶猫"处于选中状态，切换至"属性设置"选项卡，展开"同形裁切"区域，单击"同形裁切"按钮，可以按照对象外接矩形大小裁切画面，如图 4-49 所示。

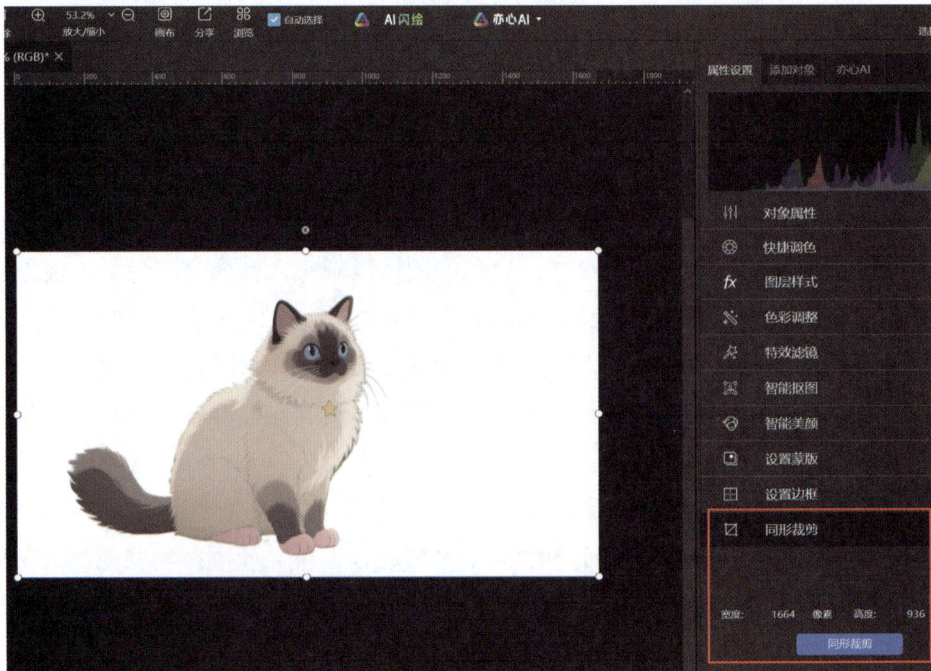

图 4-49 "同形裁切"后效果

（3）单击"图层"面板下方的"添加图层对象"按钮添加新图层，再选择"工具栏"中的"画笔"工具，如图 4-50 所示，再在右侧的"属性栏"设置画笔颜色、笔刷大小、画笔类型等，如图 4-51 所示。

（4）单击菜单栏右侧"AI 闪绘"按钮，在下面的状态栏中选择"极致色彩"风格，输入"添加草地、野花、蝴蝶"，先用"画笔"工具在画布上勾勒出心中所想的画面雏形，随后借助 AI 闪绘功能对其进行优化。挑选合适的风格模板，输入相关提示词，AI 闪绘便能生成精美的图片。当对生成的图片感到满意时，点击"AI 闪绘"面板中的"插入"按钮，即可将图片添加到画面中。还可以这张图片为基础，再次运用 AI 闪绘功能进行迭代优化，让画面不断完善。其结果如图 4-52 所示。

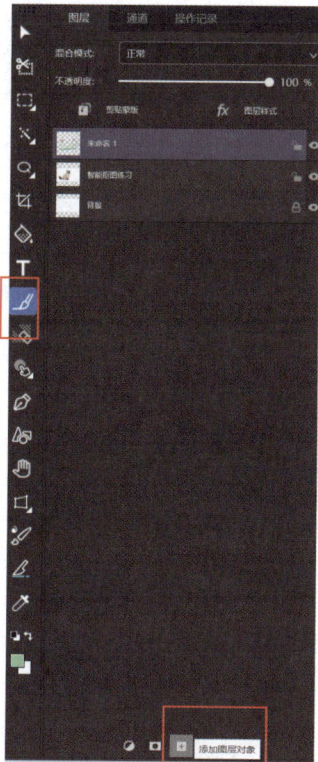

图 4-50　"添加图层对象"和"画笔"工具

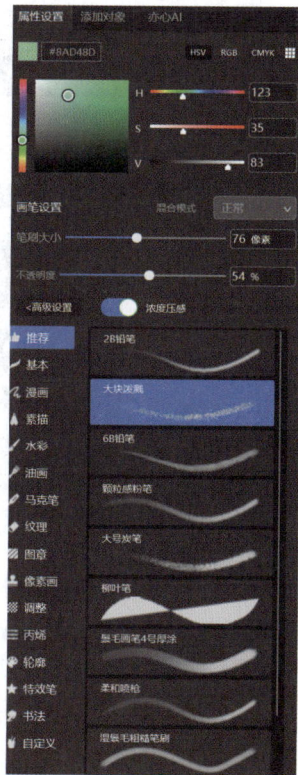

图 4-51　"画笔"设置

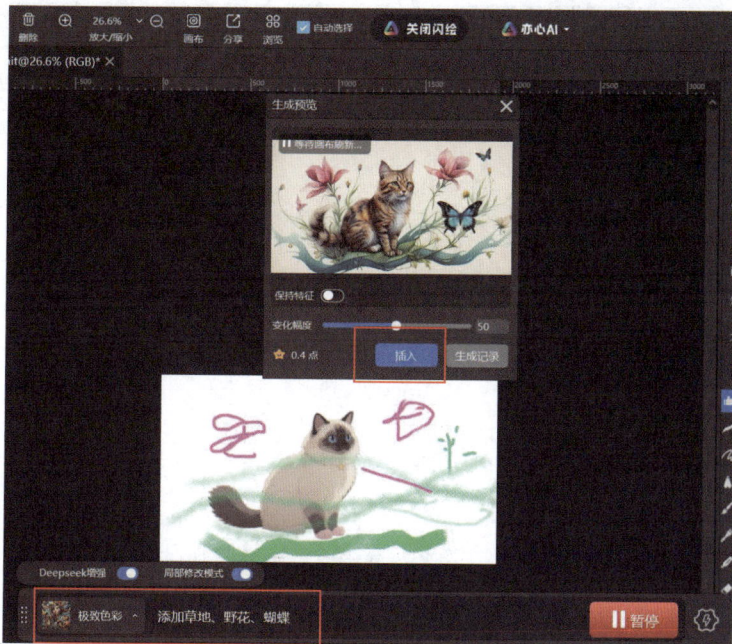

图 4-52　使用"AI 闪绘"进行优化

（5）单击下面的 AI 闪绘状态栏右侧的"设置"按钮，如图 4-53 所示，打开"设置"对话框，右滑"分屏显示"滑块，如图 4-54 所示。

图 4-53　AI 闪绘"设置"按钮

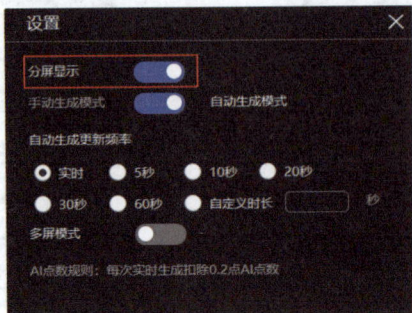

图 4-54　AI 闪绘"设置"对话框

（6）关闭"设置"对话框后，画面和 AI 闪绘预览界面并列显示，如图 4-55 所示。

图 4-55　画面和 AI 闪绘预览界面并列显示

（7）达到满意的效果后，单击菜单栏右侧"关闭闪绘"按钮，单击【文件】|【保存】命令，将文件保存为"4-12.hit"。

即使用户没有传统画板，也不具备专业绘画技能，AI 闪绘也能助力"绘画小白"轻松创作出令人满意的作品。

4.3.6　亦心 AI

1. 图生视频

该功能打通了图像与视频的创作链路，能将静态图像转化为动态视频，让用户的图片"动"起来，更生动地展示照片的故事性。

案例

【例 4-13】使用悟空图像的图生视频功能设计水墨建筑风格视频。【视频 4-13】

视频 4-13

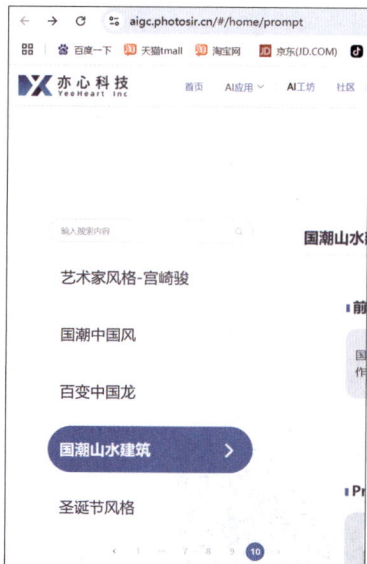

图 4-56　提示词宝典"国潮山水建筑"类别

操作步骤如下。

（1）新建一个文件，单击菜单【帮助】|【提示词宝典】，进入提示词宝典界面。

（2）在左侧的目录中找到"国潮山水建筑"类别，如图 4-56 所示。

（3）在右侧找到"IPrompt 描述指南优化 - 水墨建筑"，单击"做同款"按钮进入生成页面，在这个页面中，我们可以导入风格模型的参考图片、修改提示词、尺寸设置等参数，设置完成后单击左下角的"开始生成"按钮，会生成 4 张图片，如图 4-57 所示。

（4）选中满意的图片下载保存。

（5）回到悟空图像编辑界面，在右侧的"属性"区域，切换到"亦心 AI"选项卡，单击"图生视频"按钮，导入水墨建筑图片，从画面风格、主体元素动态、镜头效果等几个方面输入提示词，如：

画面风格：延续图片的中国传统工笔画风格，色彩淡雅柔和，保留水墨晕染效果，勾勒细腻的线条，展现古典雅致韵味。

主体元素动态：荷叶微风中轻轻摇曳，荷花缓缓摆动，亭中人物姿态优雅，可适当添加手部轻抬、衣袂飘动等动作，水面泛起层层涟漪，倒影随波晃动。

镜头效果：从远景展现荷塘全景，慢慢拉近镜头至亭子，可环绕亭子展示亭中人物。

单击"开始生成"按钮，如图 4-58 所示。

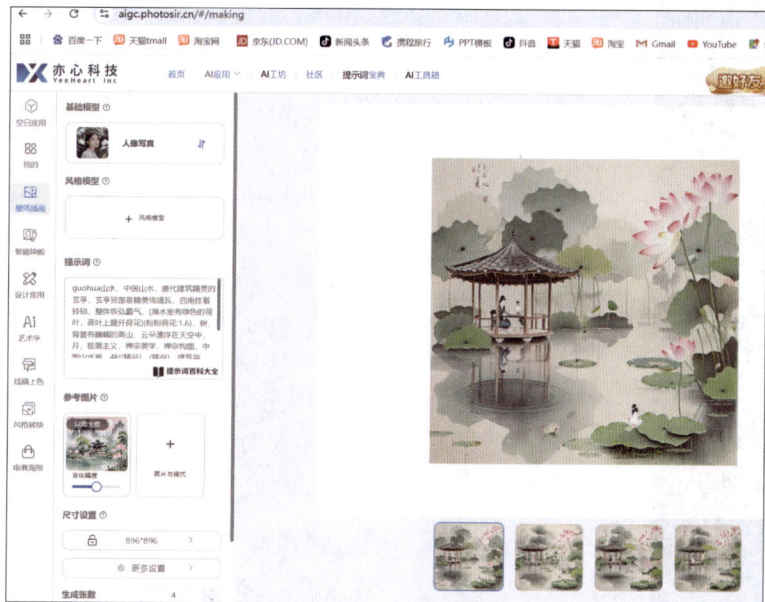

图 4-57　生成水墨建筑 4 张图片

（6）生成视频完成后可单击浏览，下载保存为"4-13.mp4"文件。

2. 文生视频

悟空图像的文生视频功能基于先进的人工智能技术，通过对用户输入的文本内容进行语义理解和分析，将文字描述转化为对应的视频画面、场景、动作、特效等元素，并按照一定逻辑进行组合编排，从而生成具有故事性和观赏性的视频。

文生视频有通用风格、CG、写实和 3D 卡通 4 种风格，如图 4-59 所示。生成后可进行预览，若对生成视频不满意，可返回修改文本描述，再次生成。

图 4-58　图生视频设置

图 4-59　亦心 AI "文生视频"设置

3. 图生 3D

图 4-60　图生 3D 设置

悟空图像的图生 3D 功能是其新增特色功能，可将 2D 图像一键转为 3D 模型，支持 3D 打印。图生 3D 功能有通用 3D、芭比、外星、蒸汽朋克、粘土、盲盒、圣诞等多种生成风格可供选择。

例【4-14】使用悟空图像的图生 3D 功能设计盲盒 3D。【视频 4-14】

操作步骤如下。

（1）新建一个文件。

视频 4-14

（2）在右侧的"属性"区域，切换到"亦心 AI"选项卡，单击"图生 3D"按钮，导入例 4-7 保存的盲盒图片"4-7.jpeg"，选择"盲盒"风格，单击"开始生成"按钮，如图 4-60 所示。

（3）生成完成后，单击右下角的"添加至画布"按钮，如图 4-61 所示。将之添加到画布后，可以用鼠标拖拽 3D 浏览，满意后可保存为 hit 格式文件，后续可以进行 3D 打印。

图 4-61　3D 模型添加至画布

4. 文生 3D

悟空图像的文生 3D 功能可以依据文本描述生成 3D 模型。如图 4-62 所示。

悟空图像的文生 3D 功能，是基于深度学习与自然语言处理技术的前沿创作工具，它能够深度解析用户输入文本中的语义逻辑、物体形态特征及空间关系，结合庞大的 3D 模型数据库与智能生成算法，将文字描述精准转化为三维数字模型。

例如输入"赛博朋克风格的银色机械鹰，翅膀镶嵌发光电路"，系统会自动识别风格、材质、主体结构等关键要素，生成兼具细节与质感的 3D 模型成果，选择"外星"生成风格，生成参考结果如图 4-63 所示。

图 4-62　文生 3D 设置

图 4-63　文生 3D 结果

也可以输入提示词，如："多边形 3D 可打印芭比模型，简约几何造型，柔和色彩，光滑边缘适合打印。卡通化可爱设计，无须支撑结构，OBJ/STL 格式，平面着色。"，请自已试试 3D 生成效果。

若想充分释放 AI 图像生成的创作潜能，可从多维度构建专业化提示词体系。通过解构主体特征、艺术风格、技术参数等核心维度，结合艺术插画、工业设计、影视概念等多元场景需求，将抽象创意转化为结构化、参数化的精准指令，从而实现对生成效果的精细化控制，提升作品的艺术表现力与商业实用性。建议创作者系统学习一些行业术语，如 CG 建模中的"拓扑结构"、"UV 展开"、"法线贴图"，传统绘画中的"釉染技法"、"罩染技法"、"湿画法"等，并通过分析优秀提示词案例进行实践迭代，逐步建立契合个人创作风格的提示词框架体系。

4.4 剪映 AI 辅助设计 〉〉〉〉

剪映作为一款全平台覆盖的视频编辑利器，凭借简单易上手的操作与前沿技术，成为众多创作者的首选。无论是手机、Pad 端的便捷创作，还是 Mac、Windows 电脑上专业版的深度编辑，都能轻松驾驭。它不仅具有裁剪、剪切等基础剪辑功能，还提供海量动画效果、丰富音频处理选项，以及文本贴纸、滤镜特效等创意工具，支持多轨编辑，满足多样化创作需求。AI 智能技术更是其亮点，智能踩点、语音识别等功能大幅提升创作效率。专业版更配备海量素材库，助力产出高质量视频，并能一键分享至各大社交平台。

剪映的部分功能需开通会员使用，遇到付费提示时，可选择免费替代方案。此外，各版本在界面和素材上存在差异，学习过程中建议灵活调整，充分挖掘剪映的创作潜力。

4.4.1 剪映专业版界面

1. 剪映专业版欢迎界面

打开剪映官网：https://www.capcut.cn/，进入官网页面，下载剪映专业版并安装。

运行剪映专业版，首先进入欢迎界面，如图 4-64 所示。欢迎界面主要包含以下几个部分：

图 4-64　剪映专业版的欢迎界面

（1）登录

登录区域位于左上角，单击"点击登录账户"按钮，进入登录界面，如图 4-65 所示。

图 4-65　剪映专业版的
登录界面

可以使用抖音账号登录，通过手机抖音扫一扫即可完成登录操作；也可以通过 Apple 账号验证后登录。

登录后可享受云空间多端同步功能。将视频草稿上传至"我的云空间"，后续无论在手机、平板和电脑上使用剪映，只要登录同一个账号，就可以继续访问、编辑项目，实现在多设备间无缝衔接剪辑工作。

（2）首页

首页区域通常展示一些推荐内容、热门教程等，引导用户快速了解软件功能和创作方向，点击"开始创作"按钮可进入主剪辑界面。

（3）模板

模板区域有大量预先设计好的视频特效集合，用户可直接套用这些模板快速制作视频，实现"剪同款"的效果，对于模板创作者来说，也可对其中的占位元素素材进行替换、修改等操作。

（4）我的云空间

我的云空间是剪映提供的云存储服务区域，用户可将视频、图片、音频等素材上传到云端，便于跨设备访问和使用素材，随时随地继续剪辑工作。

（5）小组云空间

小组云空间区域是专为团队协作设计，允许多个用户在一个云空间内上传、下载和共享视频素材，方便团队成员之间进行协作编辑。

（6）热门活动

热门活动区域展示剪映平台定期举办的各类视频创作相关活动，用户可在此查看活动详情，并根据活动规则参与活动，有机会获得奖励。

（7）草稿箱

右下角大面积区域是存放剪辑工程文件的草稿箱区域，用户之前保存的剪辑草稿会显示在此处，单击对应工程文件即可继续剪辑或修改。在草稿箱右侧还能选择草稿视图，方便快捷地查找草稿，右键点击草稿可进行备份至云空间、重新命名、复制、删除等操作。

2. 剪映专业版视频编辑界面

剪映的编辑界面分菜单栏、素材面板、播放器面板、时间线面板和功能面板 5 个区域，如图 4-66 所示。

（1）菜单栏

文件菜单：包含新建项目、导入素材、导出视频等操作。

菜单栏　　　　　　　　　播放器面板　　　　　　　功能面板

素材面板

时间线面板

图 4-66　剪映专业版的编辑界面

编辑菜单：提供了撤销、恢复、剪切、复制、粘贴、删除等基本编辑操作，方便用户对素材进行精细处理。

布局菜单：可以选择默认布局、素材优先布局、属性调节布局、竖屏创作布局、重置当前布局等操作。

帮助菜单：提供了帮助中心、意见反馈、快速引导、快捷键、关于等选项。以简洁明了的动画方式引导用户快速了解剪映的基本操作流程，如导入素材、将素材拖入时间线进行编辑、添加特效、播放预览、导出视频等。快捷键可查看现有的所有快捷操作设置，用户可根据自己的使用习惯进行自定义快捷键设置。

（2）素材面板

"素材"面板主要是放置本地素材及剪映自带的线上素材。

导入素材：打开剪映，点击"开始创作"，可从相册、视频库中选择需要编辑的素材。

媒体区：默认为媒体区，可直接点击"导入"按钮或者将视频、音频、图片等素材直接拖拽到此处进行导入。

云素材：登录账号后，可同步手机、平板电脑等其他设备上的素材，方便多端协同创作。

素材库：包含海量的视频、音频、文本、贴纸、特效、转场、滤镜、调节等素材资源，可通过搜索栏输入关键词快速查找所需素材。

（3）播放器面板

"播放器"面板可以预览导入的本地素材或库中的素材。

预览窗口：用于实时预览剪辑效果，方便用户及时查看素材的排列顺序、转场效果、特效应用等是否达到预期。

画面比例选择：通过按钮可以选择不同的画面比例，如 16:9、9:16、1:1 等，即最终导出视频的比例。

全屏按钮：点击可进入全屏模式，让用户能够更沉浸式地预览剪辑效果，便于发现细节问题。

画质调节：单击播放器面板右上角的按钮，在弹出来的快捷菜单的预览质量中可切换"画质优先"和"性能优先"。当电脑配置较低或剪辑内容较为复杂时，可选择性能优先，以保证预览的流畅性。

（4）功能面板

"功能"面板可以设置各项参数，对视频进行精细化的编辑和调整，如添加滤镜、转场、动画、字幕等效果。

参数调节：默认显示草稿信息，点击时间线上的素材，会显示该素材对应的参数设置，如视频的亮度、对比度、饱和度、裁剪、旋转等；音频的音量、淡入淡出、音效特效等；文字的字体、字号、颜色、对齐方式等，方便用户按需进行精准调整。

特效与滤镜设置：选择相应的特效或滤镜后，可在此面板中调整特效的强度、持续时间，滤镜的参数等，以达到理想的视觉效果。

（5）时间线面板

时间线面板可以对素材进行基础的编辑操作。例如：将素材拖拽到时间线上，可以增加或替换素材；拖动素材两边的白色裁剪框可以对其进行裁剪；选中并拖动素材，可以调整其位置和轨道；选中素材，可以对其进行放大、缩小、移动和旋转等操作。

时间轴操作：将素材拖入时间线，时间线是剪辑的核心区域。在这里可以对视频进行裁剪、拼接等操作。通过左右拖动时间线上的视频片段，可调整其在视频中的位置；通过拖动片段两端，可裁剪视频的长度。比如，将运动会视频中运动员入场前的冗长等待部分剪掉。

素材排列轨道：导入的素材拖到时间线即可开始编辑，支持多视频轨和无限音频轨，可将不同的视频、音频素材分别放置在不同轨道上进行独立编辑，方便实现复杂的剪辑效果，如画中画、多音频混合等。

播放头：时间线上的一条长竖线，拖动它就能在播放器中看到当前剪辑位置，便于用户精准定位到需要编辑的素材帧。

轨道操作按钮：包括撤销、恢复、分割、删除、倒放、镜像、旋转等高频操作按钮，方便用户对素材进行快速处理。

轨道管理：可以通过点击轨道左侧的小眼睛图标来显示或隐藏轨道内容；点击小锁图标可锁定轨道，防止误操作；还能通过拖动轨道来调整轨道的上下顺序和排列位置。

定格键：拖动播放头到某一帧，点击该键可将当时的画面定格为图片。

裁剪键：用于快速处理素材的画面尺寸。

主轨吸附键：点击后，当用鼠标拖动视频时可主动吸附，自由控制轨道位置，方便对齐素材。

预览轴：开启后，移动鼠标可在播放器中看到鼠标所在位置的画面，帮助快速找到需要预览的画面。

剪映的部分素材和功能需要开通会员方可使用，选择时需要注意，以免影响文件导出。

3. 剪映专业版帮助界面

（1）打开剪映专业版，点击欢迎页面右上角的"教程"按钮，如图 4-67 所示；进入"剪映创作课堂"进行在线学习，如图 4-68 所示。

图 4-67　剪映欢迎界面

图 4-68　"剪映创作课堂"学习界面

（2）单击欢迎页面中的"开始创作"按钮，进行剪映的视频编辑界面，单击"菜单 / 帮助 / 帮助中心"，如图 4-69 所示；进入"新手入门百宝箱"进行在线学习，如图 4-70 所示。

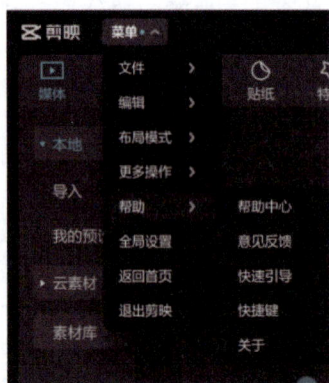

图 4-69　"帮助中心"菜单

图 4-70　新手入门百宝箱"学习界面

4.4.2　图文成片

剪映专业版的"图文成片"功能是一项智能化的视频创作工具，能够快速将文字内容（如文章、脚本、新闻等）自动转化为包含匹配画面、AI 配音、背景音乐和同步字幕的短视频，大幅提升创作效率。非常适合自媒体、电商、教育等场景的快速视频制作，即使是新手也能轻松上手，让文字生动地"跃然屏上"。

用户使用时，可通过两种方式输入文案，一是直接输入自行撰写的内容；二是借助"智能写文案"功能，依据自身需求选定分类并输入文案要求来生成文案。输入文案后，可挑选朗读人声，接着点击"生成视频"的下拉箭头，有"智能匹配素材"、"使用本地素材"、"智能匹配表情包（部分功能需 VIP 会员）"等成片方式供选择。若选择"智能匹配素材"，软件会依据文案关键词搜索匹配相关图片或视频，快速生成包含画面、字幕、旁白和背景音乐的完整视频；若选"使用本地素材"，生成的视频主轨道需用户自行添加素材。生成视频后，用户还能进一步对视频进行剪辑，调整画面、字幕、音频等细节，直至达到满意效果后导出视频。

案例

【**例 4-15**】利用剪映的"图文成片"功能自动生成"上海商业文化发展进程"主题视频。【视频 4-15】

操作步骤如下。

（1）登录剪映专业版，单击欢迎界面的"图文成片"按钮，进入图文成片界面，如图 4-71 所示。单击左上角的"自由编辑文案"按钮，进入"自由编辑文案"界面。

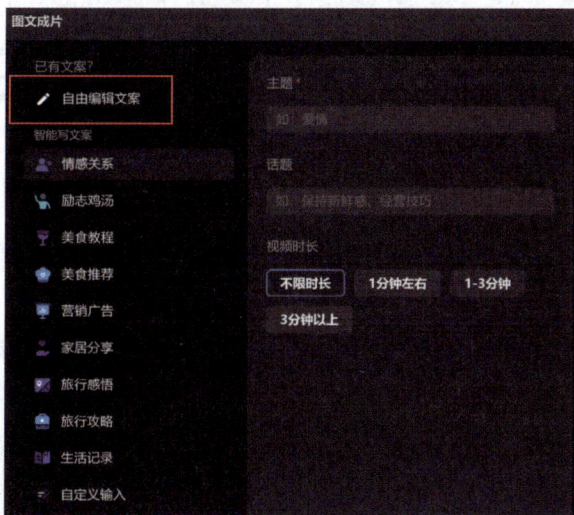

图 4-71　图文成片界面

（2）单击左下角的"智能写文案"按钮，选择"自定义输入"，输入文字"上海商业文化发展进程"，如图 4-72 所示。单击右侧的箭头即可生成文案。

（3）AI 会自动生成 3 个文案，可以选择其中较为满意的一个文案，单击"确认"按钮。如果对生成的文案都不满意，可点击"重新生成"，如图 4-73 所示。

图 4-72　输入文案主题

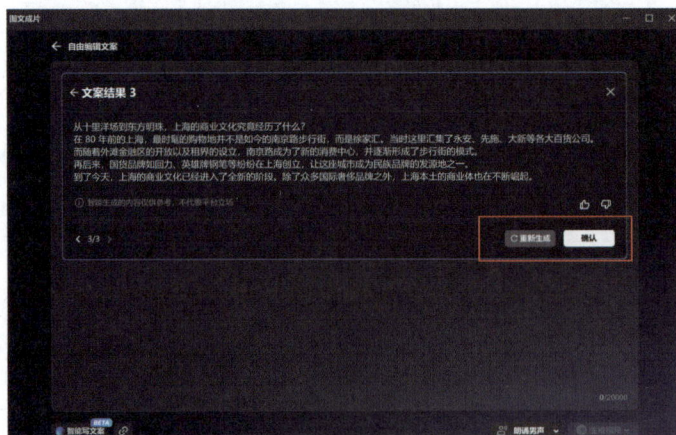

图 4-73　自动生成文案

（4）选择合适的声音，单击"生成视频"按钮，选择"智能匹配素材"，如图 4-74 所示剪映会自动生成视频，同时进入视频编辑界面，如图 4-75 所示。可以看到在"时间线"面板有字幕、视频、配音三个轨道。

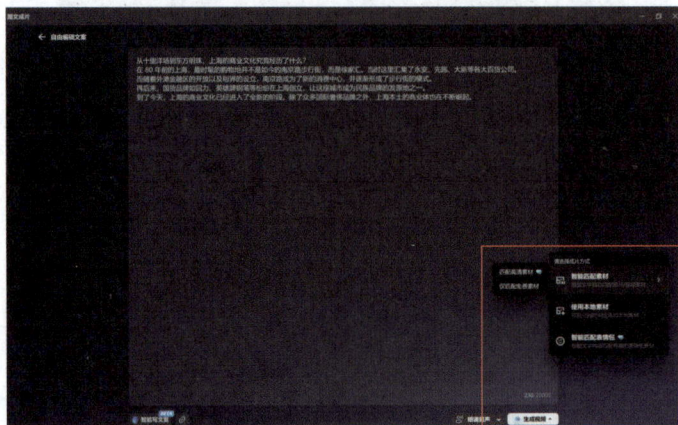

图 4-74　智能匹配素材生成视频

图 4-75 视频编辑界面

（5）单击右上角的"关闭"按钮，回到欢迎界面，生成的视频会自动保存在剪辑草稿区。使用鼠标指向该草稿，然后右击鼠标，在弹出的菜单中选择"重命名"命令，将视频重命名为"4-15"，如图 4-76 所示。并上传到"我的云空间"。

图 4-76 重命名视频

此外，还可以自行尝试美食教程、营销广告、旅行攻略等其他智能写文案功能，并生成视频。

剪映的部分素材和功能需要开通会员方可使用，选择时需要注意，以免影响文件导出。

案例

【例 4-16】通过调节"功能"面板、"素材"面板中的参数，对"上海商业文化发展进程"视频草稿进行编辑，导出制作完成的视频文件。【视频 4-16】

视频 4-16

操作步骤如下。

（1）打开剪映专业版，单击 4-15 项目草稿（上海商业文化发展进程视频），进入编辑界面。

（2）若当前某些图片或视频效果不理想，可以选用以下两种方式优化：一是运用前文推荐的 AI 生成工具创作新素材，通过"素材"面板的"导入"功能添加；二是直接选用素材库现有资源。选定新素材后，只需将其拖拽至时间轴替换原片段，直到达到理想效果为止。

（3）选中时间线上的素材，设置"功能"面板中的各项参数，如图 4-77 所示，可对画面与音频进行精细化的处理。

（4）切换至"功能"面板中的"动画"选项卡，为选中的素材添加动画、变速等效果，如图 4-78 所示。

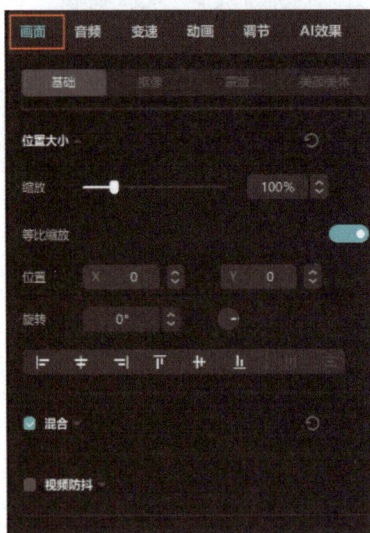

图 4-77 "功能"面板中的画面设置

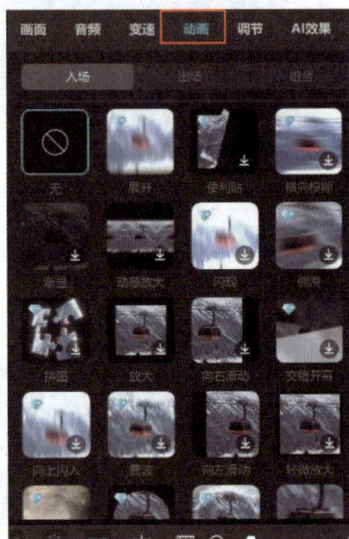

图 4-78 "功能"面板动画设置

（5）单击"素材"面板上方的"贴纸"，添加贴纸、特效、转场等效果，如图 4-79 所示；切换到"滤镜"选项卡，打开滤镜库，为视频画面选择一个合适的滤镜，如图 4-80 所示；切换到"调节"选项卡，在"功能"面板中调整视频的色彩参数，可以将调节的参数保存为"预设"，方便下次使用。

图 4-79 "贴纸"设置

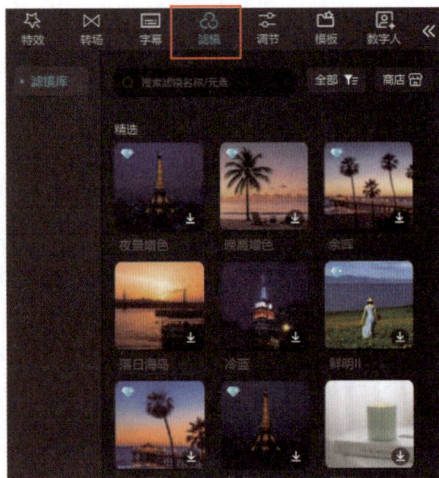

图 4-80 "滤镜"设置

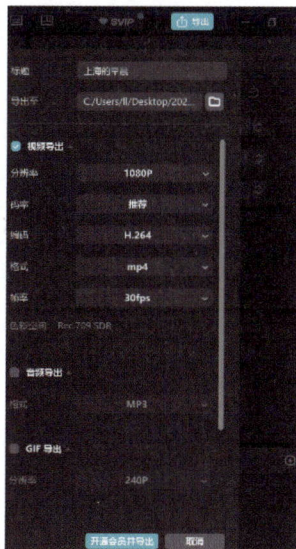

图 4-81　导出视频设置

（6）在编辑完成后，点击右上角的"导出"按钮，可在弹出的"导出"对话框中选择合适的视频分辨率、帧率等参数，确定保存位置，然后点击右下角的"导出"按钮开始渲染视频，如图 4-81 所示。渲染完成后，可以将视频发布到社交媒体平台。

（7）单击右上角的"关闭"按钮，回到欢迎界面，将草稿重命名为"4-16"。并上传到"我的云空间"。

4.4.3　AI 生成

剪映的 AI 生成功能通过先进的深度学习技术，为创作注入无限活力，涵盖图片与视频生成两大板块。在图片生成方面，在"素材面板"栏找到 AI 生成中的"图片生成"选项，输入如"春日花园中绽放的多彩郁金香"这样简单的提示词，再上传参考图辅助，选定生图模型与画面比例，瞬间就能在右侧自动生成 4 张风格各异的精美图片，点击即可添加至时间线。视频生成功能同样强大，支持文生视频与图生视频模式。

文生视频时，输入"奇幻森林中精灵穿梭，光芒闪烁"之类的描述，自定义运动速度、运镜方式、时长（4 秒、6 秒或 8 秒可选）及画面比例，生成后自动插入轨道，且可多个任务并行。图生视频则能基于给定图片拓展创作，为视频创作增添更加丰富的可能性。无论是创作奇幻短片、制作创意写真，还是为视频补充素材，剪映的 AI 生成功能都能助你轻松实现。

例如一家连锁火锅店推出全新锅底，为了迅速打开市场，市场部人员可利用剪映 AI 生成功能，在图片生成里输入"沸腾红油锅底，食材丰富多样，牛肚、鸭血在锅中翻滚，热气腾腾，背景为中式复古餐桌"，就可以获取了多张诱人的美食宣传图，生成结果如图 4-82 所示。视频生成时，可以输入"食客品尝新锅底后露出惊喜表情，慢镜头展示红油裹满食材的过程，搭配欢快背景音乐"，制作出吸睛的推广视频。通过多渠道的广告宣传，就可以带动门店客流量增长。

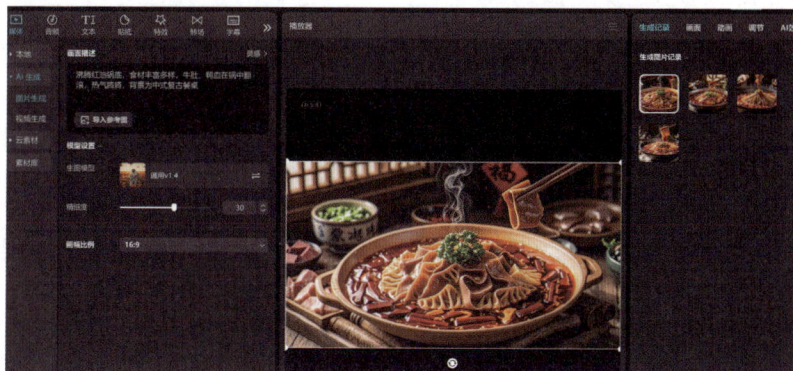

图 4-82　AI 图片生成结果

目前虽部分视频效果还有待优化，风格模型也较为单一，但随着技术迭代，未来可期。

4.4.4 AI 对口型

剪映的"AI 对口型"功能，利用先进的语音识别与面部动作捕捉技术，可智能匹配口型与配音音频，让画面中的人物精准匹配音频台词。在剪映专业版中，用户新建草稿后，将包含人物的图片或视频素材添加至轨道。若只需部分片段，可提前分割裁剪。选中轨道中的素材，在"功能面板"的"画面"的"基础"选项卡中勾选"AI 对口型"。声音来源方面，既支持"用文案生成"，把准备好的文字粘贴进文本框，从丰富音色库中挑选契合的声音，也能通过"用音频生成"功能，上传本地音频文件。图片对口型有普通、灵动两种模式可选，普通模式仅改变口型，处理耗时短；灵动模式可使面部表情更生动。

这项功能广泛应用于多种场景，如自媒体博主制作趣味短视频、影视二次创作改变角色台词、教育工作者制作生动教学视频等，有效提升视频的趣味性与表现力。

AI 对口型完成效果如图 4-83 所示。

图 4-83 AI 对口型完成效果

4.4.5 智能添加字幕

剪映的智能添加字幕功能基于先进的语音识别技术，可自动将视频中的语音、歌词等内容快速转换为字幕，支持多语言识别，并智能匹配时间轴，大幅提升剪辑效率。用户可灵活调整字幕样式、位置及分段，同时提供字体动画等个性化选项，兼顾自动化与手动优化，适用于短视频创作、教学视频、Vlog 等场景，让字幕制作更智能高效。

剪映的智能字幕具备强大的语言处理能力，不仅能够自动识别中文与英文内容，还支持将其翻译成中文、英文、日文及韩文。

在剪映中导入视频素材后，单击界面下方的"文本"按钮，找到"智能字幕"选项并单击"开始识别"，它便能迅速对视频中的语音内容展开识别，精准将其转化为字幕呈现在视频画面中。而且，如果提前准备好了文稿，通过"文稿匹配"功能，把文稿复制粘贴进去再单击"开始匹配"，剪映同样能快速生成字幕。生成字幕后，若存在错误或需优化，在右上角功能面板中，可对字幕的内容、时间、位置、字体大小等进行调整。另外，智能添加字幕支持多种语言，还能一键切换字幕样式，添加气泡字幕、花字效果、动画效果以及朗读字幕等，让字幕在准确传达内容的同时，更贴合视频风格，为视频增添吸引力。

案例

【例 4-17】在剪映中导入素材，利用"识别歌词"功能识别 AI 创作的歌曲"属于我的快乐夏天"的歌词并自动添加字幕。【视频 4-17】

操作步骤如下。

（1）打开剪映专业版，单击"开始创作"按钮，进入项目编辑界面。单击"导入"按钮，导入素材"属于我的快乐夏天 .wav"和"我的夏天背景视频 .mp4"，将鼠标移至素材上，单击"+"号按钮，或者直接拖拽，可以将音乐和视频添加到时间线上，如图 4-84 所示。

（2）切换至素材面板中的"文本"选项卡，单击左侧的"识别歌词"按钮（剪映界面会不定期更新，若当前版本在"文本"选项卡中未找到识别歌词，可尝试切换至"字幕"选项卡，核心功能位置会保持相近。），再单击"素材"区域右下角的"开始识别"按钮，系统自动开始识别歌词（需连接互联网）；在识别成功后，时间线上会自动生成文字轨道，在预览面板可以看到添加的歌词，如图 4-85 所示。

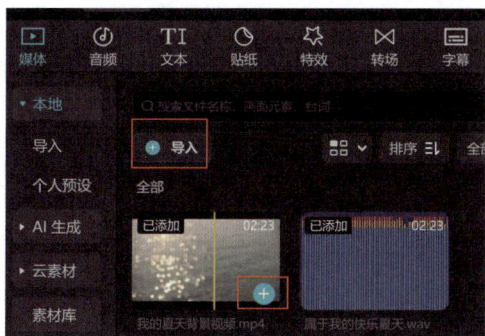

图 4-84　导入素材

图 4-85　识别歌词结果

（3）仔细检查 AI 生成的歌词，如有错误，可手动修改。

（4）单击右上角的"导出"按钮导出影片，注意导出的格式和路径。

（5）单击右上角的"关闭"按钮，回到欢迎界面，将草稿重命名为"4-17"。并上传到"我的云空间"。

4.4.6 智能配音

剪映的智能配音功能依托 AI 语音合成技术，可将文本内容一键转化为自然流畅的人声，提供多种音色、语种及情感风格选择，如新闻播报、轻松对话等，并支持自定义调整语速、语调及音量。该功能精准适配视频节奏，支持多段落分段配音与实时预览，显著降低真人配音成本，适用于解说、广告、教育等场景，助力用户高效完成专业级音频创作。

剪映的智能配音有标准普通话音色，声音清晰、字正腔圆，适合正式讲解与知识科普类视频；可爱萌趣音色，甜甜萌萌，为儿童故事、卡通动画视频增添魅力；磁性男声，低沉富有魅力，常用于情感类视频、电影解说；活力女声，轻快充满活力，适配旅游 vlog、时尚美妆视频。选好音色后，还能对配音参数进行调整，比如调节语速，让配音或快或慢，契合视频节奏；调整语调，使配音抑扬顿挫，增强情感表达；设置音量，确保配音音量与视频原有的背景音乐、音效音量协调统一。此外，剪映还支持为配音添加个性化音效，如环境音效，在户外探险视频中加入风声、鸟鸣声等，让观众身临其境；特殊音效，为搞笑视频配上笑声、搞怪音效，增添欢乐氛围。有了剪映的智能配音功能，无须专业配音设备与嗓音，也能让视频拥有出色配音效果，提升视频吸引力。

案例

【例 4-18】导入素材，利用剪映的"朗诵"和"识别字幕"功能，将文本转换为声音，为素材添加配音和字幕。【视频 4-18】

操作步骤如下。

（1）进入剪映专业版的项目编辑界面，单击"导入"按钮，导入素材"霓虹灯下的上海 .mp4"，将鼠标移至素材上，单击"+"号按钮可以将其添加到时间线上；单击"素材"面板中的"文本"按钮，将"默认文本"添加至时间线上。将文字修改为"字幕 .txt"文本内容，设置文字的字号大小为 7 左右，如图 4-86 所示。

视频 4-18

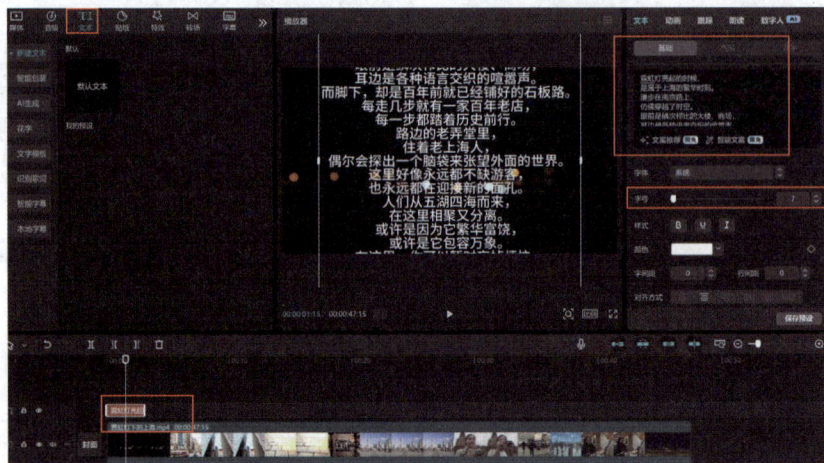

图 4-86　文本添加与设置

（2）切换至"功能"面板的"朗读"选项卡，选择合适的角色声音，如新闻男声，单击右下角的"开始朗读"按钮，如图 4-87 所示。此时，时间线上生成新的语音轨道，可以在"播放"面板试听该语音，如图 4-88 所示。

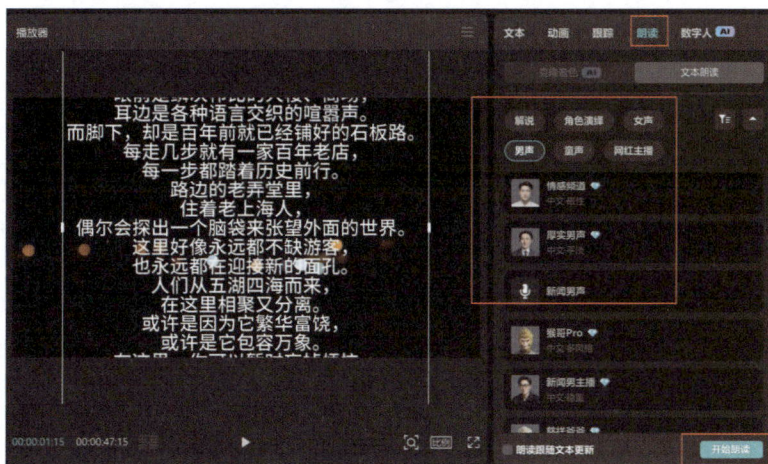

图 4-87　设置朗读

图 4-88　生成语音轨道

（3）删除文字。

（4）切换至"素材"面板的"字幕"选项卡，选择"识别字幕"，单击右下角的"开始识别"按钮。待识别成功后，时间线上会自动添加文字轨道，如图 4-89 所示。

图 4-89　识别、添加字幕

（5）仔细检查 AI 生成的歌词，如有错误，可手动修改。

（6）单击右上角的"导出"按钮导出影片，注意导出的格式和路径。

（7）单击右上角的"关闭"按钮，回到欢迎界面，将草稿重命名为"4-18"。并上传到"我的云空间"。

4.4.7　AI 美颜美体

剪映的"美颜美体"功能，可以一键打造精致人像效果。智能美颜可通过匀肤、磨皮、美白等，提亮肤色；祛法令纹、祛黑眼圈可以淡化岁月痕迹；美白与白牙可以使笑容更加灿烂；大眼、瘦脸、立体鼻等五官优化，可以调整面部比例，更显立体精致；美妆功能支持直接套用系统预设妆容模板，还能自由搭配口红、睫毛、眼影等，实现视频中的人物美妆效果。美体功能支持天鹅颈、瘦身、瘦腰、长腿等塑形调整，修饰人物身材曲线。该功能模块适合需要快速优化人像的创作者，能显著提升作品质量。需要注意的是，实际应用中应当遵循适度原则，保持人物特征的真实性。

案例

【例 4-19】导入素材，利用剪映的"美颜美体"功能将人像美颜、瘦身。

【视频 4-19】

（1）进入剪映专业版的项目编辑界面，单击"导入"按钮，导入素材"微胖素体 .png"，将鼠标移至素材上，单击"+"号按钮，可将素材添加至时间线上。

视频 4-19

（2）选中图片，切换至"功能"面板"画面"中"美颜美体"的"美体"选项卡，勾选"美体"选项，进行参数调整，如图 4-90 所示。

（3）再切换至"美颜"选项卡，勾选"美颜"选项，对匀肤、磨皮、亮眼、美白等参数进行调整，如图 4-91 所示。

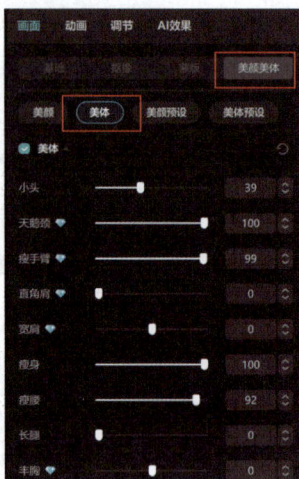

図 4-90　美体参数设置　　　図 4-91　美颜参数设置

（4）向下滑动"功能"面板，勾选"美型"选项，可以对面部、眼部、鼻子、嘴巴进行精细化调整，直到满意为止，如图 4-92 所示。

（5）继续向下滑动"功能"面板，勾选"美妆"选项，可以一键上妆，如图 4-93 所示。

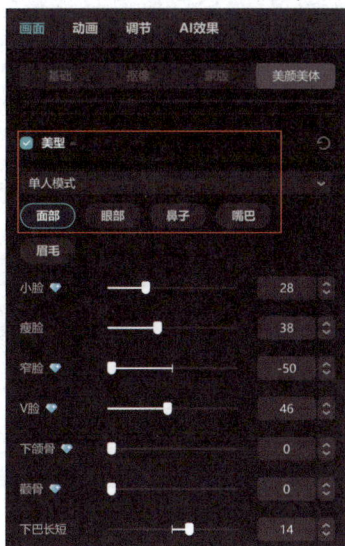

图 4-92　美型参数设置

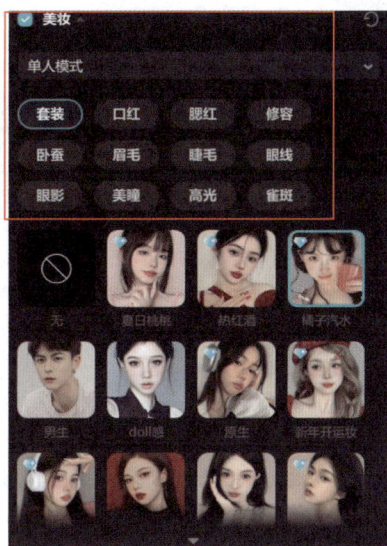

图 4-93　美妆参数设置

（6）经过美颜美体处理，人物身材变得高挑纤细，皮肤光滑白皙，双眼明亮有神，前后对比效果如图 4-94、4-95 所示。

图 4-94　美颜美体前照片

图 4-95　美颜美体后照片

（7）单击右上角的"关闭"按钮，回到欢迎界面，将草稿重命名为"4-19"。并上传到"我的云空间"。

可自行尝试导入自己的照片，切换到"功能"面板中的"AI 效果"选项卡，勾选"玩法"选项，根据自己的喜好选择不同风格的玩法或者 AI 特效，如选择"热门"中的"梨涡笑"、"变脸"中的"婚纱照"、"AI 写真"中的"环游世界Ⅰ"、"AI 写真"中的"月下少女"等，得到不同风格的一组照片，让你化身镜头里的百变精灵，轻松展现截然不同的魅力自我。参考效果如图 4-96 所示。

图 4-96 "AI 效果"设置

4.4.8 AI 辅助动画设计

剪映可以制作丰富的动画效果，如卷轴动画效果可为视频增添独特的古风韵味与艺术感。在剪映素材库中，用户可轻松获取各式各样的卷轴素材，涵盖古朴纸质、华丽丝绸等不同质感与风格，满足多元创作需求。创作时，将卷轴素材添加至视频轨道，利用抠像功能，通过色度抠图去除背景杂色，使卷轴能自然融入视频场景。同时，结合关键帧技术，在时间轴上设定起始与结束位置的关键帧，调整卷轴大小、位置与旋转角度，便能呈现出卷轴徐徐展开或收起的动态效果。若搭配画中画功能，在卷轴下面轨道层叠加主视频内容，还能实现在卷轴中展现视频画面的奇妙视觉体验，无论是制作传统文化展示视频，还是为剧情视频打造古风开场，都能手到擒来。

案例

【例 4-20】使用剪映素材库中的素材和清明上河图素材制作卷轴动画，并为动画添加烟雾文字效果，文字入场为打字机 I 动画，出场为溶解动画，导出视频"徐徐展开的清明上河图 .mp4"。【视频 4-20】

操作步骤如下。

视频 4-20

（1）进入剪映专业版的项目编辑界面，选中"素材"面板中的"素材库"，在输入框中输入"卷轴"后回车确认，找到"古风绿幕开头素材"，单击右下角的"+"号，添加转场效果，单击"⚙"，可以收藏，方便下次使用，如图 4-97 所示。

（2）单击"播放器"面板右下角的视频比例按钮，选择合适的视频比例，如 16:9。

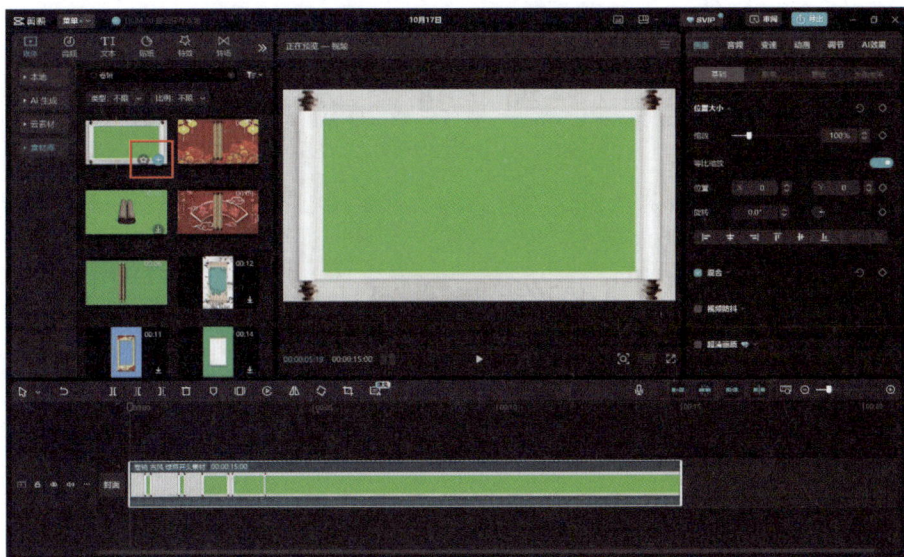

图 4-97　添加素材库中的卷轴

（3）切换至"素材"面板中的"本地"，单击"导入"按钮，导入素材"清明上河图.jpg"图片，将清明上河图添加至"时间线"面板，并将时长拉伸至与卷轴轨道完全相同。选中图片，将其放大，使之高度略大于卷轴绿幕高度，并向右移动图片，使图片左边线与绿幕左边对齐，如图 4-98 所示。

图 4-98　调整图片和时长

（4）将卷轴轨道移到清明上河图上方。将时间线指针适当后移，使之可以看到全部绿幕，选中卷轴，选择"功能"面板"画图"中的"抠像"选项卡，勾选"色度抠图"选项，此时取色器处于打开状态，单击绿幕区域，并将强度增大至 66 左右，将绿色背景去除，露出下层的清明上河图，单击"播放器"面板的播放按钮，可以看到卷轴徐徐打开清明上河图的效果，如图 4-99 所示。

图 4-99　色度抠图

（5）将时间线指针调至 4S 左右（此时卷轴全部打开），选中清明上河图，单击"功能"面板"位置"右侧的菱形关键帧图标，添加关键帧。此时，时间线上会显示起始关键帧标识。将时间线指针移至最后，将清明上河图向左移动，使图片右边线与绿幕右边对齐，此时，时间线上会自动打上一个结束关键帧标识，单击"播放"按钮，可以看到图片自右向左移动的动画效果，如图 4-100 所示。

图 4-100　"关键帧"设置

（6）单击"素材"面板"文本"按钮，将"默认文本"添加至"时间线"面板起始位置，将文字修改为"清明上河图"，文字大小为 20，字体为软糖体，预设样式如图 4-101 所示。

（7）将"功能"面板切换至"动画"选项卡，入场动画选择"打字机 I"，出场动画选择"溶解"，可以适当修改动画时长，如图 4-102、4-103 所示。

图 4-101　设置字体

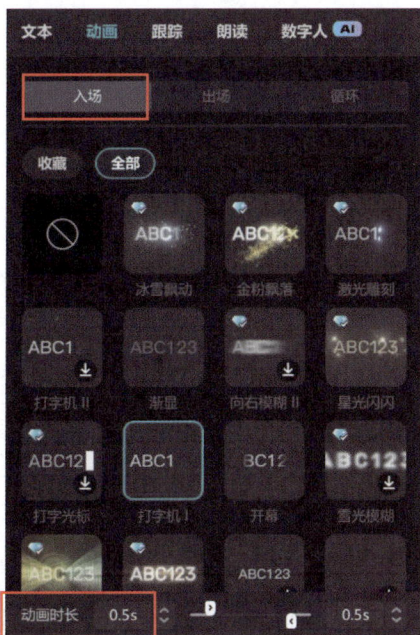

图 4-102　设置入场动画　　　　　图 4-103　设置出场动画

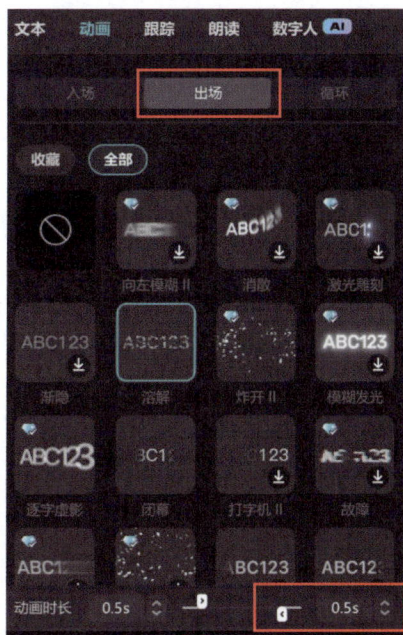

（8）单击"素材"面板中的"媒体"按钮，选中"素材库"，在输入框中输入"粒子消散"后回车确认，搜索到需要的特效，单击右下角的"+"号，将其添加至"时间线"面板。选中"粒子消散"素材，在"功能"面板的中混合模式修改为"滤色"，去除黑色的背景。将文字的起始位置向后移动到烟雾完全覆盖的位置，如图 4-104 所示。

（9）单击右上角的"导出"按钮，选择合适的视频分辨率、帧率等参数，导出视频"徐徐展开的清明上河图 .mp4"，也可以将视频发布到社交媒体平台。

（10）单击右上角的"关闭"按钮，回到欢迎界面，将草稿重命名为"4-20"，并上传到"我的云空间"。

图 4-104　添加烟雾效果

4.5　AI 辅助网页设计 >>>>

4.5.1　HeyBoss 一键生成网站

HeyBoss 的官网地址为：https://heybossai.com。它是由 Heeyo 公司推出的一款基于人工智能技术的全自动网站生成平台，主打"AI 自己当 CEO"的智能化建站理念，用户无须编程基础，仅需输入简单的自然语言描述，如行业属性、核心需求、风格偏好等，即可在 9 分钟内生成完整且功能完备的网站。

HeyBoss 构建了一个由 7 个 AI Agent 组成的全自动开发系统，产品功能定义、界面设计、内容生成、前后端开发、数据库配置、SEO 优化、第三方集成、部署上线及后续维护，全部由 AI 自动协作完成，无须人类参与，无须代码，也不依赖额外提示词。

用户只需在 HeyBoss 平台提出一句话的需求，AI 团队便能独立完成从想法到上线的全过程，将人力开发流程首次压缩至分钟级完成。比如输入"为健身工作室创建一个展示课程、教练团队，且支持在线预约课程的网站"，平台就能快速生成相应网站。

1. 它的核心功能与特点是：

（1）极简操作

■ 通过自然语言描述，如"我开设了一家传统手工艺品售卖网站，需要扩大知名度来引流，"来驱动 AI 生成网站框架、页面布局及内容。

■ 支持一键修改配色、字体、版式等设计元素。

（2）全流程智能化

■ 内容生成：自动编写品牌介绍、产品文案，匹配行业关键词。

■ 功能适配：根据需求智能添加购物车、预约表单、联系方式等模块。

■ 资源整合：AI 推荐并嵌入版权图片、图标、视频等素材。

（3）多端适配

■ 生成的网站默认支持 PC、手机、平板等多端自适应，兼容主流浏览器。

■ 提供 SEO 优化建议，提升搜索引擎排名。

（4）商业友好

■ 支持电商功能（商品展示、支付接口）、数据分析工具（访问量统计）及域名绑定。

■ 提供基础版免费体验，高级功能需订阅会员服务。

2. 适用场景

■ 中小企业：快速搭建品牌官网、在线商城。

■ 个体创业者：低成本创建个人作品集、服务预约页面。

案例

【例 4-21】使用 HeyBoss 尝试生成个人网上书店。

操作步骤如下。

（1）在浏览器中输入 HeyBoss 官网地址：https://heybossai.com，进入如图 4-105 所示登录页面，可以通过"使用谷歌登录"或者"使用邮箱登录" 2 种方式。

（2）从一个完全不懂网站建设的用户角度出发，输入业余的提示词，如："我是一家中文书店，主要卖各种经典文学图书，目标用户为深度阅读爱好者。"，单击"开始创建"按钮，如图 4-106 所示，按提示搭建网站。

图 4-105　HeyBoss 的登录界面

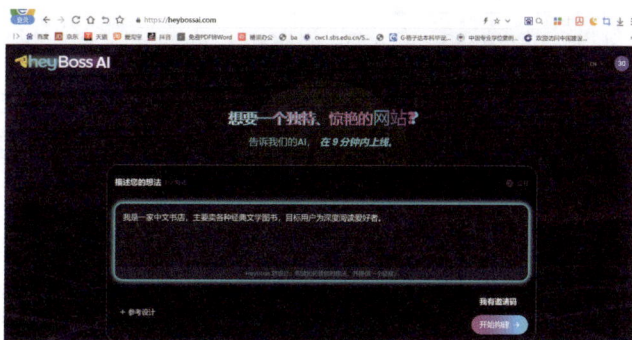

图 4-106　创建网页页面

（3）网站生成后，单击右上角的圆形按钮，可以打开个人设置页面，看到我的项目草稿，如图 4-107 所示。将鼠标放在项目草稿上，单击鼠标右键，在弹出的菜单中选择"图片另存为"命令，将首页图片保存为"优雅书屋 .jpg"。

（4）单击项目草稿，可以打开网站预览效果，如图 4-108 所示。

图 4-107　个人设置页面

图 4-108　个人网上书店预览效果

4.5.2　AI 辅助写代码

近年来，如豆包、DeepSeek、Kimi、文心一言等大型语言模型在代码生成领域取得了显著进展，尤其是在前端开发中，可以根据自然语言描述自动生成网页代码。这种技术大大提高了开发效率，尤其适合快速原型开发和基础页面构建。

这些模型通过学习大量的前端代码库和设计模式，能够理解用户用自然语言描述的网页功能和设计需求，生成符合现代前端标准的完整代码，包含 HTML 结构、CSS 样式和 JavaScript 交互逻辑，支持响应式设计和基本动画效果。这种技术正在改变传统的网页开发流程，使开发者能够将精力集中在更具创造性和战略性的任务上。

其主要优势如下：

- 快速原型制作：无须从头编写代码，数分钟内生成可用页面。
- 降低技术门槛：非技术人员也能获得功能完整的代码。
- 一致性与规范性：生成的代码结构清晰，符合最佳实践。
- 可定制性：生成的代码可作为起点，进行进一步修改和扩展。

此技术可以应用于个人博客和作品集网站、产品展示页面、活动宣传网站、简单管理后台界面、数据可视化仪表板等应用场景设计。当然，目前这种技术应用有一定的局限性，如复杂业务逻辑仍需人工调试（如支付系统集成）、3D 图形等专业领域需多次迭代优化、需要人工进行最终浏览器兼容性测试等。

1. 通过文字描述生成网页

登录豆包客户端，输入如下提示词：

"创建一个精美的 2026 年米兰 - 科尔蒂纳丹佩佐冬季奥运会倒计时页面，包含以下元素：

（1）页面顶部有固定导航栏，包含奥运会标志、导航菜单（首页、倒计时、赛事项目、运动员、场馆等）

（2）主区域有一个数字倒计时：

- 数字显示剩余天数、小时、分钟和秒数；

- 背景蓝色，有动态雪花飘落效果。

（3）页面底部包含：

- 冬奥会官方标志；

- 举办时间：2026 年 2 月 6 日 -2 月 22 日；

- 社交媒体链接。

设计要求：

- 使用蓝色 (#0033A0)、白色和红色 (#CD212A) 作为主色调，呼应意大利国旗；

- 倒计时钟采用现代简约风格，指针动画平滑；

- 页面响应式设计，适配移动设备和桌面；

- 包含微妙的悬停效果和页面滚动动画；

- 背景使用冬奥会相关图片或抽象冰雪纹理。

代码要求：

- 倒计时功能自动更新，无须用户交互；

- 确保在 2026 年 2 月 6 日自动显示"冬奥会已开始"；

- 添加适当的注释以便后续修改。"

生成的代码界面和预览界面分别如图 4-109 和 4-110 所示。

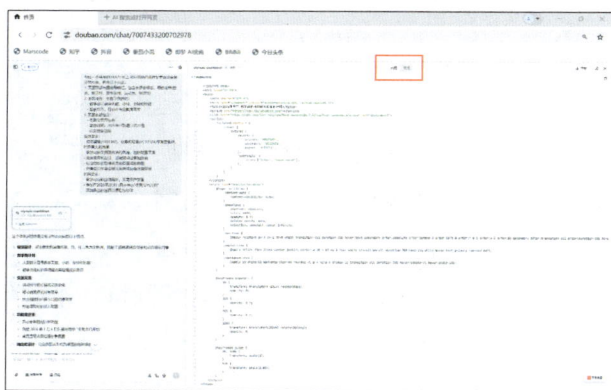

图 4-109　豆包生成的代码界面

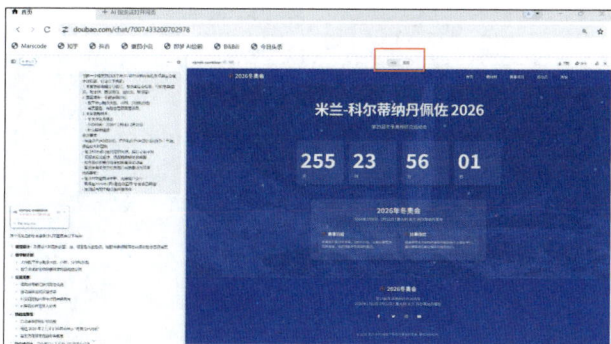

图 4-110　豆包生成的预览界面

初始生成的代码采用单一 HTML 文件结构，包含嵌入式 CSS 样式与 Javascript 脚本。可以进一步输入提示词"将 CSS 样式表与 JavaScript 脚本分离为外部文件"，大模型会重新生成 HTML、CSS、Javascript 文件，并提示"您可以将这些文件保存到同一个目录中，并在浏览器中打开 index.html 来查看效果。"，如图 4-111 所示。

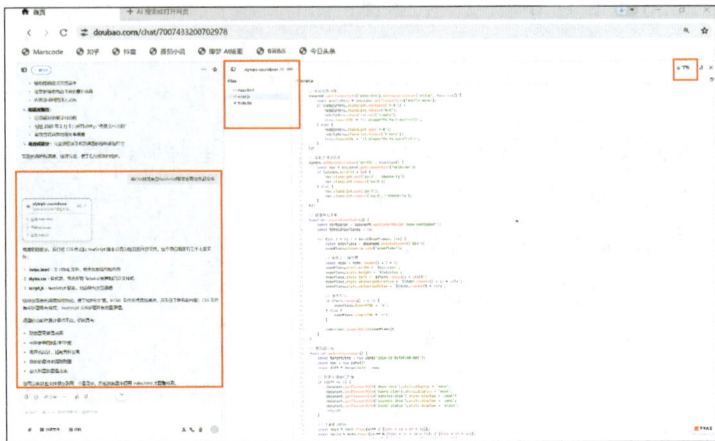

图 4-111　分离 CSS 和 JavaScript 为外部文件后的界面

单击右上角的"下载"按钮，可以下载一个压缩包，里面有 html、css、js 类型的 3 个文件，如图 4-112 所示：

2. 上传参考图片生成网页

登录 https://www.deepseek.com/，上传例 4-21 下载的"优雅书屋 .jpg"图片，输入提示词"我想请你帮我创建一个网页，风格和功能类似于我提供的这张图片。请根据图片中的设计元素、布局结构和视觉风格，生成相应的网页代码。如果图片中包含特定的功能或交互效果，也请在代码中实现。"，返回结果如图 4-113 所示。支持直接运行预览、下载代码源文件。

图 4-112　下载的压缩包

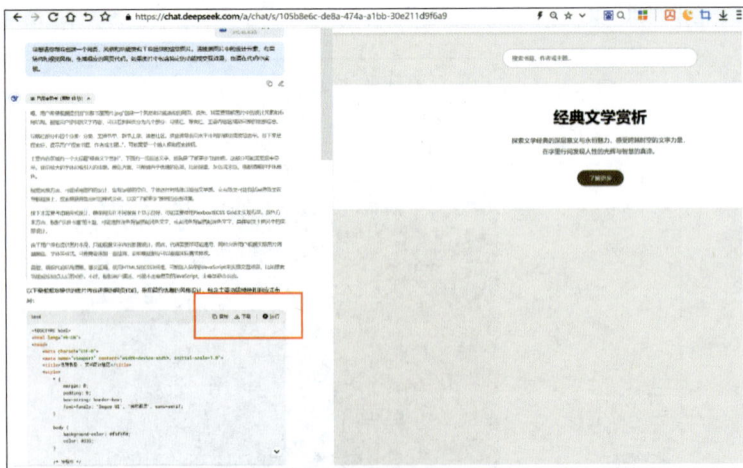

图 4-113　上传参考图片生成 HTML 代码界面

4.5.3　AI 辅助找错误

使用 DeepSeek、GPT-4、豆包、Kimi 等大模型辅助排查网页代码错误是一种高效的新型调试方式，尤其适合 HTML、CSS、JavaScript 等前端开发。这类基于深度学习的 AI 工具通过理解代码逻辑、模式识别和语义分析，能快速定位问题并给出修复建议，大幅提升调试效率。

登录 https://www.deepseek.com/，上传一段有错误提示的 HTML 代码，DeepSeek 会返回修正后的正确代码，支持复制、下载和运行，如图 4-114 所示。

同时给出代码的主要修改说明，如图 4-115 所示。

在网页前端开发中，以 DeepSeek 为代表的智能代码助手支持批量上传相互关联的 HTML、CSS、JavaScript 文件，自动分析文件间的依赖关系与代码逻辑，快速定位并标注语法错误、样式冲突或运行时异常，最终返回修复后的完整代码与问题解释。

加油优惠价格计算代码修正

以下是修正后的代码，主要解决了JavaScript中 **document.write** 方法的大小写错误，并对输入的升数进行了数值转换处理：

html　　复制　下载　|　运行

```html
<!doctype html>
<html>
<head>
<meta charset="utf-8">
<title>加油优惠价格计算</title>
</head>
<body>
        <script>
                var number = prompt("请输入汽油的编号");
                var litersInput = prompt("请输入您要加多少升");
                var liters = parseFloat(litersInput); // 转换为数值类型

                if (isNaN(liters)) {
                        alert("请输入有效的升数");
                } else {
                        if(number == "92"){
                                if(liters >= 20){
                                        document.write("汽油5.9元一升; <br />" + (5.9 * liters).
toFixed(2));
                                } else {
                                        document.write("汽油6元一升; <br />" + (6 * liters).toFi
xed(2));
                                }
                        } else if(number == "97"){
                                if(liters >= 40){
                                        document.write("汽油6.5元一升; <br />" + (6.5 * liters).
toFixed(2));
                                } else {
                                        document.write("汽油7元一升; <br />" + (7 * liters).toFi
xed(2));
                                }
                        } else {
                                alert("请输入正确的汽油型号");
                        }
                }
        </script>
</body>
</html>
```

主要修改说明：

图 4-114　修正后的代码

主要修改说明：

1. **修正 document.write 的大小写错误：** 将所有 **Document.write** 改为正确的 **document.write**，确保JavaScript能正常执行。
2. **数值转换与输入验证：** 使用 **parseFloat** 将用户输入的升数转换为数值类型，并检查是否为有效数字。若输入无效，弹出提示并停止计算。
3. **金额格式化：** 使用 **toFixed(2)** 确保计算结果保留两位小数，显示更规范的金额格式。
4. **代码结构优化：** 将升数的验证提前处理，避免在无效输入时执行后续逻辑，提升代码健壮性。

此版本代码能正确处理用户输入，准确计算不同汽油类型和升数对应的优惠价格，并给出清晰的提示信息。

图 4-115　代码的主要修改说明

综合实践 〉〉〉〉

1. 利用"AI 提示词"、"AI 图片生成"和"AI 闪绘"等功能，为一家主打国风元素的奶茶品牌设计三张宣传海报，制作过程中尝试不同的提示词组合，实现不同的画面风格，如水墨风、赛博国风、手绘国潮等，导出完成的图片。

2. 利用"智能写文案"、"AI 视频生成"和"图文成片"等功能，生成一篇介绍非遗剪纸艺术的文章，并制作一个宣传短视频。视频中使用"AI 音乐生成"制作适配内容的背景音乐；通过"数字人生成"设计数字人进行讲解；采用"AI 对口型"和"智能添加字幕"做到字幕与讲解内容精准匹配。导出完成的视频。

3. 选取具有复杂背景的人物照片，使用"智能抠图"去除背景，利用"智能美颜"对照片进行美化处理，运用数字人中"动作模仿"生成一段舞蹈动作短视频。导出完成的视频。

4. 利用 DeepSeek、豆包等大模型，为一个轻食餐厅的初创品牌搭建官网。运用提示词修改网站视觉元素，实现主题与网页设计的风格统一，结合"AI 辅助写代码"，对生成的网站代码进行优化，并使用"AI 辅助找错误"检查网站运行是否存在漏洞。保存完成的 HMTL、CSS、Javascript 代码。

本章小结 〉〉〉〉

通过本章学习可知，AI 设计工具已成为提升创作效率与质量的关键助力，从图像和文案的生成、视频剪辑、网页搭建，构建起全流程智能化设计体系。掌握这些 AI 工具，

即练即测

不仅能大幅缩短设计周期、降低技术门槛，更能实现跨工具协同与行业场景融合，激发创新灵感，满足电商、教育、自媒体等多元领域的设计需求。未来，持续深化 AI 设计工具的学习与实践，将为个人在数字化浪潮中抢占先机，创造更多价值。

第5章 计算机设计大赛获奖作品解析

学习目标

- 设计思维与技能提升：从获奖作品中汲取灵感，学习优秀的设计思维方法、技术应用技巧及项目管理经验，为自身的设计能力提升提供实践指导。
- 评估与鉴赏能力提升：学习如何从创新性、实用性、美观度等多个维度综合评价设计作品，提升对计算机设计作品的鉴赏能力。
- 激发创新思维与创作热情：通过了解获奖作品的创意来源和实现过程，激发个人的创新思维，鼓励参与或关注未来的创新设计竞赛，促进个人成长与行业发展。

中国大学生计算机设计大赛（Chinese Collegiate Computing Competition，简称"4C"或"大赛"）是由教育部计算机相关教指委于 2008 年创办的、我国最早的面向高校本科生的赛事之一。参赛对象为全国高校在籍的本科生（含粤港澳大湾区学生，以及来大陆留学生），大赛以校级赛、省级赛（上海赛区选拔赛称为上海市计算机应用能力大赛，由上海市教育委员会主办）、国家级赛三级竞赛形式开展。2024 年有 1000 多所院校参赛，参赛师生人数超过 10 万。

每年大赛主题和分类有所区别，2025 年大赛分为软件应用与开发、微课与 AI 辅助教学、物联网应用、大数据应用、人工智能应用、信息可视化设计、数媒静态设计、数媒动漫与短片、数媒游戏与交互设计、计算机音乐创作以及国际生"汉学"等 11 个大类，大赛设置一、二、三等奖。

大赛以激发学生计算机领域学习兴趣、挖掘创新潜能为核心目标，着力培养运用信息技术解决实际问题的综合实践能力。参赛作品紧密对接行业需求，其中部分赛道直接由企业命题，充分体现产教融合特色。作品质量实现逐年提升，已有优秀成果获得央视（CCTV）落地应用，更有多个项目成功实现商业化转化，彰显了赛事成果的社会价值与市场潜力。

本章精选的六个数媒类和微课类获奖案例，均源自本书编写教师多年来指导学生参赛的优秀作品。

5.1 海豚 》》》

5.1.1 作品简介

作品《海豚》获 2017 年中国大学生计算机设计大赛一等奖，完成人明凤。

作品采用网页形式，主要包括海豚小屋、奇妙海豚、海豚与人、海豚影像等四个模块，详细介绍了关于海豚的各种知识。主页面海豚小屋有大量交互设计，场景中每个物件都有对应链接和动作。分页面中采用音频影像、知识问答以及小游戏等多种形式，增加了作品的趣味性和观赏性。整个作品结构完整、设计美观、应用价值高，其效果如图 5-1 所示。

图 5-1 《海豚》作品效果图

5.1.2 作品点评

《海豚》动画作品将有关海豚的知识宣传以一种活泼新颖的方式展现出来，具有结构紧凑、原创风格、强交互性等鲜明的特点，作品各个元件绘制均系原创手绘，编写了较为复杂的交互代码和游戏代码，工作量大，整体性好，是一件十分出色的获奖动画作品。

5.2 衣韵 〉〉〉〉

5.2.1 作品简介

作品《衣韵》获 2017 年中国大学生计算机设计大赛及上海市计算机应用能力大赛一等奖，完成人王文超。

本作品以秦、唐、清三个朝代为背景，以介绍服饰为主线，通过图文、动画等形式介绍了能够代表这些朝代特色的女子服饰。动画结尾，通过答题和作品自带游戏来巩固对相关知识的了解，增加趣味性。

作品的特色是答题动画和游戏场景的设置。答题动画可以对参与者的答题情况进行直观显示，游戏不同场景之间做到了画面风格的统一。

作品的互动环节提高了趣味性，参与者可以通过点击按钮实现不同场景之间的跳转，答题场景的各种情况可以直观显示，游戏场景与参与者可以深度交互，增强了作品吸引力，其效果如图 5-2 所示。

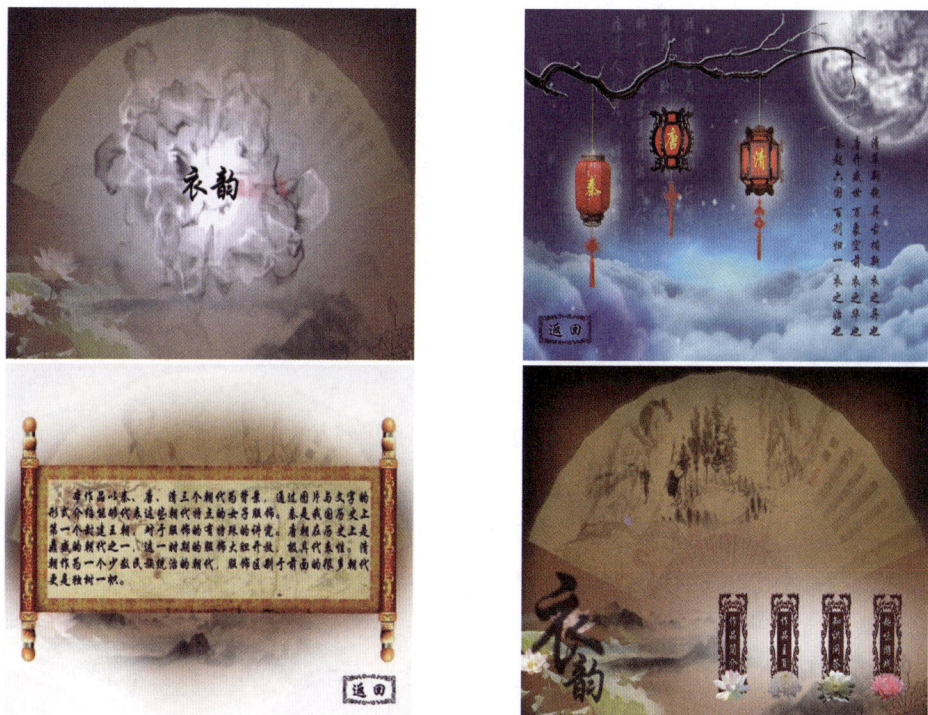

图 5-2 《衣韵》作品效果图

图 5-2 （续）

5.2.2 作品点评

作品构思合理，场景设置协调统一，原创元素丰富，通过图文并茂的方式使观众对三个朝代的服饰有了直观的了解。

作品本身交互能力强，通过点击按钮轻松实现了场景的切换，特别是答题场景和游戏场景的设置，更是增加了作品本身的可观赏性和娱乐性。

5.3 谈重庆，说方言 »»»

5.3.1 作品简介

作品《谈重庆，说方言》获 2017 年中国大学生计算机设计大赛二等奖，完成人徐冰、张慧林、宣丹妮。

紧贴大赛主题，传承中华民族传统文化，精心完成的作品展示了具有悠久历史文化底蕴的重庆方言特色。作品从重庆方言的语音、语调特点入手，详细说明重庆话与普通话之间的差异，从语言这一角度揭示了中华民族传统文化的演变历程。通过介绍重庆方言的独特魅力，深刻体会到传承中华民族传统文化的重要性，增强民族凝聚力和保护传统文化的意识。

区别于传统授课方式，作品采用动画形式凸显主题，具有趣味性和创意性，使主题风格更加生动形象。

作品设计中充分运用了 JavaScript 脚本技术，对多段外部 SWF 文件进行连接和按钮控制场景间的跳转；运用工具对 SWF 文件进行转换、添加特效操作，并对音频进行修饰；运用 Camtasia Studio 8 为场景间的跳转添加动画特效，呈现了丰富多彩的生动形象，其作品效果如图 5-3 所示。

图 5-3　《谈重庆，说方言》作品效果图

5.3.2　作品点评

该作品凸显传承中华传统文化的大赛宗旨，选择重庆方言这个大家熟知且感兴趣的话题为作品主题，题材新颖，别具一格，在众多作品中表现突出。

该微课作品一改以往的传统授课模式，以诙谐幽默的动画形式向观众展示重庆方言特点，使整个作品风格生动、活泼并具有感染力，在学习的同时能深深感受到方言的美。

作品中原创素材不足，技术运用也不够突出，还有待进一步提高。

5.4 弘扬中医中药 >>>>

5.4.1 作品简介

作品《弘扬中医中药》获 2023 年上海市计算机应用能力大赛二等奖，完成人王奕杰、汪源波、王晓娣。

中医中药文化作为我国传统文化的瑰宝，需要在青年一代进行大力的弘扬发展。本作品以此为出发点，制作了宣传中医中药传统文化的视频动画短片。作品采用了中国传统绘画风格，结合色调搭配还原了有关中医中药的传统画面，介绍了中医的代表人物及其故事，达到弘扬中医中药的目标。

作品中涉及的大量的古代画面、动画视频的 AN 效果制作以及 PS 绘图作品等均为原创，通过对相关技术综合应用和设计制作，保证了作品的技术性和特色，其作品效果如图 5-4 所示。

图 5-4　《弘扬中医中药》作品效果图

图 5-4　（续）

5.4.2　作品点评

该组作品以弘扬中医、中药文化为出发点，立意较高，具有一定的现实意义。在整件作品设计中大量运用手绘原创，画面呈现效果精美。同时使用较多的交互，增强观看者的体验。

作品整体配乐和画面融洽一致，视频的流畅度较好，故事逻辑性高，达到了弘扬宣传中医药文化目的，值得推荐。

5.5　二十四节气 >>>>

5.5.1　作品简介

作品《二十四节气》获 2024 年上海市计算机应用能力大赛一等奖，完成人曾睿菁、张露怡。

本作品蕴含着中华民族悠久的文化内涵和历史积淀。通过深入研究二十四节气的历史渊源、文化内涵和现实意义，并结合现代审美观念和技术手段，采用交互动画形式进行了创新性的呈现，既保留了二十四节气的传统韵味，又赋予了其新的时代内涵。

在动画设计中，注重整体框架的构建，通过时间线的梳理，使得整个故事脉络清晰、连贯。同时，为每个节气设计了独特的场景和人物，通过他们的互动和冒险，将节气的气候变化、农事活动、民俗习惯等展现得淋漓尽致。

在技术与艺术风格方面，巧妙运用现代动画技术与传统艺术相结合手法，动画的画面设计精美，色彩丰富，每个节气的场景都充满了浓郁的中国风情。动画中的角色形象设计十分可爱，动作和表情生动有趣，色彩的运用、音效与配乐的搭配紧密，为观众带来了沉浸式的观赏体验，其作品效果如图 5-5 所示。

图 5-5 《二十四节气》作品效果图

5.5.2 作品点评

该作品采用 Animate 动画的形式，将传统文化与现代多媒体技术相结合，将二十四节气中蕴含的民俗文化向观众娓娓道来，每一个节气都表现得生动鲜活，令人身临其境、浮想联翩，成功地将教育科普性与趣味性融合到一处，于潜移默化之间寓教于乐。作品画面精美，原创性强，故事表达流畅，主题明确，音效与画面契合度较高，起到画龙点睛的效果，为整个作品增添了魅力。该团队在作品创作中展现了较强的专业素养、审美层次和团队协作能力，值得肯定。

5.6 忠魂不灭——《满江红》的爱国主义传承 >>>

5.6.1 作品简介

作品《忠魂不灭——〈满江红〉的爱国主义传承》获 2025 年上海市计算机应用能力大赛二等奖，完成人吴意、唐云齐、赵心敏。

本作品在"大思政"教育理念指导下，以岳飞生平与《满江红》诗词为双核主题，融合多模态媒介手段，探索了一种"技术赋能+情境复现+价值共鸣"的历史教学新路径。通过实景拍摄、AI 生成、水墨动画、三维打点、PPT 文字动画等多元方式，实现从史实讲述到诗词解读的层层递进，打造了一部具备历史厚度、思想深度与艺术感染力的沉浸式微课作品。

在制作过程中，团队通过脚本设计、分镜实施、技术整合、教学融合等全流程协同，形成了内容驱动与技术支持并重的工作机制。AI 图像与视频生成技术的引入，大大提升了历史场景的还原效率；绿幕+虚拟背景融合技术拓展了教学表现空间；三维摄像机跟踪与打点功能则在视觉上实现了"现代场景"与"历史精神"的跨时空连接，为历史人物精神内涵的传递提供了新的视觉语境。

除此之外，在教学内容融合方面，作品注重"情境—文本—思政"的三位一体策略，通过靖康之变、12 道金牌班师等情节设置，引导学生在理解知识的同时触发情感共鸣与价值认同。结尾提出开放式思考题，强化学生主动思考与表达能力，实现了从"观看"到"参与"的教学进阶，其作品效果如图 5-6 所示。

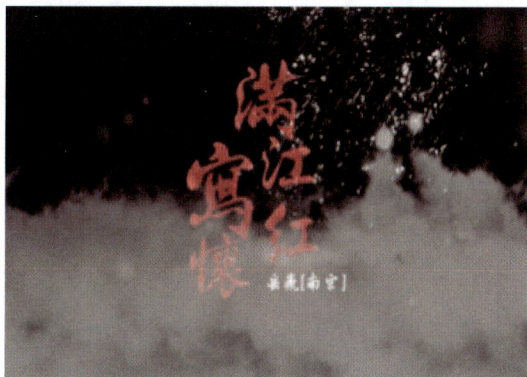

图 5-6 《忠魂不灭——〈满江红〉的爱国主义传承》作品效果图

图 5-6 （续）

5.6.2　作品点评

微课设计制作围绕"以史载人、以词动情"的核心理念，融合实景拍摄、AI 生成、水墨动画、图文演示与互动问题等多种内容呈现形式，制作流程涵盖 PPT 动画、PR 剪辑、AE 特效、AU 音频、AI 图像合成等多项技术，通过 Sora 平台生成的历史动画片段，形象生动地呈现了岳飞生平关键节点和重要历史事件，可显著提升学生的学习兴趣与课堂吸引力。通过多模态信息交互，强化对历史人物情感与思想的立体化理解，引导学生对忠诚、担当与家国命运的再思考，完成思想层面的沉淀与升华。总体而言是一件比较优秀的微课作品。

本章小结 〉〉〉

通过本章的学习，可以了解和欣赏优秀获奖作品的设计理念、技术创新和艺术价值，培养对设计作品的鉴赏力，学会如何客观评价一个设计项目的成功与不足。

希望本章的学习不仅能拓宽视野，激发个人创意和灵感的源泉，更能点燃我们在设计领域不断探索和创新的热情。未来，无论是参与竞赛还是实际工作，都能将这些知识和热情转化为推动自己成长和进步的动力。

附录 1　设计素材与样张

为方便读者学习和使用，我们提供了大量的设计素材与样张，请扫码获取。

请扫码获取

附录 2　悟空图像软件使用说明

　　悟空图像是一款由中国团队开发的智能图像处理软件。它提供丰富的模板和工具，支持一键抠图、智能修图、艺术滤镜、海报设计等操作，既适合非专业用户快速完成图像美化与平面设计，也具备专业用户图像设计的功能需求。软件分为免费基础版与付费高级版，开通会员后即可解锁付费高级功能。

　　本书附赠悟空图像软件短期会员，具体注册与激活流程如下。

　　1. 打开网址 photosir.cn，下载并安装悟空图像软件。

　　2. 完成注册并登录账号，即可使用悟空图像软件基础功能。

　　3. 刮开本书封底的刮刮卡，扫码获取 16 位激活码。点击软件右上角的用户头像，在弹出的对话框中单击"会员激活"按钮，输入激活码，即可开通悟空图像会员。

　　注：由于 AI 功能需要使用云计算资源，赠送的 AI 点数外，超额使用的 AI 功能不在免费范围内。

教师服务

感谢您选用清华大学出版社的教材！为了更好地服务教学，我们为授课教师提供本书的教学辅助资源，以及本学科重点教材信息。请您扫码获取。

>> 教辅获取

本书教辅资源，授课教师扫码获取

>> 样书赠送

管理科学与工程类重点教材，教师扫码获取样书

清华大学出版社

E-mail: tupfuwu@163.com
电话：010-83470332 / 83470142
地址：北京市海淀区双清路学研大厦 B 座 509

网址：https://www.tup.com.cn/
传真：8610-83470107
邮编：100084